NOUVEAU
MANUEL COMPLET
DES
MARCHANDS DE VINS.

CHEZ LE MÊME LIBRAIRE :

MANUEL DU VIGNERON FRANÇAIS, ou l'Art de cultiver la vigne, de faire les vins, eaux-de-vie et vinaigres, contenant les différentes variétés de la vigne, leurs maladies et les moyens de les prévenir ; les meilleurs procédés pour faire, perfectionner, régir et conserver les vins, les eaux-de-vie et vinaigres, ainsi que la manière de préparer avec ces substances toutes sortes de liqueurs, de gouverner une cave, etc., etc.; enfin, de profiter avec avantage de tout ce qui nous vient de la vigne; suivi d'un coup d'œil sur les maladies particulières aux vignerons, par M. Thiébaud de Berneaud. 4e édition, avec les figures noires. 3 fr. 50 c.

MANUEL DU SOMMELIER, ou Instruction pratique sur la manière de soigner les vins; contenant la dégustation, la clarification, le collage et la fermentation secondaire des vins, les moyens de prévenir leur altération et de les rétablir lorsqu'ils sont dégénérés, de distinguer les vins purs des vins mélangés, frélatés ou artificiels, etc, etc.; dédié à M. le comte Chaptal, par M. Julien; cinquième édition. 1 vol. in-18, orné d'un grand nombre de figures. 3 fr.

— **DU VINAIGRIER ET DU MOUTARDIER**, suivi de nouvelles Recherches sur la fermentation vineuse, présenté à l'Académie royale des Sciences; par M. Julia Fontenelle. Un vol. 3 fr.

— **DU DISTILLATEUR LIQUORISTE**, ou Traité de la distillation en général, suivi de l'Art de fabriquer des liqueurs à peu de frais et d'après les meilleurs procédés; par M. Lebaud. *Quatrième édit.* Un volume. 3 fr. 50 c.

— **DU FABRICANT DE CIDRE ET DE POIRÉ**, avec les moyens d'imiter avec le suc des pommes ou des poires, le vin de raisin, l'eau-de-vie et le vinaigre de vin: suivi de l'art de faire les vins de fruits et les vins de liqueurs artificiels, de composer des aromes ou bouquets des vins, et de faire avec les raisins de tous les vignobles, soit les vins de Basse-Bourgogne, du Cher, de Touraine, de St-Gilles, de Roussillon, de Bordeaux et autres. Ouvrage indispensable aux marchands de vins, fabricans de cidre, cultivateurs, et aux amis de l'économie domestique, avec fig., par M. L.-F. Dubief. Un vol. 2 fr. 50 c.

— **DU LIMONADIER ET DU CONFISEUR**, contenant les meilleurs procédés pour préparer le café, le chocolat, le punch, les glaces, boissons rafraichissantes, liqueurs, fruits à l'eau-de-vie, confitures, pâtes, esprits, essences, vins artificiels, pâtisserie légère, bière, cidre, eaux, pommades et poudres cosmétiques, vinaigres de ménage et de toilette, etc., etc.; par M. Cardelli. Un gros vol. *Sixième édition.* 2 fr. 50 c.

— **DU PARFUMEUR**, contenant les moyens de perfectionner les pâtes odorantes, les poudres de diverses sortes, les pommades, les savons de toilette, les eaux de senteur, les vinaigres, élixirs, etc., etc., et où se trouve indiqué un grand nombre de compositions nouvelles; par madame Celnart. *Deuxième édition.* Un vol. 2 fr. 50 c.

— **DES DOMESTIQUES**, ou l'Art de former de bons serviteurs; savoir : maîtres-d'hôtels, cuisiniers, cuisinières, femmes et valets de chambre, frotteurs, portiers, bonnes d'enfans, cochers, etc.; par madame Celnart. Un vol. 2 fr. 50 c.

Il y a des exemplaires du *Manuel du Vigneron* où différentes espèces de raisins sont coloriées. — Le prix en sus est de 1 fr. 50 c.

NOUVEAU
MANUEL COMPLET
DES
MARCHANDS DE VINS,
DES DÉBITANTS DE BOISSONS
ET DU JAUGEAGE,

CONTENANT :

1° La théorie élémentaire de la science des commerçants en vins, les procédés et les méthodes simplifiées pour connaître, déguster, conserver et loger les diverses espèces de vins, ou pour les rétablir s'ils sont altérés.
2° L'art du jaugeage, partie essentiellement utile aux commerçants en vins, avec les tarifs simplifiés des anciennes et nouvelles mesures.
3° Les lois, ordonnances, réglements et instructions rendus jusqu'en 1835 sur les vins, eaux-de-vie et toutes autres espèces de boissons, avec les tarifs des droits auxquels ces liquides sont assujettis.

OUVRAGE ORNÉ DE FIGURES ET DE TABLEAUX.

PAR M. LAUDIER,
MEMBRE DE LA LÉGION-D'HONNEUR ;

ET PAR M. D***,
AVOCAT A LA COUR ROYALE DE PARIS.

PARIS,
A LA LIBRAIRIE ENCYCLOPÉDIQUE DE RORET,
RUE HAUTEFEUILLE, N° 10 BIS.
1836.

INTRODUCTION.

L'ART du marchand de vin n'est pas aussi facile qu'on le présume en général, il faut une étude particulière et une expérience-pratique des choses, des méthodes, des procédés qui, en grand nombre, appartiennent à cet art; autrement on s'expose à l'exercer sans avantage pour soi, et sans utilité pour le public. Cette étude, cette pratique acquièrent un nouveau degré d'importance par une législation nombreuse et compliquée qui existe sur les boissons, législation que le marchand doit connaître et méditer pour remplir les obligations qui lui sont imposées, et éviter de se trouver en contravention.

Tous les marchands de boissons ne sont pas également instruits de leur art, et ils ne doivent même pas l'être. Le simple débitant peut se dispenser d'acquérir toutes les connaissances que doit posséder le négociant en vins, qui fait de grandes opérations dans les divers pays vignobles; d'ailleurs celui qui ne fait que le commerce des eaux-de-vie ou des esprits, n'a pas besoin de connaître les qualités des vins, les moyens de les fabriquer, de les bonifier, de les acheter ou vendre à propos; et celui qui ne spécule que sur les vins peut se dispenser d'étudier la partie du distillateur ou celle du brasseur.

Mais il est des procédés, des méthodes et des règles qui appartiennent à tous les spiritueux, à toutes les liqueurs fermentées; ce sont ceux de leur conservation, de leur jaugeage, de leur bon et solide logement; ce sont aussi ces dispositions multipliées qui frappent tant de mesures et de droits sur les boissons indistinctement, depuis les vins les plus délicats jusqu'à l'obscure et plate piquette, que sa consommation par les pauvres n'a pu soustraire à la fiscalité.

Ces diverses considérations ont fait sentir la nécessité d'un Manuel des marchands de vins et de boissons, et du jaugeage, disposé de manière à être utile à tous, à ceux qui savent, comme à ceux qui ne savent pas; aux premiers, en leur traçant avec méthode, dans un cadre souvent bien court, des théories, des procédés, des pratiques, qu'ils peuvent connaître sans doute, mais qu'ils n'ont pas toujours présens à la pensée. On évite donc à ceux-ci l'embarras des recherches et les peines des comparaisons, des calculs, des applications.

Aux autres qui ne connaissent pas l'art du marchand de vin, mais qui se destinent à l'exercer, ce Manuel leur donne les premiers élémens théoriques dont ils doivent se pénétrer; il leur prépare les moyens d'arriver ensuite à la pratique et aux procédés de leur art d'une manière sûre; il leur donne enfin tous les détails des droits, des obligations et des charges attachées par la législation actuelle à leur profession future.

Ce Manuel, pour plus d'ordre et de clarté dans ses développemens, est divisé en trois parties principales.

Dans la première on donne tout d'abord une idée générale de l'art du marchand de vin; on y établit ensuite les connaissances nécessaires pour déguster, choisir, apprécier les vins et reconnaître leurs diverses qualités, leurs vices, leurs maladies; on y traite des moyens de les conserver, de les bonifier, de les rétablir quand ils sont altérés, ou qu'ils annoncent quelque dégénération; on y examine les meilleurs procédés pour les bien loger, les soutirer, les coller; on donne enfin des méthodes sûres pour le bon état, l'entretien et la conservation des tonneaux, futailles ou pièces propres à contenir les liquides.

Dans la seconde partie, l'art intéressant du jaugeage est présenté avec tous les développemens et les variations de la matière. Ces développemens sont tels qu'ils mettent le jaugeage à la portée de tous, en donnant les moyens de le pratiquer soi-même d'une manière sûre et facile. Un simple ruban, que chacun peut préparer par une méthode donnée, suffit pour se mettre dans le cas de vérifier exactement la capacité de tous les vases employés pour y déposer les boissons. La jauge à ruban qui était en usage il y a peu d'années, ayant été reconnue fautive, l'un des auteurs de ce Manuel s'est empressé de la remplacer par une autre plus exacte, dont on trouvera la description dans l'introduction qui précède cette seconde partie.

Enfin, dans la troisième partie de cet ouvrage, on donne tantôt une analyse exacte, et tantôt les textes mêmes des nombreuses lois, ordonnances, instructions et réglemens en vigueur, relativement 1° aux boissons, vins et liqueurs, aux droits d'entrée, de circulation, d'octroi, de vente et autres dont ces liquides sont frappés; 2° aux délits, contraventions et mesures de police établies à l'égard de tous ceux qui vendent, distillent, fabriquent des boissons. Cette législation n'est pas sans porter plus d'une atteinte à la liberté du commerce; *dura lex sed lex*, il faut donc s'y soumettre et l'exécuter.

Nous devons observer que les lois et réglemens intervenus dans ces matières, depuis 1827 jusqu'à ce jour, ne sont pas rapportés dans cette troisième partie, parce qu'on a cru devoir les donner dans les quatre derniers chapitres de la première partie de ce Manuel, consacrée à l'art du marchand de vin. C'est donc là où il faut les chercher.

NOUVEAU
MANUEL COMPLET
DES
MARCHANDS DE VINS,
DES DÉBITANS DE BOISSONS,
ET
DU JAUGEAGE.

PREMIÈRE PARTIE.

CHAPITRE PREMIER.

Idée générale de l'art du Marchand de Vin.

CET art est fort ancien, il était connu des Romains et porté, dit-on, à une perfection inconnue parmi nous, puisqu'on avait trouvé le secret de conserver les vins pendant près d'un siècle. Horace se vantait de boire un certain vin de Falerne aussi âgé que lui, et Pline indiquait différens vins, qui, après cent ans, étaient encore très-potables. Cette grande vieillesse était un titre de la bonté des vins, mais est-il certain qu'elle fût due plus particulièrement à l'art de les soigner et conserver, qu'à leur nature et à leur excellente qualité? L'obscurité règne sur ce point, et par conséquent le doute est permis.

Ce qu'il y a de certain, c'est que depuis très-long-temps on ne parvient pas en France à conserver pendant un siècle aucune espèce de vins. Ceux de Bordeaux, de Champagne, du Quercy et quelques autres que la vieillesse bonifie, se conservent pendant 20 à 25 ans, mais après cet âge ils perdent leur saveur, leur force, leur couleur; il en est même qui se décomposent, ce sont alors des vins usés. Mais ceux de Bourgogne, d'Orléans, d'Anjou, etc., se conservent beaucoup moins long-temps; car, après cinq, sept, huit ou neuf feuilles (années), ils ne sont plus potables. Tout l'art, tous les soins d'un bon sommelier, d'un habile marchand de vins, ne pourraient en conserver aujourd'hui d'aucune espèce dans un état parfaitement naturel au-delà de 25 à 30 ans.

Les premières préparations des vins faites avec intelligence, sans artifice ni fraude, sont une garantie de leur bonté et de leur conservation. Par exemple, lorsque l'on foule les raisins dans le pressoir ou la cuve, le liquide qui en est exprimé et qui coule directement dans les premiers vases en pierres ou en bois destinés à le recevoir, est le meilleur produit du fruit de la vigne; il est dans son état naturel, rien encore n'a pu l'affaiblir, il renferme en lui toute la bonté du fruit dont il est l'expression; mais, dès qu'il subit quelque mélange, même le plus léger, sa nature en est plus ou moins altérée; elle l'est même dès que l'on confond la mère-goutte (1) avec le produit du pressurage (2). Aussi le vin de ce produit est loin d'être autant estimé que celui de la mère-goutte. Mais il faut savoir distinguer l'un de l'autre par un choix éclairé, c'est-à-dire par une habile dégustation, ce qui n'est pas toujours facile à ceux qui n'en ont pas la pratique.

Il est plus difficile encore de reconnaître les nombreuses mixtions que l'on peut pratiquer dans la fabrication des vins de cent pays vignobles, dont les préparations, les méthodes, les procédés diffèrent souvent d'une manière sensible. Ces différences influent sur la nature des vins lors même qu'il n'y a pas de fraude. Cela est vrai surtout lorsque l'on s'attache à obtenir la plus grande quantité de raisin, sans égard à leur qualité; ou lorsque la fermentation dans les cuves est insuffisante, ou lorsqu'il y a une évaporation extraordinaire.

---

(1) On appelle mère-goutte le premier jus ou expression du raisin, sans mélange.

(2) On nomme pressurage le liquide qui, par l'action ou l'effort du pressoir, est exprimé des raisins foulés ou écrasés, et que dans cet état on appelle rafle ou râpe.

Et, sans parler de ces préparations abusives, de ces mixtions insalubres ou dangereuses si peu faciles à reconnaître, demandons s'il est beaucoup plus aisé d'apprécier les qualités et les défauts particuliers de chaque espèce de vins? Le plus grand nombre a un goût local, un bouquet et un caractère qui lui sont propres. A quels signes distinguer ceux qui d'abord sont très-potables, et qui cependant renferment déjà en eux-mêmes des élémens vicieux qui les conduiront dans la suite à la graisse, ou au pourri, ou à l'échauffé, ou à l'état de vinaigre? N'anticipons pas sur ce sujet important, nous serons obligés d'en faire un examen attentif et détaillé dans le chapitre de la dégustation.

Mais déjà les réflexions que nous venons de faire prouvent qu'il ne suffit pas au marchand de vins de savoir les acheter et vendre; il faut encore qu'il sache le faire avec discernement, prudence et loyauté; il doit savoir plus, conserver et bonifier; l'intérêt public et l'intérêt privé le veulent également ainsi.

Pour bien acheter, on doit d'abord connaître les pays où l'on opère, la situation et l'espèce des vignobles, leur climat, la température de l'année à laquelle appartient la récolte, les préparations des vins suivant les localités et les qualités qui les font plus ou moins rechercher; mais il est prudent de ne pas se décider uniquement par son propre goût, car je ne pense pas que nul homme, quelque expérience qu'il ait acquise, puisse être un gourmet universel; le vin est peut-être de toutes les productions de la nature la plus difficile à apprécier; il convient donc de soumettre son goût et son choix à un dégustateur local, digne de confiance.

Mais ce n'est pas tout : il est des époques et des circonstances qui souvent décident à acheter des vins, ou qui limitent ou étendent ces achats. Et sans parler de la hausse et de la baisse, ou d'une consommation plus ou moins forte, le spéculateur peut acheter suivant les apparences de la vigne, ou suivant la qualité présumée des vins futurs, suivant la faveur des prix, ou les moyens d'écoulemens que l'on prévoit.

Ces achats faits, il faut savoir les conserver, en voici les principaux moyens.

1° Loger les vins dans des futailles, pièces ou tonneaux bien conditionnés, et surtout exempts de mauvais goûts, autrement ceux-ci s'identifient bientôt aux liquides. Les vases neufs, qui généralement sont inodores et propres, conviennent donc mieux que les vieux au logement des vins.

2° Faire voiturer ou transporter les vins pendant une température modérée, mais jamais dans les grandes chaleurs ou par de fortes gelées. Les chaleurs excessives font fermenter les vins, et cette fermentation les conduit à se détériorer. Les fortes gelées peuvent décomposer les vins, ou du moins les affaiblir et leur enlever la vertu qui les conserve.

3° Faire un choix d'une bonne cave; mais comment la reconnaître? Ecoutons là-dessus M. le comte Chaptal; « 1° L'exposition d'une cave doit être au nord, sa tempé» rature est alors moins variable que lorsque les ouvertures » sont tournées vers le midi; 2° elle doit être assez peu » profonde et assez peu ventilée pour que la température soit » toujours la même; 3° l'humidité doit y être constante, sans » y être trop forte : l'excès détermine la moisissure des » tonneaux; la sécheresse dessèche les futailles et fait trans» suder le vin; 4° la lumière doit être très-modérée dans » une cave : une lumière vive dessèche; une obscurité pres» que absolue pourrit; 5° la cave doit être à l'abri des » secousses et des brusques agitations, même de ces légers » mouvemens occasionés par le passage rapide d'une voi» ture sur le pavé; 6° il faut éloigner d'une cave les bois » verts, les vinaigres et toutes les matières susceptibles de » fermentation (ajoutons de mauvaise odeur); 7° il faut » encore éviter la réverbération du soleil qui, variant né» cessairement la température d'une cave, doit en altérer les » propriétés. »

« D'après cela, une cave, continue M. Chaptal, doit être » creusée à quelques toises sous terre, ses ouvertures doivent » être dirigées vers le nord, elle sera éloignée des rues, che» mins, ateliers, égouts, courans, latrines, bûchers, etc.; » elle sera recouverte par une voûte. »

Mais c'est assez discourir des qualités d'une bonne cave, disons les autres moyens de conservation des vins.

4° Tous les vins, sans exception, doivent être tirés au clair pour les séparer des dépôts qui se forment au fond des tonneaux, dépôt qu'on appelle lie ou marc, et qui se compose de matières végétales et autres élémens qui ne sont pas identifiés au vin. Cette opération se nomme soutirage; nous en parlerons convenablement dans un chapitre particulier.

5° Le remplissage des tonneaux ou futailles est une mesure si importante qu'il n'est pas permis de la négliger sans s'exposer à perdre les vins, soit par l'évaporation qui devient considérable, si le non remplissage a lieu pendant long-temps, soit par l'acidité qui se communique au liquide par le contact de l'air. Nous dirons bientôt comment il faut procéder au remplissage et quand il doit être fait.

Il est plusieurs autres moyens employés à la conservation des vins, notamment le soufrage et le collage, dont nous parlerons aussi dans la suite; mais ces moyens n'atteindraient pas leur but, si les vins eux-mêmes manquaient des qualités qui les rendent propres à être conservés, surtout s'ils avaient peu de force et de spirituosité. Ce sont ces qualités, ou leur surabondance, ou leur absence, que l'on doit habilement reconnaître dans le choix des vins.

Mais combien d'autres choses ne doit-on pas savoir dans le commerce des vins? Il en est beaucoup : s'agit-il d'en acheter en différentes contrées, dont les habitudes et les procédés ne sont pas les mêmes? il faut d'abord s'instruire de la diversité des vases ou futailles employés dans chaque localité, de leurs contenances différentes et de leurs rapports avec les tonneaux ou barriques en usage sur la place où l'on opère; il faut connaître aussi, la manière de les jauger, afin d'établir leur capacité en veltes ou en litres. Viennent ensuite les cours ou les valeurs des vins dans chaque contrée, les frais de transport, de logement, les droits d'entrée, de circulation et autres. Tout cela doit être réuni et calculé pour établir exactement le prix des vins rendus en cave.

S'agit-il de travailler chez lui? le marchand de vin, est pour ainsi dire, entouré de ses nombreux instrumens, ustensiles, outils et des ouvriers qu'il emploie; il doit savoir diriger et surveiller ceux-ci dans tous les travaux qu'il leur confie, comme il doit savoir utilement faire usage des premiers; il ne doit ignorer ni négliger aucune des parties de son art; il doit surtout apporter la plus grande attention à la régularité et à la fidélité des livres ou registres que la loi l'oblige à tenir de toutes ses opérations, ventes, achats, changes, négociations, emprunts, paiemens, recettes, dépenses, etc. La bonne tenue des livres intéresse autant le marchand de vins que le public, envers lequel elle est une garantie de la probité du premier.

Mais c'en est assez pour ce chapitre, qui ne doit donner qu'une idée générale de l'art du marchand de vins.

CHAPITRE II.

Des qualités des Vins et de leurs défauts naturels.

Il est facile de dire les bonnes qualités des vins, mais il ne l'est pas toujours de les reconnaître, et encore moins de les trouver constamment réunies dans une même contrée.

En général on reconnaît un vin pour être de bonne qualité, lorsqu'il est sec, clair, limpide, sans aucun goût de terroir ni autres accidentels; lorsqu'il est d'une couleur franche, nette, assurée sans être trop prononcée, et lorsqu'il a de la force ou du corps, une sève agréable, douce et naturelle.

Ces bonnes qualités ne dépendent pas toujours de la préparation des vins, encore qu'elle soit faite sans altérations ni mélanges; elles tiennent à la nature ou à l'espèce particulière de tels ou tels vignobles, à leur situation, à leur exposition, à la nature du terrain, à la température des pays et surtout à celle de l'année dans laquelle il est récolté. Une vigne plantée dans des terrains marécageux ne donne pas des vins semblables à ceux que produit le vignoble d'un côteau, ou d'un terrain sec et pierreux. Les premiers sont faibles, peu limpides, d'un goût désagréable qui sent son terroir. Les autres, au contraire, sont spiritueux, d'une bonne couleur, transparens et secs; ils sont susceptibles de se conserver long-temps en leur donnant les soins convenables.

De même, les diverses espèces de plants de vigne produisent des vins aussi différens en goût comme en couleur, en qualité comme en quantité. Ces plants, connus sous le nom vulgaire de visans en quelques pays, changent de noms en d'autres et s'appellent cépages. Mais ce n'est pas tout : ces plants, ces visans ne s'accommodent pas de tous les terrains, et l'expérience a prouvé que ceux qui réussissent au midi, dégénèrent ou languissent au nord. Par exemple, les plants du Médoc, du Bordelais, du Languedoc, transplantés dans le Poitou ou la Bretagne, ne donnent plus des vins aussi spiritueux, ni d'aussi bons goûts, ni même en aussi forte quantité, que dans les lieux d'où ils sont natifs.

Mais il est bien d'autres différences dans les qualités des vins, qui sont produites par les terrains. Celles-ci sont connues sous le nom de goût de terroir.

On remarque d'abord les vignobles plantés dans une mauvaise exposition ou dans des terrains froids, qui produisent en général des vins verts, âcres, qui ont peu de force et sont par conséquent peu susceptibles d'une longue conservation. On remarque ensuite que les terrains sablonneux qui bordent les côtes de la mer, et ceux qui sont fumés par des engrais trop chauds, tels que le sart ou le varech, que l'on emploie dans les îles de Ré, d'Oleron et sur les côtes de l'Aunis, communiquent aux vignobles, c'est-à-dire aux vins qu'ils produisent, un goût désagréable et salé. La qualité de ces vins est toujours inférieure, ils supportent mal un transport par mer, si on ne leur fait subir des préparations en les soufrant, ou des mélanges de quelques pintes d'esprit de vin. Le goût de terroir de ces vins se communique jusqu'à l'eau-de-vie que l'on en distille.

D'autres goûts de terroir sont communiqués les uns par des plantes qui croissent dans les vignobles, les autres par la mauvaise qualité du sol. Ceux-là sont moins prononcés et moins désagréables que ceux qui proviennent du varech et de la poudrette.

Voici des goûts de terroir bien différens. Plusieurs vignobles du Dauphiné et du département de la Gironde, tels que ceux du Médoc et autres, donnent à leurs vins une odeur et un goût fort agréables. Ici c'est la saveur de la framboise, et là c'est le parfum de la violette. De même, certains vignobles des Hautes-Pyrénées et de l'Yonne communiquent à leurs vins une odeur de pierre à fusil qui plaît à un grand nombre de consommateurs. Cependant si cette odeur ou ce goût est trop fort, il cesse d'être agréable et il peut faire impression sur les nerfs. Mais ce goût, ainsi que ceux de la violette et de la framboise, n'influent nullement sur la qualité des vins; leur bonté, leur vertu restent les mêmes.

Il existe un signe certain pour distinguer les bons vins, les vins de premiers crus, d'avec les vins ordinaires ou médiocres, ce signe est la vapeur ou sève odorante et parfumée que l'on reconnaît aux vins lorsqu'on en fait la dégustation et qui flatte agréablement l'odorat. Les uns nomment ce parfum arôme spiritueux, et les autres simplement bouquet. Quoique presque tous les vins aient leur odeur particulière, il est rare, très-rare que ceux d'une qualité inférieure possèdent ce délicieux bouquet, mais il est tout aussi rare que les vins supérieurs en soient privés. Le bouquet n'existe cependant pas dans les vins aussitôt qu'ils sont sortis de la cuve, il ne se développe qu'après un certain temps plus ou moins long, suivant les localités, ou la force, ou la couleur très-prononcée des vins. Mais malheureusement ce bouquet se dissipe et se perd totalement par trois causes, la grande vieillesse, la distillation et les mélanges.

Ceux qui font des mélanges veulent réparer la perte du bouquet par des préparations artificielles qui peuvent tromper le public et même les marchands peu exercés dans leur art; ils font infuser dans les vins des fruits, des végétaux parfumés, tels que l'iris ou la violette, ou ils font des mélanges très-modérés de certains sirops odorans qui communiquent leur odeur aux vins. Les gourmets et les personnes instruites savent bien distinguer ces préparations trompeuses d'avec le bouquet naturel.

Après les goûts de terroir, qui presque tous sont des qualités ou des défauts naturels des vins, indiquons d'autres défauts de même nature.

Les uns proviennent du peu de spirituosité, dont l'absence se reconnaît au manque de couleur, principalement dans les vins rouges, attendu que la matière colorante n'est pas dissoute ou ne l'est qu'imparfaitement, ou s'est absorbée dans la lie. On reconnaît aussi le défaut des spiritueux, soit par le goût du vin qui est froid, plat, sans sève prononcée, soit par un instrument que l'on nomme pèse-vin, dont on se sert principalement pour les vins blancs dans les pays où il ne s'en récolte que peu de rouges, et où l'on destine la majeure partie des autres à la distillation, parce qu'ils sont trop abondans pour la consommation, et qu'il ne s'en exporte que fort peu.

D'autres défauts naturels proviennent de la surabondance des qualités ordinaires exigées dans les vins. Par exemple, la couleur trop forte ou trop foncée des rouges; la couleur jaune qui obscurcit la clarté et la limpidité des blancs; l'extrême spirituosité des uns et des autres, qui les rend violens, dangereux et désagréables à boire. Ces différens défauts peuvent se corriger comme nous le dirons dans le chapitre de la bonification des vins.

L'âpreté et la verdeur sont d'autres défauts naturels que l'on attribue soit au défaut de maturité du raisin, soit à l'essence particulière de certaines vignes. Il est deux remèdes contre ces vices. Le premier est le temps qui peut les améliorer; le second est un mélange des vins âpres ou verts avec des vins vieux de bon goût. Plusieurs marchands ajoutent au mélange quelques pintes de bonne eau-de-vie, dans laquelle on fait infuser du sucre en suffisante quantité pour en faire une liqueur douce.

Enfin, la graisse, qui est un vice particulier aux vins blancs, est attribuée à différentes causes. M. François enseigne qu'elle est produite par la glaïadine dont il a reconnu la présence à l'aide de divers agens chimiques. M. Julien soutient au contraire que la graisse provient de l'absence des particules d'air qui s'étaient interposées entre les molécules de la liqueur, mais il ne dit point quelle cause produit l'absence de ces particules. Cependant peu importe, car la maladie de la graisse est facile à corriger, ainsi que nous l'établirons dans le chapitre de la bonification des vins.

CHAPITRE III.

Des défauts accidentels des Vins.

Les défauts accidentels sont ceux que produisent la négligence, la maladresse, le défaut de soins, les mauvaises futailles, la fraude ou falsification, etc.

Le goût d'aigre dans les tonneaux provient de ce qu'ils n'ont été que peu ou point nettoyés, lavés ou rincés, après que le vin en a été sorti, ou de ce qu'ils n'ont pas été hermétiquement fermés par la bonde pendant plusieurs mois, ou de ce qu'ils ont été laissés dans des lieux très-humides. Presque tous les marchands de vins, et même beaucoup de propriétaires, sont dans l'habitude de soufrer leurs tonneaux lorsqu'ils veulent les laisser sans les remplir. Nous parlerons de cette méthode dans le chapitre VIII.

Les mauvais goûts de tonneaux se communiquent rapidement aux vins, parce que ceux-ci sont susceptibles de s'identifier avec tous les goûts et les odeurs.

Ainsi, on reconnaît le goût d'aigre, soit à l'odorat, soit en faisant brûler dans la futaille, par la bonde, un morceau de papier. S'il s'éteint avant d'être consumé, le goût d'aigre est certain dans le tonneau, et il est prudent de s'abstenir alors d'y mettre du vin.

On voit que nous ne parlons ici que de l'aigre occasioné par les défauts de soins des tonneaux, mais les vins deviennent aussi aigres d'une autre manière, par l'altération qui se manifeste dans leur substance, après que la fermentation est terminée. Cette altération conduit souvent les vins à l'état de vinaigre, plus ou moins parfait, suivant leur qualité et leur force; on peut prévenir quelquefois cette altération, mais lorsqu'elle est consommée, il est difficile de rétablir le vin dégénéré ou aigri. Nous en parlerons cependant au chapitre IX.

Le principe de la fermentation acétique se manifeste par une fleur ou écume blanche, qui se répand sur la surface du vin lorsque le vase n'est pas habituellement rempli. Cet indice annonce presque toujours la présence de l'acidité.

Du goût d'aigre, passons à celui de fûté. Il est produit aussi par des tonneaux mal soignés, nettoyés, ou laissés ouverts par la bonde, ou mal fermés. Il est encore produit par des douves qui ne sont pas d'un bois sain. On reconnaît facilement le goût de fût par le simple odorat, en aspirant par la bonde du tonneau l'air intérieur. Il n'est pas facile de bonifier un tonneau fûté, sans le désassembler entièrement, et sans en gratter les douves et les fonds. Cette opération sera exposée dans le chapitre des tonneaux et du logement des vins. Quant au vin, qui a contracté le goût de fût, on ne le désinfecte pas aisément, il est plus simple de le livrer à la distillation, encore reconnaît-on dans l'eau-de-vie qui en provient un reste de ce mauvais goût. Voyez cependant ce qui sera dit sur ce sujet au chapitre IX.

Les vins contractent aussi par les tonneaux un autre goût désagréable, c'est celui de moisi qui est produit par les mêmes causes que ceux de fûté et d'aigre, et comme de ceux-ci, il est difficile d'en purger les vins. Le tonneau infecté de moisi n'est le plus souvent bon qu'à brûler, à moins qu'on ne puisse reconnaître toutes les douves viciées en tout ou partie, et les remplacer par des douves neuves et saines.

Un quatrième goût fort désagréable se communique aux vins par une opération qui tend cependant à les bonifier. C'est en les collant avec des blancs d'œufs qui ont été mal choisis; un seul œuf gâté ou corrompu suffit pour infecter une barrique de vin. Ainsi, ceux qui adoptent ce collage ne peuvent trop apporter d'attention à choisir les œufs. De même, le collage par le lait et la crême est capable de donner un goût d'aigre, si l'opération est mal faite et si les vins subissent dans la suite une nouvelle fermentation par la chaleur ou la gelée.

Cette seconde fermentation produit encore d'autres effets fâcheux, elle décolore les vins par l'évaporation qu'elle produit de la substance colorante : les rouges prennent une teinte presque noire, et les blancs jaunissent. Il n'est pas rare de voir les chaleurs ou les gelées produire ces altérations de couleurs, et même influer sur la qualité des vins, en leur donnant le goût d'échauffé. Il y a un moyen simple d'arrêter la fermentation produite par la chaleur, c'est de tirer promptement une ou deux pintes de vin, et d'ouvrir ensuite pendant quelques instans la bonde du tonneau ; pour en laisser échapper le calorique. On replace ensuite le bondon, mais légèrement, sans le frapper ; et on remplit la futaille dès que la fermentation est calmée.

Si ce remplissage était long-temps différé, le vin pourrait contracter soit le goût d'aigre dont nous avons déjà parlé, soit celui d'évent qui est produit par le contact de l'air extérieur, et qui fait évaporer les parties spiritueuses en affaiblissant le vin. Au reste, le remplissage, dans tous les cas, est un moyen de conservation des vins, et nous lui consacrerons un chapitre spécial.

De même, dans un autre chapitre (le IXme), nous donnerons les moyens de corriger, autant qu'il est possible, les goûts d'aigre, de fûté, de moisi, d'œufs gâtés, d'échauffé, d'évent et autres que l'on se borne à signaler ici en indiquant leurs causes. Il a paru plus méthodique de réunir les différens modes de bonification ou de rétablissement des vins, après avoir fait connaître séparément leurs vices. Mais il nous reste encore à indiquer les goûts de fumée, de grappe, de cuve, et à l'égard de ceux-ci on enseignera en même temps les moyens de les enlever, attendu que cela se fait par des procédés fort simples.

1° Le goût de fumée se communique aux vins lorsqu'ils sont placés dans des celliers ou caves qui sont proches d'établissemens ou d'usines, dont il s'échappe habituellement de la fumée. Ce goût se communique encore si l'on fait du feu dans les caves mêmes, ou s'il s'y manifeste un incendie. Il est difficile d'enlever ce mauvais goût, surtout s'il est contracté depuis long-temps. M. Julien et quelques autres enseignent cependant qu'en mélangeant le vin infecté de fumée avec du moût, par quantités égales et en laissant fermenter le tout sur la râpe, on parvient à rendre ce vin potable.

2° Le goût de grappe se contracte par un trop long séjour du moût sur le raisin écrasé, autrement dit sur la rafle. Il faut donc savoir soutirer le vin à propos; mais on doit aussi ne pas le retirer trop tôt de la cuve, autrement il n'aurait ni assez de couleur, ni assez de fermentation.

3° Enfin, le goût de cuve provient aussi par un trop long séjour sur le marc, ou du défaut de soins à bien écraser les raisins, c'est-à-dire à les fouler fortement dans la cuve, pendant plusieurs jours, avant de le soutirer. Ce mauvais goût, qui tient à la fois de l'âpreté et de l'acide, peut se corriger par le mélange avec d'autres vins purs et exempts de vices; mais on ne doit pas croire que ni le collage, ni le soutirage puissent enlever le goût de cuve, comme on l'a cependant prétendu.

CHAPITRE IV.

De la dégustation des Vins.

Nous avons déjà dit, dans le premier chapitre, que nul ne pouvait être un gourmet universel, c'est-à-dire un dégustateur assez habile pour connaître, sans erreur, les qualités et les défauts des vins de tous les pays vignobles. Il est convenable de le répéter ici, et de dire qu'un dégustateur n'est, en général, capable que d'apprécier les vins de son pays, parce que l'expérience lui a appris à les connaître d'une manière particulière, et qu'il n'a pas les mêmes connaissances à l'égard des autres vignobles. En vain, serait-il capable d'en juger par théorie, il ne suppléerait pas à la pratique par laquelle seule on apprécie sûrement les qualités des vins.

D'où il suit que le commerçant qui tire des vins des principales contrées de la France prendrait une peine inutile de parcourir lui-même ces différens pays, s'il ne se faisait assister d'un homme local, digne de sa confiance, et instruit par une pratique habituelle à choisir les vins. Cette assistance d'ailleurs le débarrasse des préjugés que certains pays vignobles élèvent contre les autres.

« Pour bien juger un vin que l'on ne connaît pas, dit » judicieusement M. Julien, il faut s'être informé des qualités » qui le font estimer, oublier toutes celles que l'on aime à » rencontrer dans d'autres, et n'y chercher que le goût et le » caractère qu'il doit avoir. Ainsi, je pense que les gourmets

» de chaque vignoble sont seuls capables de bien choisir » les vins de leur canton. » Voilà ce qui est bien pensé ; mais le même auteur ajoute : « qu'il n'appartient qu'à l'homme » habitué à goûter sans prévention de toute espèce de vins, » de juger du mérite de ceux de *tous les pays*. » Cela implique contradiction, car s'il est des dégustateurs capables de sainement apprécier les produits de tous les vignobles, on ne peut pas soutenir en même temps que dans chaque contrée les vins ne sont bien choisis que par un homme local. L'une de ces assertions détruit l'autre. Il faut donc s'en tenir à l'expérience du dégustateur local.

Mais ce n'est pas tout : Dans la dégustation des vins il est important de reconnaître les mélanges, ou les mixtions, s'il en existe, ce qui n'est pas toujours facile ; car la chimie ne peut être que d'un faible secours pour connaître ces mélanges lorsqu'ils ne sont faits qu'avec de l'eau. On est forcé, dans ce cas, de s'en rapporter à des dégustateurs plus ou moins instruits, et l'on ne procède pas autrement, même en justice, lorsque des boissons sont saisies, soit comme contenant des mixtions simples, soit comme en renfermant de dangereuses et nuisibles pour la santé. C'est toujours sur les rapports d'experts dégustateurs que les juges ordonnent de répandre les vins falsifiés ou mélangés.

Il n'est pas facile encore de bien choisir les vins nouveaux ; leur qualité n'est ni assez prononcée, ni assez développée au sortir de la cuve ; elle ne l'est pas même entièrement pendant les premiers mois qu'ils sont en tonneaux. Le vin n'est point alors ce qu'il peut et doit être après une année. Comment distinguer, dans le vin qui fermente encore ou qui à peine a cessé de fermenter, les maladies dont il sera atteint dans la suite, et dont il renferme déjà le germe en lui-même? Les signes de ces maladies ne sont pas encore évidens, pas même pour le goût ; par exemple, les fleurs blanches, qui annoncent l'acidité, n'existent point, du moins rarement, dans les deux premiers mois de la récolte. Aussi il n'est pas rare de voir un vin qui d'abord était clair, limpide, d'un goût agréable, tourner ensuite, après quatre, cinq ou six mois, à la graisse ou au pourri ; tandis que d'autres vins nouveaux s'annoncent mal dans les premiers mois, sont louches, pesans, durs, et deviennent par la suite des vins suaves, délicats, spiritueux. Ici on reconnait encore la nécessité de recourir à des dégustateurs locaux, qui, par leur expérience, leurs habitudes, leurs comparaisons, peuvent décider avec quelque certitude des qualités présentes et futures des vins nouveaux.

Mais il est plus facile de reconnaître certaines préparations dans les vins, surtout dans ceux qui n'en ont que le nom et qui n'existent que par l'art, la fraude ou l'artifice ; il est impossible, quoi que l'on fasse, de leur donner le goût du raisin. Il est facile encore de reconnaître les vins frelatés par des substances étrangères qu'on y a introduites ; ces substances sont malheureusement nombreuses et faciles à se procurer, il en est même de très-dangereuses, telles que la litharge qui est un poison, et la potasse qui est malfaisante. On les emploie pour corriger les goûts d'aigre et de verdeur, goûts qui peuvent s'enlever par des substances plus saines. On reconnaît la litharge et la potasse soit à la couleur terne ou louche, soit à un goût d'âcre ou salé qui affecte désagréablement le gosier. On reconnaît surtout la litharge en versant quelques gouttes d'hydro-sulfate dans un verre de vin présumé altéré, ces gouttes opèrent à l'instant un précipité noir, si la litharge existe dans le vin.

Lorsque les vins ne sont mélangés qu'avec une petite quantité d'eau déposée, soit dans la cuve pour fermenter avec le jus du raisin, soit dans les tonneaux avant le soutirage, ce mélange n'est pas dangereux, mais il porte atteinte à la spirituosité du vin, lui enlève une partie de sa saveur, et lui donne un goût faible. Il faut une attention particulière pour reconnaître ce mélange lorsqu'il est bien fait. Néanmoins, si la quantité d'eau était trop considérable, ou si l'opération était mal faite, il serait facile de la reconnaître en sortant du vin par la partie la plus basse du tonneau, qu'il faudrait percer en ce cas à deux pouces de la douve la plus inférieure. Dans cette partie basse, l'eau s'y serait précipitée, parce qu'elle est plus pesante que le vin. On peut encore reconnaître le mélange d'eau par l'emploi du pèse-vin, instrument dont on se sert dans les pays de distillation, et dont nous avons déjà parlé.

On mélange aussi les vins avec du poiré, ce qui n'est point facile à reconnaître, à moins que la quantité employée de celui-ci ne soit trop forte, et alors le goût naturel du poiré domine. Ce liquide est assez capiteux pour produire certaines impressions sur les nerfs.

Mais rien de plus facile à connaître que les vins qui

sont tournés à la graisse, ou au pourri, ou à l'aigre; le goût et l'odorat en sont à la fois frappés désagréablement. Cependant si ces vices ne sont pas bien développés, il faut une grande attention pour reconnaître les premiers élémens de la dégénération ou de la décomposition.

Les goûts de terroir, de vert, d'âcre et autres, sont également faciles à reconnaître, d'autant plus qu'ils se prononcent dans le vin presqu'au même instant de sa préparation, ou fort peu de jours après, car ils tiennent à sa nature, leur essence est déjà dans le raisin.

Quant aux moyens de corriger ces différens goûts, et de rétablir les vins tournés, gras, moisis, fûtés, etc., ils seront indiqués et réunis dans un chapitre spécial ci-après (le IXme). Terminons celui-ci par des observations générales.

Les vins qui ne sont ni frelatés, ni atteints de vices soit naturels, soit accidentels, conservent un goût qui leur est propre, c'est celui des raisins qui les ont produits. Le goût de ces fruits n'est pas absolument le même dans tous les pays vignobles, il varie suivant les plants et les terrains; il est des raisins doux ou sucrés, tels que la blanquette, le muscat et quelques autres; il en est qui sont à la fois doux et légèrement piquans. Mais un plus grand nombre de raisins donnent un jus un peu âcre, sans être désagréable, et ce goût, qui est le plus naturel, se fait sentir tant que le vin n'est pas usé ou dégénéré.

Tout ce que nous avons dit dans ce chapitre doit être présent à la pensée du dégustateur ou du marchand de vins, lorsqu'il fait ses choix et ses achats; disons mieux, il doit avoir fait une étude attentive, suivie d'une pratique judicieuse et habituelle, de tous les procédés de son art, de toutes les connaissances qui s'y rattachent; il doit même, quand il opère, être en état de bonne santé; l'homme valétudinaire ou infirme, ou d'un tempérament bilieux, est peu propre à goûter les vins, car les douleurs et les affections qu'il éprouve influent plus ou moins fortement sur les organes du goût et de l'odorat, qui doivent être sains pour apprécier les vins et juger leurs qualités. Il est même des alimens dont on doit s'abstenir avant de déguster les vins, parce qu'ils sont de nature soit à les faire trouver mauvais, soit à altérer le bon goût du dégustateur. Ce sont des faits qui résultent de la nature des choses, et que plusieurs auteurs attestent. Voici dans quels termes M. Julien s'exprime sur ce sujet :

« La qualité et l'agrément que l'on trouve dans un vin » dépendent souvent des alimens qui ont précédé la dégus- » tation. Quelle que soit la qualité de celui que l'on boit » après avoir mangé des mets doux ou sucrés, des fruits » et surtout des pommes, il semble toujours acerbe et peu » agréable, à moins que ce ne soit un vin de liqueur; tan- » dis qu'après les mets épicés, les fromages de haut goût » et surtout celui de Roquefort, que Grimod de la Rey- » nière a fort à propos surnommé le buiscuit des ivrognes, » tous les vins paraissent bons, ou du moins beaucoup meil- » leurs qu'ils ne le sont réellement. Les liqueurs spiri- » tueuses, les vins forts et corsés, lorsqu'on les boit purs, » nuisent à la sensibilité du palais; les personnes qui en » usent habituellement finissent par ne trouver aucun goût » aux vins fins, délicats et savoureux, qui font les délices » des véritables amateurs. »

Aussi on a vu plusieurs gourmets ne manger que du pain sec avant la dégustation, et même en goûtant les vins.

CHAPITRE V.

Des Tonneaux et du logement des Vins.

DANS la seconde partie de cet ouvrage, et en terminant le Manuel du jaugeage, on donnera un tableau nominatif de tous les vases, futailles, tonneaux et autres destinés à loger les vins. Ce tableau, qui comprendra près de cent espèces de vases employés dans les différens pays vignobles de la France, indiquera aussi leurs capacités diverses en veltes ou en litres. A Paris, les tonneaux dont on fait particulièrement usage sont les pièces ou barriques de différens pays, les feuilles de Bourgogne, les pipes du Languedoc, de l'Aunis, de la Saintonge, d'Orléans, d'Anjou, etc.

Mais il s'agit ici de dire autre chose que les noms de ces vases, il faut examiner les qualités qu'ils doivent avoir.

La première qualité exigée pour l'intérieur d'un tonneau, neuf ou ayant servi, c'est de n'avoir aucune espèce de goût désagréable, autrement il le communiquerait bientôt au vin qui y serait déposé. Cette communication ne serait que trop sûre, on peut dire qu'elle serait infaillible. Il ne faut donc pas se servir d'un tonneau de mauvais goût avant qu'il en soit purgé ou désinfecté.

La seconde qualité du tonneau est sa solidité. Il doit être fortement lié ou relié, même à neuf, toutes les fois que les circonstances l'exigent, surtout lorsqu'il doit être transporté à de grandes distances, ou que les cercles ont déjà quelque service. Dans plusieurs pays, on place sur chaque bout du tonneau un ou deux cercles en fer, précaution fort sage.

Les douves et les fonds n'exigent pas moins de soins que le reliage ; il faut, sans hésiter, remplacer ceux qui sont viciés assez fortement, pour faire craindre le coulage du vin. De légères réparations sont en ce cas souvent insuffisantes, elles peuvent céder au plus petit accident, à l'agitation du transport, à la fermentation du vin. Par exemple, un éclat de douve, un nœud, une fente dans le bois, ne sont point solidement réparés en les bouchant avec du papier, ou du suif, ou du plâtre. Ces petites mesures manquent presque toujours leur effet, ou elles durent fort peu et font quelquefois regretter une réparation plus complète.

Après l'examen extérieur du tonneau, on doit s'assurer s'il est dans le cas de contenir le vin, c'est-à-dire si toutes les parties en sont bien jointes, ou si au contraire la sécheresse ou quelque accident n'ont pas fait travailler les fonds, ce qui est bien facile à vérifier. Pour cela, on dépose alternativement sur chaque fond du tonneau, en le tenant debout et la bonde fermée, une certaine quantité d'eau suffisante pour baigner tout le fond à une hauteur d'un pouce. On y laisse cette eau jusqu'à ce qu'il ne s'en échappe pas une seule goutte, et on répète ensuite l'opération sur l'autre fond après l'avoir relevé ; opération qui ne doit jamais être faite qu'après que les cercles ont été rabattus, les douves resserrées et toutes les parties du tonneau soignées convenablement.

Tout cela ne suffit cependant point, il est des préparations indispensables avant de déposer le vin dans le tonneau.

S'il est neuf, il est nécessaire de le laver d'abord intérieurement avec de l'eau froide, ensuite avec une pinte ou deux d'eau bouillante, dans laquelle on aura mis une demi-livre de sel. On ferme exactement le tonneau, on le roule dans tous les sens afin que l'eau bouillante puisse en atteindre toutes les parties, et on laisse reposer cette eau alternativement sur chaque fond pendant deux minutes. Après cela, il faut encore agiter le tonneau avant de le déboucher, et laisser couler l'eau. Enfin, lorsqu'il est bien égoutté, on prend un demi-seau de moût que l'on fait chauffer jusqu'à entrer en ébulition, on le verse dans le tonneau neuf que l'on ferme et que l'on roule de nouveau.

Cette méthode est assez généralement suivie, elle est enseignée par M. le comte Chaptal, dans son art de faire les vins, page 201, mais il prescrit de faire couler le moût chaud, tandis que plusieurs le laissent dans le tonneau qu'ils remplissent en cet état.

« On peut substituer, continue M. Chaptal, du vin chaud aux préparations ci-dessus. On peut encore employer une infusion de fleurs et de feuilles de pêcher.... En Bourgogne on met le vin nouveau dans des tonneaux neufs. Quelques particuliers les lavent avec de l'eau chaude et des feuilles de pêcher. Cette méthode a l'avantage d'imbiber le tonneau et d'épargner une pinte de vin. »

Il faut ajouter que les feuilles de pêcher doivent être mises dans l'eau avant de la faire chauffer, afin qu'elles puissent y déposer leur suc.

S'agit-il au contraire de remplir des futailles qui ne sont pas neuves? On doit s'empresser de reconnaître si elles sont bien conservées, de bon goût et en état, tant à l'extérieur qu'à l'intérieur, de loger le vin. Si elles sont telles, il suffit d'y verser deux seaux d'eau froide, de les laver une ou deux fois, de les agiter en tout sens, de laisser couler l'eau et égoutter les futailles. Cependant si elles n'avaient pas servi depuis plusieurs mois, si elles avaient une odeur de sec ou de poussière, il conviendrait de les rincer avec de l'eau en ébullition, dans laquelle on aurait fait infuser une poignée de chaux vive pour chaque futaille; et après l'avoir roulée en tous sens, on laisserait reposer l'eau intérieurement sur chaque fond pendant deux minutes, ensuite on la laisserait couler jusqu'à la dernière goutte.

Mais on ne s'en tient pas là lorsque l'odorat rapporte un goût de gravelle peu agréable, il faut alors visiter le tonneau intérieurement, ce qui se fait, sans l'ouvrir, en y introduisant une chandelle ou une partie de chandelle allumée, et en regardant par la bonde. Si la gravelle paraît saine, blanche et sèche, on présume que le tonneau est sans mauvais goût. Plusieurs se servent, pour cette opération, d'un instrument nommé *visiteur*, qui est disposé à son extrémité inférieure à recevoir une chandelle, et qui est terminé, à l'autre extrémité, par un anneau servant à descendre et retirer la chandelle. Ceux qui n'ont point de visiteur, ou ne peuvent s'en procurer à l'instant, attachent simplement la chandelle avec un fil de laiton, et la descendent ainsi dans le tonneau, d'où ils la retirent facilement lorsqu'ils l'ont visité.

Si la gravelle est noire et paraît gâtée, ou seulement recouverte d'une substance étrangère, on ouvre le tonneau par un bout, et on le nettoie avec une espèce de grattoir, ou même avec un fort balai de bouleau. Si la gravelle résiste à cette opération, si elle reste noire, ou donne une odeur putride quoique légère, c'est un indice certain que le tonneau est gâté, il faut donc se garder alors d'y déposer du vin. Mais si la substance qui couvrait la gravelle s'est enlevée facilement, et si l'on reconnaît que celle-ci n'est point corrompue, on peut se servir du tonneau, après l'avoir foncé et lavé avec une préparation d'eau bouillante, de chaux vive et de feuilles de pêcher.

Lorsque l'on veut garder de vieux tonneaux sans les remplir pendant plusieurs mois, ou jusqu'à la prochaine récolte, on ne doit pas se contenter de faire couler exactement tout le liquide qui y était contenu, ni même de les faire bien égoutter, il faut encore s'assurer qu'il n'y reste point de lie, ce qui se fait de trois manières. Les uns se bornent à rincer fortement deux ou trois fois le tonneau avec de l'eau, à le renverser chaque fois sur sa bonde, et à laisser couler l'eau jusqu'à la dernière goutte. D'autres jettent dans le tonneau une ou deux poignées de caillous, de médiocre grosseur, pour qu'ils puissent facilement sortir par la bonde; ils agitent ensuite le tonneau après y avoir versé deux veltes d'eau, de sorte que le frottement des caillous dans toutes les parties du tonneau en détache la lie qui sort avec les caillous par la bonde; mais il faut répéter l'opération jusqu'à ce que l'eau sorte parfaitement claire. La troisième méthode est de rincer les tonneaux imprégnés de lie par le moyen d'une petite chaîne de fer, que l'on introduit par la bonde et que l'on fait passer sur toutes les parties intérieures du tonneau, en le rinçant avec de l'eau claire en quantité suffisante.

Enfin, quand la futaille est, d'une manière ou d'une autre, bien nettoyée, on y introduit une petite mèche soufrée que l'on fait brûler par la bonde, après l'avoir bien fermée, afin que la vapeur sulfureuse reste entièrement dans le tonneau. Je ne conseille pas de faire brûler de fortes mèches, parce que le soufre peut être dangereux dans le vin, ainsi que nous le dirons bientôt. Cependant ce procédé est adopté dans tous les pays vignobles, tellement que l'on soufre toutes les futailles vides, lors même qu'elles ne sont ni imprégnées de lie, ni ne donnent de mauvais goûts. On va même jusqu'à réitérer le soufrage lorsque l'on veut remplir le tonneau, ce qui me paraît nuisible aux vins et à ceux qui le consomment. Il suffit certainement de faire ce soufrage une seule fois.

Nous ne dirons rien de la préparation des mèches soufrées, elle est généralement connue, chacun peut les faire soi-même.

Toutes les opérations indiquées dans ce chapitre ne sont pas suffisantes pour les tonneaux qui ont de mauvais goûts, tels que ceux de fûté et d'aigre; il convient de ne pas s'en servir avant de les avoir purifiés.

Pour enlever le goût d'aigre aux tonneaux, deux procédés sont employés par les propriétaires, les tonneliers, les marchands de vins. Le premier est d'ouvrir la bonde, pendant vingt-quatre heures, en laissant le tonneau renversé; l'air se sera renouvelé, pendant cet intervalle, dans l'intérieur du tonneau, et le goût d'aigre pourra s'être évaporé assez fortement pour qu'on ne le trouve plus à l'odorat. Pour s'assurer de cette purification on fait brûler dans le tonneau, après l'avoir retourné, une mèche soufrée introduite par la bonde que l'on ferme. Si la mèche brûle, le mauvais goût est dissipé; si elle s'éteint, il ne l'est pas ou ne l'est qu'imparfaitement, alors il faut recommencer l'opération. Nous pensons qu'une feuille de papier roulée est préférable à la mèche, pour éviter l'emploi du soufre.

Le second moyen d'enlever le goût d'aigre, c'est de faire sortir l'air contenu dans le tonneau, en le changeant par un air extérieur; cela se fait par le moyen d'un soufflet que l'on fait jouer par la bonde, en la laissant ouverte jusqu'à ce que l'air intérieur soit renouvelé. Ce qui se reconnaît par le moyen de la mèche ou de la feuille de papier dont nous venons de parler.

Quant au goût de fûté, les moyens de l'enlever au tonneau ne sont pas faciles. Les préparations de chaux, de feuilles de pêcher, infusées dans de l'eau bouillante, sont cependant employées, en les renouvelant pendant trois jours au moins. A chaque opération, on agite le tonneau en tout sens, on l'ouvre ensuite pour laisser couler l'infusion de chaux, et on le rince avec de l'eau claire; mais ce procédé est souvent insuffisant, surtout si le goût de fûté est fortement prononcé.

On réussit mieux à l'enlever en démontant le tonneau, en détachant toute la gravelle, en grattant fortement les douves et les fonds, et en passant les joints sur la colombe. On remonte ensuite le tonneau, et on le rince deux fois avec de l'eau claire. Si le goût de fûté résiste à cette opération, le tonneau doit être mis au rebut.

CHAPITRE VI.

Du Soutirage des Vins.

Ce que nous allons dire dans ce chapitre est aussi simple que généralement connu et pratiqué. Quelle que soit la qualité des vins, rouges ou blancs, tous exigent d'être tirés au clair. Le moût, lorsqu'il est déposé dans le tonneau, est toujours plus ou moins chargé de corps étrangers, soit de tartre, soit d'élémens divers. La fermentation plus ou moins forte, que le vin subit, le clarifie sans doute, mais elle occasione un dépôt considérable au fond du tonneau, en y précipitant toutes les matières hétérogènes qui ne tiennent pas à la substance du vin. Ce dépôt est ce qu'on appelle la lie, dont le vin doit être séparé en temps convenable. Or, cette séparation ne peut être faite que par le soutirage.

Il doit se faire plusieurs fois pendant que l'on conserve les vins en tonneau. La première se fait au mois de février, ou de mars, mais toujours avant l'équinoxe du printemps; car on ne doit point soutirer les vins lorsque la température est pluvieuse ou agitée par les tempêtes, ou lorsqu'elle est très-variable; il faut choisir des jours sereins et clairs, pendant que les vents sont fixés au nord ou à l'est. Il est reconnu par une longue expérience que le soutirage, pendant un temps sec, est plus parfait, et que la lie ne se mêle pas facilement.

Le second soutirage se fait au mois de septembre, avant l'époque équinoxiale. A cette seconde opération, comme à la première, il faut remplir entièrement les tonneaux, parce qu'il faut toujours empêcher l'action de l'air entre le vin et la futaille.

Si le vin est conservé en tonneaux pendant une seconde année, il est prudent de le soutirer une troisième fois, à la même époque du mois de mars. En un mot, le soutirage est nécessaire au moins une fois par année, après la première, pendant qu'il reste en futaille.

Il est plusieurs méthodes de soutirer le vin. La plus simple et la plus générale, c'est d'employer un gros soufflet dont l'extrémité ou la douille, disposée en forme de cône, s'introduit dans la bonde du tonneau et la ferme hermétiquement. On assujettit le soufflet par deux petits crochets en fer qui y sont attachés et que l'on fait entrer dans les cercles. On perce ensuite le tonneau, ou plutôt on l'a percé d'abord à l'un de ses fonds, à la hauteur de deux pouces de la dernière douve. On introduit, par cette ouverture, une forte cannelle en cuivre, qu'il faut solidement fixer au tonneau, et à laquelle on ajuste un tuyau de cuir terminé aux deux bouts par un tube en bois. L'un de ces bouts est disposé pour entrer dans la cannelle à une profondeur de trois ou quatre pouces, et lorsqu'il y est bien fixé par quelques légers coups de marteau, on place l'autre bout dans un tonneau mis à côté de celui que l'on va soutirer; alors on ouvre le robinet de la cannelle et l'on fait jouer le soufflet. L'action de l'air fait bientôt élever le vin et le verse d'une futaille dans l'autre; mais il faut faire attention à ne pas trop prolonger le jeu du soufflet, parce que la force de l'air précipiterait une partie de la lie dans le vin soutiré. On est averti de cesser par certain sifflement ou murmure que l'air chassé par le soufflet occasione, lorsqu'il entre dans la cannelle quand elle cesse d'être entièrement couverte par le vin. Alors on enlève le tuyau de cuir, la cannelle et le soufflet, et on laisse couler dans une poêlonne de cuivre la petite quantité qui peut rester de vin clair.

Ce procédé est généralement en usage dans l'Aunis, la Saintonge, le Médoc, le Bordelais et plusieurs autres pays.

Mais ailleurs on procède autrement : on introduit dans la futaille que l'on veut soutirer une pompe en fer blanc ou en cuivre, dont le bras communique au tonneau préparé pour recevoir le vin, et l'on fait jouer la pompe jusqu'à ce que le vin soit aspiré, en prenant soin d'arrêter dès que l'on s'aperçoit que l'on est près d'atteindre la lie.

On se sert encore, pour le soutirage, d'un instrument appelé siphon, qui se compose de deux branches, l'une dite plongeante et que j'appellerai plutôt aspirante, parce qu'elle aspire le vin en effet; l'autre est la branche descendante, par laquelle coule, dans de grands brocs, le vin pompé ou aspiré par le jeu de la première branche. On verse ensuite les brocs dans le nouveau tonneau disposé pour recevoir le vin. Mais le siphon a cet inconvénient, qu'il ne ne peut pas aspirer tout le vin, autrement la lie serait enlevée. Il faut donc, pour obtenir la partie restante du vin, poser une cannelle au fond du devant du tonneau soutiré, laisser couler le vin dans une poêlonne, et finir par lever l'autre bout du tonneau avec beaucoup de précaution pour ne pas déranger la lie.

A Paris le soutirage est plus simple. Deux grands brocs et un baquet, dans lequel on les place alternativement, sont les seuls instrumens employés avec une forte cannelle. On laisse couler le vin par cette cannelle dans les brocs, et on verse ceux-ci dans la futaille nouvelle, ce qui se fait avec beaucoup de promptitude, car on remplace assez vivement un broc plein par un vide, sans fermer la cannelle ni répandre de vin, de sorte que l'un se remplit pendant que l'autre se verse. Mais lorsque le vin est descendu au dessous de la cannelle, il ne coule plus, et on élève la futaille par le fond opposé à celui où la cannelle est placée, afin d'en faire sortir tout le vin clair sans le mêler avec la lie. Pour élever le tonneau avec précaution, il faut se servir d'un cric, ou appuyer un simple bâton dessous la douve supérieure en le fixant contre le mur. Tout cela est fort simple à exécuter, et c'est ce que bien peu de personnes ignorent.

Mais avant de soutirer le vin dans un nouveau tonneau, ne doit-on pas lui faire des vérifications et des préparations? On pourrait se borner à reconnaître s'il est solide, bien lié, en bon état, exempt de mauvais goût, et s'il a été bien conservé par les moyens que nous avons expliqués dans le précédent chapitre. Mais on ne s'en tient pas là, on revient encore au soufrage et l'on fait de nouveau brûler une mèche soufrée, plus ou moins forte suivant le caprice de celui qui opère, dans le tonneau que l'on va remplir, sans se rappeler que déjà ce tonneau contient du gaz sulfurique produit par la première mèche que l'on y a brûlée lorsqu'on l'a vidé, rincé et bouché pour le conserver. Ce serait cependant bien assez de cette première mèche, car il est démontré par les chimistes les plus instruits que le soufre est nuisible et dangereux; qu'il contient des particules d'arsenic dont on a reconnu la présence dans les vins soufrés.

Aussi plusieurs ont enseigné que le soufrage doit être proscrit et remplacé par une petite quantité d'alcool brûlé dans les tonneaux que l'on veut remplir ou conserver vides. D'ailleurs il est certain que la vapeur sulfureuse introduite dans les vins leur donne presque toujours un goût désagréable de soufre, plus ou moins prononcé, et l'on ne parvient à les en purger qu'en les mêlant avec d'autres vins corsés et de bon goût, c'est-à-dire que l'on gâte ceux-ci pour bonifier ou rétablir les autres.

Quant au second soutirage des vins, il se fait au mois de septembre, mais avant l'équinoxe. Quelques propriétaires font cette seconde opération au mois de juillet, à peu près dans le temps où le raisin entre en verjus; ils prétendent qu'alors on prévient la fermentation que les chaleurs du mois d'août peuvent occasioner aux vins.

Si l'on garde les vins en tonneaux pendant long-temps, il est prudent de les soutirer chaque année autant de fois qu'ils l'ont été pendant la première, c'est-à-dire dans les mois de mars et de septembre, avant les équinoxes; il faut les soutirer encore quand on est obligé de les faire transporter d'un lieu à un autre et à de grandes distances. Enfin il est convenable de répéter le soutirage lorsque l'on s'aperçoit que le vin est trouble ou disposé à tourner, et on le colle ensuite.

CHAPITRE VII.

Du Remplissage des Tonneaux.

CETTE mesure est nécessaire, même indispensable, pour conserver le vin, et cependant rien n'est plus commun que la négligence à remplir les tonneaux, soit après la récolte, soit après le soutirage. On ne fait pas attention qu'en différant le remplissage, dans l'espoir d'économiser quelques litres de vin, on s'expose à perdre tout ce qui est contenu dans la futaille non remplie; il est cependant fort simple de reconnaître que l'air qui remplit la partie vide du tonneau peut affecter le vin de plusieurs manières, en lui communiquant plus ou moins d'acidité, ou en le disposant à tourner. Ces accidens ont lieu surtout si la partie supérieure de la futaille, qui n'est point baignée par le vin, est mal jointe ou laisse un accès à la communication de l'air extérieur avec l'air intérieur.

Le remplissage des futailles ne doit point être fait avec de l'eau ou de la piquette, ou de mauvais vins, il faut, au contraire, employer du vin semblable à celui qui est contenu dans le vase que l'on remplit, toutes les fois qu'on le peut, sinon avec du vin d'une même qualité et de bon goût. Aussitôt que le remplissage est fait, il faut fermer la futaille en ayant soin d'abord de changer le papier ou le linge dont le bondon est garni. Mais ce n'est pas tout : avant de fermer le bondon, il faut faire sortir les fleurs blanches, s'il en est à la surface du vin; elles ne manquent pas lorsque le remplissage a été négligé. Pour cet effet, on verse du vin jusqu'à ce qu'il passe au dessus de la bonde deux ou trois fois, entraînant avec lui les fleurs blanches. Mais, comme il peut en rester dans les cavités du tonneau ou près des fonds, on laisse un moment reposer le vin, la bonde ouverte, et l'on frappe ensuite légèrement à droite, à gauche de la bonde et sur les deux fonds, avec un petit marteau ou le débondoir. Ces mouvemens détachent les fleurs blanches et les poussent à l'ouverture du tonneau, par laquelle on les fait sortir en versant encore une fois du vin jusqu'à ce qu'il passe par-dessus.

Plusieurs marchands de vins ne s'en tiennent pas à ces procédés lorsqu'il s'agit de faire un remplissage long-temps différé; ils ont encore recours à la mèche soufrée, sans s'inquiéter des mauvais effets que la répétition de ce moyen dans le même tonneau peut produire. Voici comment ils opèrent, suivant M. Julien : « On fait sortir de la pièce l'air » qui remplit le vide, à l'aide d'un soufflet ordinaire dont » on introduit la douille par la bonde sans qu'elle touche » au liquide, et en soufflant de chaque côté jusqu'à ce qu'un » petit morceau de papier allumé puisse y être introduit » sans s'éteindre. S'il y a beaucoup de vide, continue le » même auteur, il est bon d'y faire pénétrer une mèche » soufrée et de l'y laisser brûler en bouchant la bonde. Si » au contraire le vide est trop peu considérable, on peut y » introduire la vapeur sulfureuse en soufflant avec un cha- » lumeau sur une mèche enflammée que l'on tient dans » l'orifice de la bonde. »

Nous rejetons bien loin tout emploi de soufre dans cette circonstance comme en bien d'autres. Le soufrage ne peut être sans danger que lorsqu'il est fait dans des tonneaux vides pour les conserver sans les remplir pendant quelque temps; dans ce cas, la vapeur sulfureuse perd par le temps de son intensité dans le tonneau vide, et une partie s'en échappe lorsqu'on le remplit. Mais nous adoptons le renouvellement d'air par le soufflet, ce procédé peut être utile sans aucun inconvénient : néanmoins il sera insuffisant si, par le défaut de remplissage pendant long-temps, le vin est devenu trouble ou d'une couleur louche, il faut alors s'empresser de le soutirer dans un autre tonneau de bon goût et en bon état. Mais ce soutirage doit être exécuté avec précaution pour retenir les fleurs blanches mêlées avec le vin. Ce soutirage fait, il faut, pendant cinq à six heures, laisser reposer le liquide et le coller, sans le soufrer, afin qu'il ne contracte pas le goût de soufre. Enfin, quand il est bien épuré et limpide, on peut, pour le fortifier, y verser une pinte d'eau-de-vie à 22 degrés, par barrique.

Mais en quel temps et combien de fois par année doit-on remplir les vins? Dans toutes les saisons et les températures ce remplissage est toujours convenable, il ne peut jamais nuire, même pendant le temps des équinoxes ou lorsque la vigne est en fleurs, parce que si alors les vins sont agités par une fermentation sourde, le remplissage peut la modérer.

Quant au nombre des remplissages, il varie suivant les usages et le plus ou le moins d'évaporation des vins; il peut dépendre aussi de la qualité des caves et des celliers. Dans plusieurs vignobles on ne remplit les vins qu'à un intervalle de deux mois, mais en d'autres on les remplit régulièrement une fois par mois. Les marchands de vins varient aussi le nombre de leurs remplissages, mais il est reconnu par une expérience sûre que les vins qui ne sont remplis qu'à de longs intervalles, comme ceux de deux ou trois mois, exigent plus du double de liquide pour les remplir que ceux qui le sont tous les mois ou à des intervalles plus rapprochés. Par exemple, une pipe qui n'exigera qu'une pinte de vin après un mois de remplissage, en consommera près de trois après un intervalle de deux mois. Ainsi point d'économie à différer le remplissage; mais les risques de la dégénération du vin sont plus grands en retardant cette opération, parce que plus il y a d'air entre le vin et le tonneau, plus il est exposé à s'aigrir ou à devenir gras.

CHAPITRE VIII.

Du Collage des Vins.

Le collage est nécessaire lorsque les vins ont été troublés ou agités, afin de les rendre à leur limpidité naturelle, qualité qui plaît à tous les consommateurs, et sans laquelle les vins les plus agréables et les plus savoureux répugnent à la fois à l'œil et au goût. Il est vrai que la limpidité peut se rétablir par le simple repos; mais il est des époques et des circonstances où le repos n'est point parfait dans un vin qui a déjà perdu une partie de sa transparence. Les époques sont celles des équinoxes qui font travailler le vin d'une manière plus ou moins sensible. Les circonstances sont, 1° quand on remarque que des parcelles de lie se mêlent au vin, au lieu de rester fixées au fond du vase ou tonneau; 2° quand on reconnaît que le tartre ou la matière colorante sont disposées à se décomposer ou à entrer en dissolution, ce que l'on voit à l'altération de la limpidité.

Il ne faut donc pas s'en rapporter au repos du vin pour rétablir sa transparence. Il est cependant beaucoup de pays vignobles où la mesure du collage n'est pas regardée comme indispensable à la conservation des vins qui sont en tonneaux; on se contente de les soutirer et de les remplir, même après les avoir transportés à diverses distances; mais en d'autres localités on remplit une bouteille d'eau pure et on la plonge sans la boucher dans la futaille; l'eau se trouvant ainsi suspendue dans le vin, ne peut se dégager que lentement de la bouteille, ce qu'elle fait en s'étendant à droite et à gauche dans le tonneau et en entraînant au fond avec elle toutes les particules de lie ou de tartre qu'elle rencontre. Cette opération est d'autant plus lente qu'à chaque goutte d'eau qui descend de la bouteille, il y entre un même volume de vin parce qu'il est plus léger que l'eau; ainsi lorsque celle-ci est entièrement sortie de la bouteille, elle se trouve remplie de vin.

Mais ce procédé paraît insuffisant; il doit échapper à l'action de l'eau beaucoup de corps étrangers suspendus ou agités dans le vin, tandis que le collage bien fait doit atteindre tous ces corps et les précipiter dans la lie. D'ailleurs le collage a une propriété particulière, c'est de prévenir la fermentation du vin soutiré et de la combattre quand elle existe.

Ainsi le collage est non-seulement nécessaire pour les vins que l'on veut mettre en bouteilles, mais encore dans plusieurs circonstances pour ceux que l'on conserve en tonneaux. Le collage produit deux effets principaux sur les vins en bouteilles; il assure leur limpidité et les empêche de déposer, dépôt qui est souvent prompt et considérable lorsque le vin a été mal collé ou ne l'a pas été du tout. Ce dépôt peut nuire au goût, à la saveur, à la transparence du vin. C'est une seconde espèce de lie où se trouvent tous les élémens de fermentation qui sont renfermés dans la première; il faut la séparer du vin avant de le boire, ou de l'expédier en bouteilles. Voyez ce qui sera dit sur cela au chapitre X.

Pour les vins en futailles, il est nécessaire de les coller, 1° quand le soutirage a été mal fait, et qu'ils ont conservé après cette opération une couleur terne, sombre, peu limpide; 2° l'orsqu'on s'aperçoit que les vins ont subi quelques altérations naturelles, comme lorsqu'ils sont couverts de fleurs blanches ou qu'ils sont devenus lourds; 3° quand on les expédie par mer ou par voitures à de grandes distances, parce que les agitations du navire, ou les cahotemens des voitures, disposent les vins à certaines fermentations : la colle prévient cet accident; 4° si les vins, après le soutirage, n'ont pas acquis leur couleur ou leur transparence naturelle, c'est une preuve que des substances tartreuses ou autres sont restées suspendues dans le vin, et pour les précipiter dans la lie, il n'est point de moyen plus sûr que le collage; 5° enfin on doit coller les vins qui sont restés exposés à la chaleur sur les quais, les navires, ou placés dans des celliers ou caves trop chaudes.

Mais disons comment se fait le collage : on se sert de plusieurs substances comme de plusieurs procédés. A l'égard des substances, on emploie 1° les blancs d'œufs que l'on bat avec de l'eau ou du vin jusqu'à ce qu'ils forment une espèce de colle. Cette préparation est adoptée dans un grand nombre de vignobles, néanmoins elle est sujette à des inconvéniens, car les blancs d'œufs peuvent éprouver, malgré l'action du fouet ou du bâton dont nous allons parler, une sorte de condensation dans le vin ou du moins y rester suspendus, ce qui se reconnaît lorsque le vin n'acquiert pas une limpidité parfaite par le collage. Dans ce cas, j'ai vu des propriétaires renouveler l'opération toujours avec des blancs d'œufs; mais j'ai vu aussi d'habiles marchands de vins soutenir que ce second collage ne fait pas plus d'effet que le premier, et alors, au lieu de se servir de blancs d'œufs, ils collent soit avec certaines poudres dont je parlerai bientôt, soit avec de la colle de poisson.

Pour coller une pièce ou pipe de 450 litres, il faut huit blancs d'œufs très-frais; pour une barrique de 28 à 30 veltes, ou 260 bouteilles, quatre blancs d'œufs suffisent, et pour une feuillette de 18 veltes, trois œufs seulement. Quand ces blancs sont battus, comme nous l'avons expliqué ci-dessus, on les verse dans le vin qui va subir le collage, après en avoir retiré une certaine quantité pour laisser libre l'action du fouet. Cet instrument, généralement connu et usité, est formé d'une seule branche de fer terminée à un bout en forme d'anneau pour y passer la main, et à l'autre par six ou huit trous percés à jour, dans lesquels sont passés et fortement fixés en saillie autant de petits paquets de poil de sanglier. On introduit ce fouet dans le tonneau, avant d'y verser les blancs d'œufs, et on l'agite avec force d'une manière circulaire, ou en tous sens, pendant deux minutes. Alors on le retire du tonneau, et on y verse à l'instant même les blancs d'œufs; on replonge ensuite le fouet dans le tonneau, on l'agite encore circulairement et avec force jusqu'à ce qu'il se manifeste de l'écume sur la surface du vin. Enfin on remplit le tonneau après en avoir retiré le fouet, on garnit le bondon d'une nouvelle enveloppe de toile ou de papier, et on le ferme hermétiquement en le frappant doucement.

Dans cet état, le vin doit être laissé en repos pendant quatre ou cinq jours avant de le mettre en bouteilles; il peut même être laissé plus long-temps sans qu'il en résulte d'inconvénient; loin de cela, le vin fera moins de dépôt dans la bouteille parce que sa clarification aura été d'autant plus parfaite.

On se sert aussi, pour opérer le collage, d'un bâton fendu en quatre par un bout, dont chaque côté est tenu écarté de l'autre, et on en fait le même usage que du fouet en l'introduisant dans le tonneau.

2° Après la substance du blanc d'œuf, que l'on nomme albumen, on emploie pour clarifier les vins la colle de poisson, que plusieurs fabriquent eux-mêmes, et que le plus grand nombre achètent toute confectionnée. On la fait dissoudre dans de l'eau bouillante, qu'il faut laisser refroidir avant de s'en servir. Il suffit de verser un litre de cette colle, mêlée et battue avec un litre de vin, dans une barrique de 28 à 30 veltes, dont on a d'abord retiré cinq à six bouteilles de liquide; il faut ensuite plonger le bâton fendu ou le fouet dans la futaille, l'agiter fortement et procéder comme nous l'avons expliqué pour le collage par les blancs d'œufs. La colle est employée depuis long-temps aussi bien pour les vins blancs que pour les rouges; il est cependant quelques pays vignobles où l'on n'emploie la colle que pour les vins blancs, et où l'on ne clarifie les rouges qu'avec de l'albumen ou des poudres dont on fait plus ou moins d'usage.

3° Ces poudres, composées par M. Julien, sont de cinq espèces: celle du n° 1er sert au collage du vin rouge; celle du n° 2 au collage des vins blancs; celle du n° 3 clarifie tous les vins indistinctement. Le n° 4 est employé pour remédier à une clarification qui n'a pas réussi par la colle ou les blancs d'œufs, et le n° 5 sert à clarifier les eaux-de-vie, le rhum, etc.

« Ces poudres, dit M. Julien, sont composées de substances qui sont dans un rapport parfait avec les matières qu'il convient d'extraire des vins et autres liquides que l'on veut clarifier. Leur combinaison avec ces substances, continue le même écrivain, est complète, elles les rendent insolubles et le deviennent elles-mêmes, de manière que la lie qu'elles forment, ne peut plus exercer aucune action sur le vin, qui, dégagé de toutes matières capables de le faire dégénérer, est bien plus susceptible de conservation. »

Il n'est pas de notre sujet d'examiner la composition de ces poudres, ni leurs effets divers. Nous renvoyons le lecteur au Manuel du Sommelier, dans lequel M. Julien entre dans de grands détails sur ses poudres et leurs bons effets. Ce que nous devons en dire ici se borne à deux choses; la première, qu'il n'entre que des sels, des substances animales, végétales et salubres dans la composition de ces poudres, et qu'ainsi elles ne peuvent nuire aux vins; la seconde, que plusieurs commerçans en font usage et en sont satisfaits.

La manière de les employer est fort simple. On délaie la dose destinée à telle ou telle futaille, pièce ou barrique, avec de l'eau froide ou légèrement chaude, en ayant soin de la battre pendant quelques instans, afin qu'elle soit bien fondue avant d'être versée dans la futaille, et aussitôt qu'elle y est versée, on agite le fouet ou le bâton fendu, de la même manière qu'on le fait pour la colle ou l'albumen.

4° On a employé dans certains vignobles, pour clarifier les vins, une ou deux livres d'amidon dans trois ou quatre bouteilles de lait chaud, infusion qui ne s'emploie qu'après être refroidie et bien battue avec un peu de sel. Mais je ne donne pas ce procédé comme très-sûr, il arrive que les vins se clarifient lentement, et souvent l'amidon reste suspendu dans le liquide, soit parce qu'il s'y fond difficilement, soit parce qu'il est dans sa nature de surnager. Aussi cette méthode paraît abandonnée.

CHAPITRE IX.

De la Bonification ou du Rétablissement des Vins altérés ou malades.

Tous les vins sont plus ou moins susceptibles d'altération, soit d'une manière naturelle, soit accidentellement. Déjà nous en avons indiqué les diverses causes dans les chapitres II et III de cette première partie. Mais il faut ici donner les meilleurs moyens de les rétablir, même de les prévenir quand la chose est possible. Parlons d'abord de la graisse.

Quelques chimistes, ainsi que nous l'avons déjà dit en terminant le chapitre II, attribuent l'existence de la graisse à certaine substance nommée glaïadine, qui est formée par la partie soluble du gluten existant dans le raisin. Cette glaïadine produit, dit-on, de la fermentation d'où la graisse s'ensuit. Mais il faut dire aussi que les vins sont plus ou moins exposés à la graisse, suivant qu'ils renferment plus ou moins de tannin, substance que les vins contiennent lorsqu'ils ne sont pas restés assez long-temps en contact avec la râpe. Aussi les vins blancs tournent bien plus souvent à la graisse que les vins rouges, qui restent ordinairement sur la râpe pendant tout le temps de la fermentation.

Voici deux méthodes pour détruire la graisse, ou même pour la prévenir.

La première consiste à verser dans le vin gras deux bou-

4

teilles de solution de tannin par barrique ou pièce de 230 litres. Cette solution consiste dans 40 grains de tannin sec, infusés et dissous dans deux bouteilles d'eau, mais il ne faut la verser qu'après avoir soutiré et collé le vin, et en la versant, il faut l'agiter dans le tonneau. Ce procédé ne donne aucune odeur désagréable, ni aucune saveur étrangère au vin, mais il provoque considérablement la mousse. Les vins soumis à l'influence de la solution de tannin, n'en sont nullement altérés. Les expériences faites jusqu'à ce jour, ont prouvé, dit M. François, que les vins dégraissés par le tannin ne sont plus affectés de cette maladie.

La seconde méthode est plus simple et plus généralement pratiquée : on colle simplement le vin gras ou qui est disposé à le devenir, soit avec la colle de poisson, soit avec les poudres dont nous avons parlé dans le précédent chapitre; il faut battre le vin fortement avec le fouet, de la même manière que pour un collage ordinaire; huit jours après on le soutire dans un tonneau de bon goût, où on le laisse reposer après y avoir introduit de l'alun concassé, à raison de deux onces par barrique de 30 veltes.

Si cette première opération est insuffisante, il est nécessaire de la renouveler, mais alors on ajoute à la colle un demi-litre d'esprit de vin. Il est plusieurs propriétaires qui font autrement cette seconde opération; ils introduisent dans le vin gras de la lie fraîche de vin blanc, environ un vingtième de la quantité contenue dans la futaille, et ils font agiter le tout de la même manière que pour un collage ordinaire. Quand le vin et la lie sont bien mêlés ensemble, on les laisse reposer pendant huit à dix jours, après lesquels on tire le vin au clair, et s'il est parfaitement dégraissé, on peut le mettre en bouteilles, mais il faut d'abord le coller.

On connait que les vins sont gras lorsqu'ils ont perdu leur fluidité, et qu'en les versant ils ne pétillent plus ni ne font aucun bruit, ils tombent sourdement dans le verre et ils ne ressemblent pas mal à l'huile blanche non épurée.

Quand le vin qui est en bouteille tourne au gras, on peut le dégraisser d'une manière très-simple; il faut sortir un demi-verre de vin ou environ de la bouteille, la boucher, et agiter avec force, du haut en bas, le reste du vin pendant une minute; cette agitation lui rend sa fluidité, mais pas toujours son entière transparence, il lui reste souvent une couleur un peu louche ou terne, qui ne se dissipe qu'après quelques jours de repos, il en résulte même quelquefois un léger dépôt, dont on ne purge le vin qu'en le transvasant avec précaution dans une autre bouteille; inutile de dire que, pendant les quelques jours de repos, comme après le transvasement, la bouteille doit toujours être fermée et remplie à un pouce près du bouchon.

On dégraisse aussi le vin en bouteilles, en le transvasant simplement plusieurs fois, sans le battre, mais il faut que le vin soit versé de fort haut, afin qu'il tombe avec plus de force et que les élémens de la graisse s'évaporent plus facilement.

Néanmoins ces méthodes si simples ont l'inconvénient majeur de faire perdre beaucoup de vin, et plusieurs propriétaires ou marchands qui n'ont pas besoin de disposer des vins gras en bouteilles, les laissent en repos jusqu'à ce qu'ils se soient bonifiés naturellement sans aucun secours, ce qui, à la vérité, ne s'opère pas promptement.

De la graisse, il faut passer au goût de terroir : il en est qui sont agréables, et d'autres seulement tolérables, par conséquent, les uns et les autres n'exigent aucune préparation pour les corriger. (Voyez ce qui a déjà été dit au chapitre II.) Mais ceux qui sont désagréables, qui affectent à la fois le palais et l'odorat, qui sont amers, terreux, salés, exigent nécessairement qu'on les bonifie; ce qui se fait en coupant les vins affectés du goût de terroir avec d'autres qui n'en ont aucun et qui sont pourvus de spirituosité, de saveur agréable. Ce mélange affaiblit du moins le mauvais goût s'il ne l'enlève pas entièrement; mais lorsque ce moyen ne réussit pas, il reste le désagrément d'avoir communiqué une partie du mauvais goût au bon vin que l'on a mélangé.

Mais dans quelles proportions faut-il faire ces mélanges? Cela dépend des essais et des expériences préparatoires que l'on doit d'abord pratiquer, ce qui se fait de la même manière que si l'on avait à corriger tout autre mauvais goût, ou à donner de la force ou de la couleur à des vins qui en manquent.

On essaie aussi, par le moyen du collage, de diminuer les goûts de terroir, mais ce procédé ne réussit pas toujours.

Il est plus facile de remédier au défaut ou à la faiblesse de la spirituosité des vins, et à cet égard le mélange est un moyen éprouvé chaque jour par l'expérience. Ainsi, lorsqu'un vin est faible et sans aucun mauvais goût, on peut lui communiquer quelque force en le mêlant avec des vins plus spiritueux, et en y versant une pinte d'eau-de-vie par pièce de 230 litres.

De même, on corrige par des mélanges la surabondance des qualités des vins. Par exemple, les vins de Cahors et autres du midi de la France, qui sont d'une couleur rouge très-foncée, peuvent être coupés avec des vins blancs ou avec de petits vins rouges qui renferment peu de matières colorantes. Mais il faut bien se garder d'employer à ces mélanges des vins fades ou d'un goût désagréable, comme ceux de Brie, ou qui ont trop de piquant comme ceux de l'Alsace.

Quant aux goûts d'âpre ou de vert, on peut les corriger avec des vins qui sont fortement corsés ou spiritueux, mais ce procédé ne conduit souvent qu'à faire des vins médiocres; il me paraît préférable de donner de la force aux vins verts et âpres, qui en sont ordinairement dépourvus; cela se fait en les collant, en versant au moment du collage deux pintes d'eau-de-vie par barrique, et en agitant fortement le mélange avec le bâton fendu ou le fouet. Si cela ne suffit pas pour enlever entièrement l'âpreté ou la verdeur, on peut, sans inconvénient, y mêler, par barrique, deux livres de sucre fondu et clarifié. Au reste, nous avons déjà parlé de ces procédés dans le chapitre II.

A l'égard du vin qui s'est aigri, on est dans l'usage, en différentes campagnes, d'ouvrir la bonde du tonneau et de la fermer à l'instant même par de la mie de pain bien chaude et sortant du four. On prétend que cette mie de pain aspire les parties acides, et quand elle est devenue froide, on soutire le vin dans un tonneau de bon goût. Je dois dire que j'ai pratiqué cette opération et qu'elle m'a fort mal réussi; je ne la conseille donc point, ni même de la répéter jusqu'à ce que le vin soit purgé du goût d'aigre, car la répétition pourrait durer long-temps inutilement.

Mais il est plus facile de prévenir le goût d'aigre en tenant les futailles toujours remplies, afin d'empêcher qu'il ne s'introduise assez d'air entre le vin et la futaille, pour communiquer les premiers élémens de l'acidité.

De même, lorsque les vins sont disposés à tourner au pourri, qualité la plus mauvaise qu'ils puissent avoir, on peut prévenir leur dégénération par l'opération du soufrage. Pour cela, on fait brûler une forte mèche dans un tonneau propre et de bon goût, que l'on ferme pendant 24 heures, et dans lequel, après ce temps, on soutire le vin malade. Cette opération est dans le cas d'empêcher la fermentation que produit la putridité, surtout si, après le soutirage, on verse dans le tonneau une pinte ou deux d'eau-de-vie par barrique. Mais je n'oserais conseiller de mélanger le vin qui a des dispositions à tourner au pourri, avec de bons vins, parce qu'on pourrait tout gâter. Au reste, quand le goût de pourri est fortement prononcé, il n'y a plus de remède.

Si un vin est échauffé ou en fermentation par la chaleur, il est plusieurs remèdes à cet inconvénient. Les uns introduisent simplement de la glace dans le tonneau et en arrosent l'extérieur avec de l'eau froide. D'autres, suivant Olivier de Serre, rafraîchissent le vin qui s'échauffe en descendant dans la futaille une fiole de vif-argent bien bouchée. M. Julien conseille de laisser infuser, pendant dix jours, des oranges piquées de clous de girofle, et attachées par une ficelle afin de les retirer du vin. Tous ces procédés peuvent être fort bons, mais celui que je trouve le plus efficace et le plus prompt, est de retirer du tonneau en fermentation une ou deux pintes de vin, de laisser après cela la bonde ouverte pendant une demi-heure, afin que la chaleur puisse s'évaporer, et enfin de soutirer le vin aussi promptement qu'on le peut.

Mais comment se corrige le goût d'évent, dont nous avons parlé dans le chapitre III? Il s'enlève en passant le vin sur la râpe lors de la récolte, ou sur de la lie fraîche lors du soutirage des vins. La lie qui se trouve dans une barrique de vin ne suffit pas pour en corriger une autre du goût d'évent; il faut introduire dans celle-ci les dépôts de lie de trois futailles, agiter fortement toute cette lie parmi le vin éventé, deux fois par 24 heures, pendant trois jours au moins, et laisser reposer le tout pendant quinze jours; après cela on tire le vin au clair.

A défaut de lie ou de râpe, plusieurs marchands versent dans le vin éventé deux bouteilles d'eau-de-vie ou d'esprit de vin par barrique, avec une infusion de deux livres de sucre, ensuite ils collent le vin.

Mais il est temps d'examiner les procédés qui sont employés pour corriger les défauts accidentels des vins.

1° Le goût de fûté est difficile à enlever lorsque le vin

a séjourné long-temps dans une futaille infectée de ce mauvais goût. Néanmoins il ne manque pas de moyens indiqués comme plus ou moins efficaces. Voici le plus simple, que plusieurs propriétaires et vignerons pratiquent : ils prennent une grosse carotte, qu'ils font cuire sous un feu médiocre en prenant bien garde de la faire brûler; ils la suspendent dans le tonneau avec une poignée d'une herbe appelée vulgairement *glai;* ils ferment la bonde sur la carotte pendant huit à dix jours, et ensuite ils la retirent ainsi que la poignée de *glai*. Alors le vin est purifié s'il peut l'être. Mais avant ce procédé, il faut avoir soutiré le vin fûté dans un tonneau de bon goût, parce que la carotte ne produirait aucun effet si elle était introduite dans le vin fûté.

Dans un ouvrage intitulé *abrégé de l'art de faire les vins*, on trouve la recette suivante contre le goût de fût. « Il faut, dit l'auteur, M. Roard, après avoir soutiré le » vin dans un bon tonneau, y ajouter une once de chaux » par livre de vin, ce qui ferait à peu près 18 livres pour » une feuillette de Bourgogne de 150 bouteilles. On obtient cette eau en faisant infuser de la chaux vive dans » de l'eau; on la remue bien et long-temps, on la laisse » reposer, et le liquide qui surnage est l'eau de chaux que » l'on doit employer. Lorsqu'elle est mise dans le tonneau » avec le vin fûté, il faut avoir soin de le rouler ou agiter » chaque jour, pendant une huitaine au moins. Cette eau » de chaux, ajoute M. Roard, en petite quantité, loin » de nuire aux vins, en corrige la verdeur, l'âpreté, les » rend potables beaucoup plus tôt, et ne détruit en eux aucun des principes spiritueux ou des élémens utiles à leur » conservation. »

Ce procédé n'est peut-être pas aussi pratiqué que celui qui est en usage dans les pays d'Aunis, de Saintonge et quelques autres, le voici : on soutire d'abord le vin fûté, et ensuite on prend, pour une barrique du pays (28 à 30 veltes), dix livres de sucre que l'on fait fondre dans 15 à 20 bouteilles de vin fûté, en le faisant chauffer jusqu'à ce qu'il soit en ébullition. On verse le mélange très-chaud dans la futaille sans la boucher, ce qui fait fermenter le vin, que l'on soutire pour la seconde fois aussitôt que la fermentation est cessée. Quelques propriétaires, après ce second soutirage, collent fortement le vin, mais d'autres se bornent à remplir le tonneau, à le bien boucher et à le laisser reposer.

Enfin j'ai vu employer contre le goût de fût une préparation de noix grillées, ce qui se fait de la manière suivante : on prend un demi-cent de noix pour une barrique de 30 veltes, on les casse et on en prend le fruit après l'avoir nettoyé et séparé en quatre morceaux. Ces noix étant grillées comme le café, ni plus ni moins, sont jetées brûlantes dans le vin fûté, qui doit d'abord avoir été soutiré; on le colle immédiatement après le jet des noix, et on le laisse reposer une demi-journée; enfin on le soutire une seconde fois pour le séparer des noix qui ne doivent pas rester long-temps dans le vin.

2° Le goût de moisi, lorsqu'il est nouvellement contracté, peut s'enlever par le soutirage dans un tonneau de bon goût ou nouvellement vide de bon vin, et par le collage qui se pratique immédiatement après le soutirage. Mais cela ne suffira point si le goût de moisi est déjà ancien, il faudra en ce cas faire fermenter le vin malade sur de la râpe fraîche, légèrement imprégnée de moût. Si l'on n'a pas de râpe, il faut déposer dans le vin moisi de la lie nouvelle, environ le 5e de la quantité du vin; on le laisse ainsi pendant quatre jours sur la râpe, ou dix jours sur la lie; on le soutire ensuite et on le colle en y mêlant deux ou trois livres de sucre par barrique. Mais si ce procédé ne suffit pas, il faut bien se garder de mêler le vin, auquel il resterait encore un goût de moisi, avec quelque vin que ce soit, parce que l'un infecterait infailliblement l'autre.

3° On corrige le goût d'œufs gâtés de la même manière, par la fermentation sur la râpe ou par le dépôt de lie nouvelle; enfin, par un soutirage suivi d'un collage mêlé d'une infusion de sucre. Néanmoins quelques praticiens indiquent une autre recette fort simple, ils conseillent de concasser des noyaux de pêches, d'en retirer les amandes jusqu'à la valeur de deux onces pour une pièce de trente veltes, de les piler, de les laisser infuser pendant quinze jours dans le vin, que l'on soutire ensuite. Le même remède est aussi indiqué pour enlever le goût de moisi, dont nous avons déjà parlé.

4° Si des vins, dans un transport par mer ou par terre, sont gelés, on peut les laisser dans le tonneau sans préparation aucune, jusqu'à ce qu'ils soient dégelés; mais alors leur couleur est plus ou moins altérée, et leur force même peut être légèrement affaiblie. Pour remédier à l'un et à l'autre accident, on soutire les vins dans d'autres tonneaux qui ont été soufrés, en y mêlant une pinte d'eau-de-vie par barrique, et on les laisse reposer ensuite. Mais si on veut les mettre en bouteilles, il faut les coller d'abord.

5° Il est des vins qui contractent un goût d'amertume dans les tonneaux; pour les en corriger, on emploie différens moyens. Le premier est de faire brûler dans une futaille, nouvellement vide de bon vin, plusieurs morceaux de linge, imprégnés d'eau-de-vie, que l'on tient suspendus dans l'intérieur par un filet d'archal. On répète ce procédé jusqu'à ce que l'on ait absorbé les deux tiers d'une bouteille d'eau-de-vie, et on soutire immédiatement le vin amer dans cette futaille. Il est des marchands qui, avant le soutirage, font brûler une mèche soufrée dans la même futaille.

Le second moyen, si l'amertume n'est pas trop forte, est de couper le vin avec d'autres de bon goût, mais le mélange doit être fait en petite quantité. Il serait mieux, selon moi, d'employer le vin amer à remplir les futailles qui ont besoin de l'être.

Enfin le troisième moyen est le collage et le soutirage dans un tonneau vide de bon vin. On répète l'un et l'autre si l'amertume n'est pas entièrement enlevée à la première opération.

CHAPITRE X.

Du Tirage des Vins en bouteilles.

Quoique tous ceux qui s'occupent des vins connaissent parfaitement les procédés et les moyens de les tirer en bouteilles, nous croyons nécessaire, pour compléter ce Manuel, de tracer sommairement ces procédés.

Il faut d'abord choisir des bouteilles solides, d'un bon goût, et mettre au rebut celles qui sont étoilées ou d'un verre trop mince, ou imprégnées d'huile. On rince ensuite celles qui sont choisies avec de l'eau claire et une petite quantité de plomb en grain que l'on promène, en l'agitant avec un peu de force, dans toutes les parties de la bouteille, pour en enlever la lie, ou le tartre, ou la poussière, qui ont pu s'attacher aux parois intérieures. On fait sortir le plomb avec cette première eau, et on rince les bouteilles une autre fois, même deux s'il est nécessaire, avec une seconde eau claire. Ces bouteilles doivent être placées et renversées, à mesure qu'on les rince, sur des planches percées à cet effet, afin qu'elles puissent bien s'égoutter pendant un jour, mais il ne faut pas les y laisser plus long-temps parce qu'elles pourraient contracter un goût de moisi.

Il est plusieurs personnes qui ont l'attention, lorsqu'elles veulent remplir les bouteilles, de les rincer avec une petite quantité de vin ou deux cuillerées d'eau-de-vie qu'elles font égoutter aussitôt, et remplissent les bouteilles à l'instant même. On prétend que le vin s'y conserve plus long-temps par ce moyen. Cependant j'avoue que je n'ai vu rincer les bouteilles avec de l'eau-de-vie, que lorsqu'il s'agissait de transvaser des vins qui sont déjà en bouteilles depuis quelques mois.

Mais tous les vins ne sont pas propres à être mis en bouteilles. Les nouveaux, ceux qui ont de l'âcreté ou trop de verdeur, ou des goûts de terroir, ne doivent pas y être mis; ce serait de la peine perdue, car la bouteille ne les bonifierait pas. Il faut donc choisir un bon vin, limpide, ayant acquis toute sa maturité par un séjour d'une année et demie ou deux dans le tonneau, où il aura été bien soutiré avant chaque équinoxe, dans les mois de mars et septembre, et ensuite collé avec soin, de la manière exprimée au chapitre VIII.

Tous les vins n'acquièrent pas leur maturité dans les tonneaux pendant un même espace de temps. Les vins blancs sont plus tôt mûrs que les rouges, il en est qui ne sont bons à être mis en bouteilles qu'après deux ou trois ans, tandis que d'autres sont dans le cas d'y être tirés après un an. On reconnaît la maturité soit au bouquet, soit au goût, lorsqu'on ne trouve plus d'âpreté ou du moins fort peu.

Si, par l'effet du premier collage, le vin n'était pas d'une limpidité parfaite, il faudrait en faire un second avant de le mettre en bouteilles. Il est des vins qui ont une limpidité apparente et qui sont néanmoins chargés de particules de lie peu visibles. Pour les reconnaître, on remplit une petite carafe d'un verre clair et mince, du vin que l'on veut tirer en bouteilles, et on l'examine au grand jour attentivement, en se plaçant de chaque côté de la carafe, tour à tour. On peut faire aussi cet examen, quand on n'a pas un beau jour, en plaçant une lumière d'un côté de la carafe et en se mettant du côté opposé. Alors, si l'on découvre que le vin est chargé de quelques matières qui surnagent, il convient de le coller une seconde fois et de le laisser reposer six à sept jours avant de le mettre en bouteilles.

Pour faire cette opération, dans tous les cas et pour tous les vins, il faut choisir de beaux jours, sereins, frais, pendant les pleines lunes et que les vents sont au nord ou à l'est; mais jamais il ne faut tirer le vin en bouteilles pendant le temps des équinoxes, de la pousse de la vigne, de sa floraison, ou pendant les grandes chaleurs, les orages, les grandes pluies, parce que dans tous ces différens temps le vin est toujours agité plus ou moins; il n'a donc point une limpidité parfaite.

Quand le vin est tiré en bouteilles, il faut les boucher solidement avec des bouchons neufs, de bonne qualité, laquelle se reconnaît à la douceur du liége, qui doit être peu poreux. Si l'on se sert de vieux bouchons, surtout de ceux que l'on a rajeunis en les blanchissant, on s'expose à perdre du vin, ou à lui communiquer un goût de moisi, que de tels bouchons peuvent contracter. Ces bouchons rajeunis se reconnaissent à leur dureté et à la couleur presque noire de leurs pores.

Il est des tonneliers qui mettent tremper les bouchons dans du vin pendant 24 heures, avant de les employer; mais d'autres prétendent avec raison, selon moi, que ce procédé est vicieux, parce que le bouchon peut prendre un goût d'aigre et le communiquer au vin. Il suffit donc de plonger les bouchons dans un peu de vin au moment même où l'on veut les introduire dans le col de la bouteille, avec lequel il faut d'abord les ajuster. Ces bouchons doivent entrer totalement dans le col de la bouteille, ou du moins il ne faut en laisser de saillant que deux lignes au plus. Dans l'un ou l'autre état, le goudron préparé, dont on scelle les bouteilles, s'appliquera facilement. Mais il faut toujours avoir l'attention de laisser un espace entre le vin et le bouchon, car si le premier touchait l'autre, il n'y aurait que peu ou point d'air intérieur, et la bouteille ne tarderait pas à éclater.

Inutile de parler de la fabrication du goudron, de la manière de tenir les bouteilles en les remplissant, de leur placement dans la cave et de leur ajustement sur des lattes; ces petites choses sont connues de tous les marchands, de tous les propriétaires et du plus grand nombre des consommateurs.

Mais il n'est point inutile de parler des dépôts des vins en bouteilles. Il est rare, quelques soins, choix ou précautions que l'on ait pris, que des dépôts ne s'opèrent pas dans les bouteilles; les vins rouges y sont les plus sujets; mais dans ceux-ci comme dans les blancs, les dépôts dépendent de la qualité des vignobles ou de la température qui a précédé la récolte.

Les dépôts ne nuisent pas ordinairement aux vins en bouteilles, ni à leur goût ou qualité, ni à leur transparence, à moins qu'on ne les agite ou qu'on ne les déplace. Aussi presque tous les marchands et les consommateurs ne s'occupent point d'enlever les dépôts du vin, tant que les bouteilles ne sont pas déplacées; mais, s'ils veulent les expédier après les avoir vendues, ou s'ils les destinent à une consommation immédiate, il est indispensable de les transvaser. Cela se fait d'une manière fort simple, en débouchant la bouteille doucement, en versant avec précaution et lenteur, dans une autre bouteille bien rincée, le vin qui a déposé, et en cessant de le verser à l'instant même que le dépôt ou même de petites parties de ce dépôt sont entraînées par le vin. Mais cette opération, comme chacun peut s'en assurer soi-même, occasione une perte considérable, parce que, dès que la bouteille est vidée à peu près aux deux tiers, le dépôt est troublé par l'air et par le mouvement du vin, et il se mêle avec lui si l'on ne cesse pas de transvaser.

Plusieurs moyens ont été imaginés pour remédier à cette perte. En Angleterre, en Espagne et dans certains vignobles de France, on s'est servi de petits entonnoirs garnis de crêpe ou de gaze, dans lesquels on versait la partie du vin où le dépôt est mêlé, mais on a reconnu que ces entonnoirs ne retenaient que la partie la plus épaisse et la plus bourbeuse du dépôt. Ailleurs, on a employé de petits instrumens en verre ou en fer blanc, mais ils n'ont pas répondu à ce qu'on s'en était promis. En d'autres endroits, on a essaye de filtrer les dépôts et les vins qu'ils ont troublés, mais on s'est aperçu que cette opération faisait évaporer une partie de leur spirituosité.

Enfin, un habile praticien a inventé une cannelle-aérifère, au moyen de laquelle il paraît que l'on transvase le vin en bouteilles sans mêler les dépôts et sans éprouver une perte très-forte. Je conseille l'usage de cette cannelle-aérifère, dont on peut voir la description et les moyens de s'en servir dans le Manuel du Sommelier, chapitre 23. Cette cannelle est simple ou double, celle-ci est, dit-on, plus parfaite que l'autre.

CHAPITRE XI.

Du Mélange des Vins en tonneaux.

Ces mélanges sont, en général, peu pratiqués par les propriétaires, mais ils le sont habituellement par les marchands: néanmoins, tous les vins ne sont pas propres au mélange. Ceux qui ont un mauvais goût de terroir ou qui sont âcres, verts, acides, peu corsés ou faibles, tels que les vins d'entre deux mers, des îles de Ré, d'Oleron, de la Brie et autres pays, sont rarement bonifiés par leur mélange avec des vins meilleurs.

Il conviendrait peut-être mieux de laisser les vins dans leur état naturel; le consommateur en serait mieux traité, et les vins se conserveraient sans doute davantage : ils conserveraient du moins leurs qualités particulières, leur bouquet, leur couleur naturelle, tandis que des vins coupés ne conservent entièrement ni les unes ni les autres de ces qualités; leur goût même peut être changé ou altéré. Mais il faut dans le commerce des vins qui ne soient pas purs : il faut en vendre de première, de seconde, de troisième classe, et même de quatrième. Cependant on ne devrait jamais les vendre pour purs lorsqu'ils sont coupés; on doit, au contraire, les donner pour ce qu'ils sont : autrement on trompe l'acheteur qui ne connaît pas les mélanges.

Cependant ils sont aisément reconnus par les dégustateurs, les propriétaires et les consommateurs qui ont quelque expérience des vins.

Les motifs que l'on donne en général, en faveur de ces mélanges, sont de rendre potables et même agréables des vins qui sont verts, âpres, faibles, etc., et de pouvoir les vendre ainsi bonifiés à des prix inférieurs à ceux des vins purs. Les mélanges se font aussi pour corriger ou enlever de mauvais goûts à plusieurs espèces de vins. Déjà nous avons examiné ces procédés dans le chapitre IX.

Les mélanges les plus habituels sont ceux des vins blancs avec des vins rouges, lorsque ceux-ci sont trop riches en couleur ou que les autres ont une teinte jaune. Il n'y a certainement point de falsification coupable dans ces procédés; mais comme, dans la majeure partie des vignobles, les vins blancs sont moins chers que les rouges, on diminue les prix de ceux-ci en les coupant avec des vins blancs.

On mélange aussi des vins très-estimés et de bon goût lorsqu'ils manquent de spiritueux, ou d'autres qualités pour se conserver long-temps ou se transporter par mer. On les coupe avec d'autres vins qui ont une surabondance de ces qualités.

En général, c'est par le goût et l'odorat que l'on reconnaît les vins qui ont besoin d'être bonifiés par les mélanges, et quels sont ceux qui doivent être employés à la bonification. Il existe cependant plusieurs usages qui ne sont point à dédaigner, parce que l'expérience atteste leur efficacité.

Par exemple, dans l'Aunis, les îles de Ré, d'Oleron et autres, où les vins rouges sont âcres et faibles, on les mélange avec de bons vins de Saintonge qui ont plus d'abondance de couleur et un meilleur goût. Dans le Bordelais, on coupe les vins de certains crûs qui sont piquans, avec ceux de Cahors et autres du Midi qui sont plus doux et d'une couleur foncée. En d'autres pays, les vins rouges, fades et âcres, sont mélangés avec des vins blancs, secs et plus spiritueux; ailleurs, des vins que l'on trouve épais, grossiers, peu délicats, se coupent avec des vins rouges légers, ou avec des vins blancs vieux qui ont jauni.

D'ailleurs, il faut consulter les goûts des différens pays. Tels vins mélangés, qui sont à Paris agréables aux consommateurs, ne le seraient nullement en d'autres villes ou dans les vignobles. De même, les vins que l'on boit avec plaisir à Bordeaux ne conviendraient nullement à Londres; il faut leur faire subir des préparations et des mélanges avant de les expédier en Angleterre : il faut surtout y mettre de l'eau-de-vie. Au reste, dit fort bien un auteur que nous avons déjà cité plusieurs fois, « les vins de tous les genres se distin» guent entre eux par tant de nuances, et celles-ci sont su» jettes à tant de variations, suivant les années et les acci» dens qui contribuent à l'altération ou à l'amélioration des » vins, qu'il est impossible de soumettre le mélange de cette » liqueur à des règles fixes. »

Néanmoins on peut dire que ces règles, pour la proportion des mélanges, dépendent de la dégustation, des essais, des expériences que chacun peut faire soi-même; par exemple, si l'on veut couper des vins rouges par des vins blancs, il faut s'assurer de la quantité du mélange que les premiers peuvent supporter sans que leur couleur en soit trop affaiblie. Cela peut se faire dans une carafe d'un verre blanc où l'on verse d'abord le tiers, le quart ou un cinquième de vin blanc, en la remplissant ensuite de vin rouge. Cette expérience, quoique faite en petit, est un guide certain pour la répéter en grand dans les tonneaux, en se réglant d'après les mêmes proportions. On procède de la même manière lorsque l'on veut mélanger des vins blancs avec d'autres de la même couleur, parce que les uns auront jauni ou perdu de leur force, et que les autres seront bien limpides et spiritueux. Ainsi, on verse encore dans un vase transparent (carafe ou verre), dans telle ou telle proportion, les vins blancs qui doivent être mélangés, et l'on s'assure, par le coup-d'œil et par la dégustation, si le mélange est suffisant pour produire l'effet proposé.

On opère aussi par des essais et des comparaisons pour s'assurer des proportions d'un mélange qui est fait pour atténuer ou enlever les goûts de verdeur, d'âcre, de terroir, etc.

Si le mélange n'est pas bien fait, il arrive de deux choses l'une, ou que l'effet qu'on s'était proposé n'est pas atteint, ou qu'il ne l'est qu'en apparence. Dans ce dernier cas, le vin que l'on a voulu corriger reprend son ancien goût. Il est même des vins qui résistent aux mélanges, encore que ceux-ci soient bien faits : leur goût primitif, piquant ou vert, se fait toujours sentir, du moins en grande partie.

Mais que le mélange soit bien ou mal fait, il est nécessaire de le laisser reposer pendant quelques jours.

Enfin, le résultat de ces mélanges est 1° de faire boire plus facilement des vins qui ne sont point agréables quand ils sont purs ; 2° de conserver et de bonifier des vins qui ont des maladies ; 3° de diminuer le prix des vins coupés, et de les mettre ainsi à la portée de tous les consommateurs.

CHAPITRE XII.

De l'action de frelater les Vins.

Frelater le vin, c'est l'altérer et le falsifier en y mêlant des substances étrangères à celles du jus du raisin. Quelques écrivains, au lieu de frelater, disent *sophistiquer*, terme qui paraît peu applicable ici ; il l'est plutôt en pharmacie en parlant de l'altération de certaines drogues, et au figuré, où il exprime des subtilités excessives.

Mais peu importe : l'action de frelater ou de sophistiquer est souvent coupable, et on ne peut la justifier par les mêmes motifs que l'on donne aux mélanges, car c'est presque toujours pour augmenter le volume des vins par des substances étrangères, ou pour les dénaturer, que l'on est conduit à les frelater.

C'est ainsi que l'eau pure, ou préparée avec certains mélanges, altère la spirituosité du vin, en augmente la quantité au profit du marchand et au préjudice du consommateur, qui, n'ayant pas assez de connaissance pour reconnaître la fraude, paie le vin frelaté aussi cher que s'il était pur. Il est vrai que, pour donner de la spirituosité à un tel vin, les marchands fraudeurs y mettent une certaine quantité d'eau-de-vie ; et c'est ce qu'ils appellent *viner*.

De même, le mélange du poiré avec le vin est un autre moyen de frelater, moyen qui l'altère sensiblement ; car, au lieu d'une liqueur saine, naturelle et agréable, le poiré rend le vin capiteux, fatigant et même capable d'attaquer les nerfs. Cependant le poiré n'est que trop souvent employé à frelater : on lui donne la préférence sur d'autres préparations, parce que, loin d'affaiblir la spirituosité du vin, il paraît la fortifier sans lui donner un mauvais goût.

Voici une autre préparation pour frelater les vins : on fait fermenter, sur des pruneaux mêlés avec des mûres et écrasés ensemble, une certaine quantité d'eau pendant plusieurs jours ; après que la fermentation a donné au mélange une couleur assez prononcée et le goût des fruits, on l'introduit dans le vin en proportion suffisante et modérée ; mais, pour se fixer sur cette proportion, on fait des essais : par exemple, on verse dans un vase un cinquième ou un sixième de la liqueur artificielle, et on remplit le surplus du vin que l'on veut frelater ; quand ce mélange n'offre point un goût trop désagréable, on procède dans les mêmes proportions pour le vin en tonneau ; mais on a toujours l'attention d'ajouter quelques livres de sucre infusé dans de bonne eau-de-vie.

Mais, malgré tous les soins que l'on apporte dans ces procédés trompeurs et de mauvaise foi, on ne parvient que rarement à faire des boissons saines et agréables, peu capables de se conserver long-temps.

On ne réussit pas beaucoup mieux en faisant fermenter des raisins secs et du sirop de raisin avec de l'eau, car on n'obtient par ce procédé qu'une liqueur fort peu spiritueuse, sans odeur agréable, et n'ayant qu'un léger goût de vin. Ainsi, en mélangeant de bon vin avec cette liqueur, on ne peut que lui enlever les qualités naturelles de sa conservation. Un savant a cependant prétendu que, par la fermentation des raisins secs avec de l'eau, on pourrait faire des vins de liqueur comparables à ceux d'Espagne : mais c'est ce dont il est permis de douter tant qu'une expérience positive ne prouvera pas cette assertion un peu hasardée.

Il est plus certain que l'on réussit dans un autre procédé, c'est celui de teindre les vins blancs avec les fruits de l'hièble ou du sureau parfaitement mûrs : ces fruits, que l'on nomme ordinairement *baies*, contiennent un jus très-foncé. La quantité qui doit être employée dépend du degré de couleur que l'on veut donner aux vins blancs, et des essais que l'on fait avant de les teindre. Ce procédé n'est pas plus délicat que bien d'autres, puisqu'il tend à vendre aux consommateurs des vins blancs, moins chers que les rouges, aux prix de ceux-ci ou à peu de chose près.

Comme nous n'écrivons ce chapitre que pour flétrir les fraudes nombreuses que l'on commet en frelatant les vins, nous n'entrerons pas dans de plus longs développemens : ainsi, nous ne parlerons point de la fabrication des vins artificiels, tels que ceux qui sont prétendus de Malaga ou de Madère, et qui ne sont autre chose que des vins cuits ; tels encore que ceux fabriqués avec différens fruits, comme les coings, les groseilles de diverses espèces, les citrons, les fruits secs, etc.; tels enfin que ceux dont on fait des préparations nombreuses en Angleterre, dans lesquels il n'entre pas une seule goutte de vin, ni un seul raisin. Il faut convenir cependant que plusieurs de ces fabrications donnent une liqueur qui n'est pas très-désagréable, mais on n'y trouve ni les qualités ni même le goût d'un vin naturel ; et ces liqueurs ne sont jamais vendues pour ce qu'elles sont, mais bien pour les bons vins dont on leur prête le nom.

CHAPITRE XIII.

De la circulation des Vins, des Boissons, Eaux-de-vie, etc., et des Droits qui en résultent.

TOUT enlèvement ou déplacement de vins, cidres, poirés, eaux-de-vie, esprits et liqueurs, donne lieu à la perception d'un droit de circulation. Ce droit est établi par différentes lois, et notamment par la loi du 28 avril 1816, dont on trouvera les dispositions dans la troisième partie de ce Manuel, page 222 et suivantes. La même loi établit cependant diverses exemptions du droit de circulation par ses articles 3, 4 et 5. Mais depuis cette loi, il en est intervenu plusieurs autres qui contiennent différentes modifications; ce sont celles-ci que nous devons rapporter dans le présent chapitre.

La loi du 11 mars 1827 dispose qu'à partir de sa publication, le droit de circulation sur le cidre, le poiré et l'hydromel, sera perçu à raison de soixante centimes par hectolitre; mais ce droit a été réduit à cinquante centimes par une autre loi, celle du 12 décembre 1830, qui établit un tarif divisé en quatre classes pour la perception des droits de la circulation des différentes sortes de boissons; en voici le résumé :

Vins en cercles et en bouteilles dans les départemens de

	Première classe,	2e classe,	3e classe,	4e classe.
Par hectol.	» f. 60 c.	» f. 80 c.	1 f. »	1 f. 20 c.

Par hectolitre de cidre, poiré et hydromel. . . . . » 50 c.

Nous ne donnerons point ici le tableau des départemens divisés en quatre classes, annexé à la loi du 12 décembre 1830, parce qu'il en a été annexé un absolument semblable à la loi du 28 avril 1816, qui sera donné à la suite de cette même loi, page 282 ci-après. Il faut éviter des répétitions inutiles.

Les droits de circulation ne sont pas dus par un propriétaire qui fait conduire ses vins dans ses cuves ou celliers qui ne sont pas dans le même lieu que ses pressoirs ou cuves.

Il en est de même pour les vins qu'un fermier, métayer,

vigneron, fait conduire dans les caves du propriétaire pour lequel il a récolté.

Il en est encore ainsi, des vins, cidres et poirés qui sont expédiés par les mêmes personnes et dans les mêmes circonstances, encore que le transport aurait lieu hors du département où la récolte s'est faite. Dans tous ces cas, la loi accorde une exemption des droits de circulation.

La même exemption est accordée aux négocians, marchands en gros, courtiers, facteurs, commissionnaires, distillateurs et débitans, pour les boissons qu'ils font transporter de leurs caves dans une autre, située dans l'étendue du même département; mais les boissons transportées doivent être accompagnées d'un acquit-à-caution en franchise de droit.

Il existe encore plusieurs exemptions que l'on trouvera dans la loi du 25 mars 1817, article 82, et dans celle du 28 avril 1816.

Quand la régie des impositions indirectes n'a point établi de bureau dans le lieu même de la résidence des propriétaires, des récoltans, ou des marchands de boissons, ceux qui auront à en expédier, à quelque destination que ce soit, seront autorisés à se faire délivrer des *laissez-passer* jusqu'au premier bureau de passage. A cet effet, la régie leur remettra des formules imprimées dont ils seront tenus de justifier de l'emploi; et lorsque les expéditeurs de boissons voudront se dispenser de déclarer le nom des destinataires, ils seront admis à ne faire désigner sur les expéditions que le lieu de destination, à la charge d'y faire compléter la déclaration au bureau de la régie, avant que les conducteurs puissent décharger les voitures ou introduire les boissons chez le destinataire.

C'est dans ces termes que dispose l'article 45 de la loi du 21 avril 1832, qui modifie et complète l'article 10 de la loi du 28 avril 1816, rapporté à la page 225 ci-après.

Les boissons dont on veut faire le transport, ne peuvent être enlevées ni déplacées sans en avoir fait une déclaration préalable, et en avoir obtenu une expédition ou laissez-passer, même pour être déposées sur un terrain appartenant au propriétaire des boissons, si le public peut s'y introduire. (Ainsi jugé par arrêt de la cour de cassation, du 28 juillet 1826.) De même, le placement des boissons sur la voie publique, ou leur dépôt dans une cour, sont réputés avoir été faits illégalement et sans déclaration préalable, s'il n'est justifié du contraire par une expédition. C'est le dispositif d'un autre arrêt de la même cour, du 25 mai 1828.

Les voituriers, charretiers et tous autres, chargés de transporter des vins et autres boissons, sont obligés, à toute réquisition des employés de la régie, de leur représenter, à l'instant même, les passavans, laissez-passer ou acquits-à-caution dont ils sont porteurs. Ils ne peuvent exiger aucun délai pour faire la représentation de ces expéditions.

Ces voituriers, et autres conducteurs de boissons, doivent les rendre à leur destination dans le délai mentionné sur leurs expéditions, ce qui doit s'entendre non-seulement du nombre d'heures ou de jours fixés pour le transport, mais encore des heures et des jours déterminés par cette expédition. S'il en était autrement, dit fort bien la cour de cassation, on donnerait aux redevables un moyen infaillible d'échapper facilement à la surveillance des employés, parce que ceux-ci ne connaîtraient pas exactement les jours ou les heures du transport des boissons.

Aussi les buralistes de la régie, chargés de délivrer aux parties les expéditions pour l'enlèvement des boissons, doivent fixer avec beaucoup d'attention le délai dans lequel les vins et les boissons doivent être transportés à leur destination. Il leur appartient même exclusivement de déterminer ce délai. (Arrêt du 4 juin 1830, cour de cass.)

Si les conducteurs des boissons ne se conforment pas à ce délai, ils sont passibles de contravention; car s'ils font circuler les boissons avant l'heure fixée par l'expédition, celle-ci est censée ne pas exister; elle n'est pas du moins applicable. De même, si le conducteur des boissons laisse expirer le délai fixé par son expédition avant de les rendre à leur destination, c'est comme s'il n'en avait point obtenu, puisque leur effet est cessé. On ne peut même décider le contraire, attendu que le voiturier serait de bonne foi.

Toutes ces formalités et ces expéditions peuvent n'avoir pas lieu dans un grand nombre de communes, puisqu'il est permis d'y remplacer le droit de circulation. Voici ce que porte à cet égard l'article 35 de la loi du 21 avril 1832:

« Dans les villes ayant une population agglomérée de quatre mille âmes et au dessus, et sur le vœu émis par le conseil municipal, les exercices seront supprimés, moyennant que les droits de circulation, d'entrée et de détail sur les vins, cidres, poirés et hydromels, ainsi que celui de licence des débitans de boissons, soient convertis en une taxe unique aux entrées. — La circulation des boissons sera libre dans l'intérieur des villes où ce mode de remplacement aura été adopté, et le droit de circulation ne sera plus perçu sur les boissons adressées aux consommateurs qui y sont domiciliés. — Le conseil municipal pourra ne voter que le remplacement des droits de licence, d'entrée et de détail; dans ce cas, la perception du droit de circulation continuera à être effectuée avec les formalités ordinaires. »

L'article 36 de la même loi d'avril 1832, ajoute : « Cette taxe unique sera fixée pour chaque ville et par hectolitre, en divisant la somme des produits annuels de tous les droits à remplacer par la somme des quantités annuellement introduites. Ce calcul sera établi sur la moyenne des consommations des trois dernières années. »

CHAPITRE XIV.

De la Modification des Droits d'entrée.

Ces droits se perçoivent à l'introduction des vins, eaux-de-vie et autres boissons, dans les villes et communes ayant une population agglomérée de 1,500 âmes et au dessus, en vertu de différentes lois que l'on trouvera dans la troisième partie de ce Manuel. Voyez le tableau de population des communes assujetties au droit d'entrée, au chapitre XVI ci-après.

Depuis ces lois, il est intervenu celle du 21 avril 1832, dont l'article 38 statue en ces termes : « Dans les villes assujetties à la taxe unique ou au droit d'entrée, la faculté d'entrepôt sera accordée aux distillateurs et aux marchands en gros, aux conditions prescrites par les articles 32, 35, 36 et 37 de la loi du 28 avril 1816; ils devront en outre présenter une caution solvable qui s'engagera solidairement avec eux au paiement des droits sur les boissons qu'ils ne justifieront pas avoir fait sortir du lieu. L'entrepositaire sera tenu de déclarer le magasin dans lequel il entendra placer les boissons pour lesquelles il réclamera l'entrepôt; il ne pourra jouir de la même faculté en d'autres magasins, s'il n'y est autorisé par la régie. »

L'article 39 de la même loi dit : « Les récoltans de vins, de cidres ou de poirés, domiciliés dans les villes, pourront obtenir l'entrepôt pour les produits de leur récolte, quelle qu'en soit la quantité. La limite posée par l'article 31 de la loi du 28 avril 1816 est abrogée en ce qui les concerne. »

« Dans les villes qui seront soumises à une taxe unique sur les vins, cidres, poirés et hydromels, le droit général de consommation, imposé sur les eaux-de-vie, sera perçu à l'entrée lorsque le destinataire ne jouira pas de l'entrepôt. — Les débitans qui voudront s'affranchir des exercices pour les eaux-de-vie, esprits ou liqueurs, soit dans les villes où la taxe unique ne sera pas adoptée, soit hors des villes, seront admis, comme les consommateurs, à payer ce même droit à l'arrivée, sur la représentation de ces boissons aux employés, avant que l'acquit-à-caution puisse être déchargé. » (Article 41 de la loi du 28 avril 1832.)

La taxe unique, dont la loi parle en cet article, est celle qui est autorisée pour remplacer les droits d'entrée et de circulation. Voyez les textes que nous avons rapportés dans le précédent chapitre.

« Dans les villes où la conversion des différens droits sera prononcée, les débitans seront tenus d'acquitter la taxe unique sur les boissons qu'ils auront en leur possession au moment de la mise en vigueur de cette nouvelle taxe. Dans le cas du rétablissement de la perception par exercice, il sera tenu compte aux débitans du droit unique qu'ils auront payé sur les boissons en leur possession. »

Lorsque les droits d'entrée ne sont pas remplacés par la taxe unique, et que, par conséquent, la circulation des vins n'est pas libre, si les conducteurs soutiennent que le tarif des droits d'entrée ne leur est pas applicable, ou qu'ils ne doivent pas la quotité du droit réclamé, ils ne peuvent passer outre à l'introduction des vins dans le lieu sujet, sans consigner la somme réclamée par le receveur ; autrement ils seraient en contravention. (Arrêt du 3 avril 1830.)

Mais les droits d'entrée ne sont pas dus par les propriétaires ou récoltans qui vendent en détail, dans une habitation rurale, entièrement détachée de l'agglomération d'un lieu sujet, les boissons par eux récoltées sur le territoire de la commune assujettie. (Ainsi jugé par arrêt du 15 mars 1826.)

Les règles relatives aux droits d'entrée, établies par la loi du 28 avril 1816, continuent de subsister dans tout ce que celle du 21 avril 1832 n'y a pas dérogé. Voyez dans la seconde partie de ce Manuel, pag. 228 et suivantes, les sections 1re, 2, 3 et 4 du chapitre II. Voyez aussi le tarif (nº 2) des droits d'entrée à percevoir sur les boissons dans les villes et communes de population agglomérée et au dessus, à la page 181 ci-après.

CHAPITRE XV.

Des Abonnemens accordés aux Débitans de Boissons.

La loi du 28 avril 1816 a permis aux aubergistes, cabaretiers et autres débitans de boissons, de se libérer des droits de détail par abonnement. Deux lois postérieures ont statué ce qui suit :

Celle du 17 octobre 1830 dispose, article 1er : « Pour faciliter la perception de l'impôt sur les boissons, conformément aux lois en vigueur, jusqu'à la promulgation de nouvelles dispositions législatives, l'abonnement sera substitué à l'exercice en faveur de tous ceux qui en feront la demande. »

L'article 2 ajoute : « Dans les lieux où les perceptions auront été interrompues, le gouvernoment fera appliquer d'office, et pour tous les droits non perçus, l'abonnement général, autorisé par la loi du 28 avril 1816, pendant toute la durée de l'interruption. — A défaut de vote spécial et immédiat, le remplacement s'opèrera dans chaque commune au moyen de centimes additionnels aux contributions foncière, personnelle et mobilière. »

Cependant ce mode d'abonnement ne peut être réclamé pour le droit de consommation, auquel sont soumis les eaux-de-vie, esprits et liqueurs. Arrêt du 4 février 1832, cour de cass.) Ainsi, les abonnemens ne peuvent comprendre que les vins, cidres et poirés; par conséquent, les débitans restent soumis aux exercices des employés pour les autres liquides. (Arrêt du 3 décembre 1828, même cour.)

Une autre loi, celle du 12 décembre 1830, dispose, article 4 : « Les débitans de boissons continueront d'être autorisés à s'affranchir des exercices, pour l'acquittement du droit de détail, au moyen d'abonnemens individuels ou collectifs. Les conseils municipaux pourront également voter la suppression dans l'intérieur des villes, et le remplacement, au moyen soit d'une taxe unique aux entrées, soit de tout autre mode de recouvrement, comme ils sont autorisés à s'imposer pour les dépenses communales, conformément à l'article 73 de la loi du 28 avril 1816. »

A défaut d'abonnemens, les débitans de boissons continuent à être soumis aux exercices des employés et à la licence.

Au reste, il résulte du seul fait de l'exercice de la profession des débitans, qu'ils ne peuvent avoir dans leur domicile aucuns vins, eaux-de-vie, cidres, hydromels et autres boissons, dont la déclaration n'a pas été faite et accompagnée d'une expédition. La loi ne fait aucune exception entre les boissons que le redevable a déclaré avoir l'intention de débiter, et celles qui sont destinées à sa consommation et à celle de sa famille. C'est ce qui a été jugé par arrêt du 12 mars 1829, rendu par la cour régulatrice; mais, avant cet arrêt, on pouvait déjà décider ainsi, en vertu de l'article 66 de la loi du 28 avril 1816.

CHAPITRE XVI ET DERNIER.

Modification des Octrois.

Les lois des 8 décembre 1814, 28 avril 1816, et autres antérieures, ont établi des droits d'octroi sur les boissons, qui se perçoivent à leur entrée dans les villes. On trouvera ces lois pag. 173 et 270 ci-après. Plusieurs modifications ont eu lieu depuis en ces matières.

La loi du 12 décembre 1830 a supprimé, à partir du 1er janvier 1831, les droits d'octroi et d'entrée dans les communes dont la population est au dessous de 4,000 âmes; mais ils ont été maintenus dans les autres communes, avec de légères réductions. De sorte que ces droits se paient maintenant suivant le tableau qui est ci-contre, et qui est annexé à la même loi du 12 décembre 1830.

DÉSIGNATION DES DROITS, ET POPULATION DES COMMUNES sujettes AUX DROITS D'ENTRÉE.	TAXE PAR HECTOLITRE (*EN PRINCIPAL*). VINS EN CERCLES et en bouteilles dans les départemens de 1re classe.	2me classe.	3me classe.	4me classe.	CIDRES, poirés et hydromels.	alcohol pur, eaux-de-vie et esprits en bouteilles, liqueurs et fruits à l'eau-de-vie.	BIÈRES. bière forte.	petite bière.
Entrée dans les villes de 4 à 6,000 âmes.	» f 60 c	» f 80 c	1 f » c	1 f 20 c	» f. 50 c.	4 f. » c.	» f » c	» f » c
De 6,000 à 10,000 âmes.	» 90	1 20	1 50	1 80	» 75	6 »	» »	» »
De 10,000 à 15,000.	1 20	1 60	2 »	2 40	1 »	8 »	» »	» »
De 15,000 à 20,000.	1 50	2 »	2 50	3 »	1 25	10 »	» »	» »
De 20,000 à 30,000.	1 80	2 40	3 »	3 60	1 50	12 »	» »	» »
De 30,000 à 50,000.	2 10	2 80	3 50	4 20	1 75	14 »	» »	» »
De 50,000 âmes et au dessus. . .	2 40	3 20	4 »	4 80	2 »	16 »	» »	» »
Circulation suivant le lieu de la destin.	» 60	» 80	1 »	1 20	» 50	» »	» »	» »
Remplacement aux entrées de						» »	» »	» »
Paris.	en cercles 8 f. en bouteilles 8 f.				4 »	» 50	» »	» »
Octroi.	. . . . . 10 f. 50 c. . . . 18 f.				4 »	» 25	» »	» »
Détail dans tout le royaume. . . .	Dix pour 0/0 du prix de la vente				» »	» »	» »	» »
Consommation dans tout le royaume.	. . . .				» 34	» »	» »	» »
Fabrication des bières, (de même).	. . . .				» »	» »	2 40	» 60

NOTA. Les droits d'octroi ou d'entrée sont, en outre, assujettis à un décime par franc du droit principal.

Il est aussi annexé à la même loi un autre tarif, pour la ville de Paris, des droits d'octroi sur différens autres liquides; en voici le sommaire :

Bière, à l'entrée, par hectolitre, 4 fr. 40 c., décime compris;

Vinaigres de toute espèce, verjus, vins gâtés, et lies liquides ou épaisses, tant en cercles qu'en bouteilles, l'octroi 10 f. 50 c. par hectolitre; décime par franc 1 f. 05 c.;

La vendange paie à l'entrée, pour trois hectolitres, le prix de deux hectolitres de vin;

Le raisin non foulé, à l'exception des chasselas et muscats, paie à l'entrée la moitié du droit imposé sur la vendange.

Les fruits à cidre et à poiré paient le droit d'entrée dans la proportion de cinq hectolitres de fruits frais pour deux de cidre ou de poiré; mais, sur les fruits séchés, le droit d'entrée est dans la proportion de 25 kilogrammes, ou 50 livres de fruits secs, pour un hectolitre de cidre ou poiré, tandis que pour le droit d'octroi, la proportion est de 50 kilogrammes ou 100 livres pour un hectolitre de cidre ou poiré.

Indépendamment de ces droits, il est dû celui de fabrication dans l'intérieur sur les vinaigres, cidres, poirés, et tous autres liquides qui sont assujettis à l'octroi. Ce droit de fabrication est le même que celui à l'entrée, sauf la déduction de ce qui aura été payé sur les fruits verts ou secs, ou autres substances qui ont servi à la fabrication.

Tous les droits dont on vient de parler sont dus par ceux qui occupent des habitations rurales, éparses dans le rayon assujetti à l'octroi; ils ne peuvent réclamer aucunes dispenses ni exceptions, à moins qu'il n'en ait été fait à leur profit par le tarif de l'octroi.

FIN DE LA PREMIÈRE PARTIE.

INTRODUCTION.

On a fait différens traités sur la jauge, dans l'intention de la simplifier et de donner aux redevables des moyens faciles dont ils pourraient faire usage eux-mêmes pour vérifier la quotité des droits qu'ils auraient à payer ; mais tous ces moyens ont été subordonnés à des opérations que l'homme instruit comprend facilement, mais qui, quelque simples qu'elles soient pour lui, sont trop compliquées pour celui qui n'a que de très faibles notions en arithmétique.

En 1741, pour éviter les contestations qui s'élevaient souvent entre les contribuables et les employés des aides, à l'occasion des erreurs qui s'étaient glissées dans la pratique, et des inconvéniens qui se trouvaient dans les instrumens dont on se servait, il fut présenté à l'Académie des Sciences, et approuvé par elle, un tarif sur la jauge, calculé en muids, setiers et pintes, qui avait l'avantage d'être compris de tout le monde au premier examen ; mais l'introduction des nouvelles mesures dans les administrations en a fait cesser l'usage. M'étant persuadé que le rétablissement de ce tarif en nouvelles mesures ferait un ouvrage dont l'utilité serait, non seulement reconnue par tous les vendeurs et fabricans de boissons, mais encore par les employés mêmes des contributions indirectes, enfin de tous ceux qui sont en rapport avec elles et qui voudraient eux-mêmes faire provisoirement le jaugeage de leurs vaisseaux, j'ai entrepris de refaire ce tarif en jaugeage métrique, qui ait le même avantage et la même utilité que l'ancien. J'ai surtout évité de charger mon travail des calculs géométriques qui donnent les capacités des vaisseaux, parce que je les ai jugées parfaitement inutiles pour ceux qui n'ont point l'habitude du calcul, mais qui connaissent cependant assez les premières règles de l'arithmétique pour faire de petites additions, en prendre les moitiés, les tiers; multiplier au besoin un nombre de litres par un autre petit nombre, pour trouver ensuite dans les tables des calculs tout faits qui donnent l'exacte contenance de leurs vaisseaux.

Dans l'ancien tarif, on prend, pour avoir le diamètre moyen, la moitié des diamètres des deux fonds à laquelle on ajoute le diamètre du bouge, et l'on prend encore la moitié de cette dernière somme; mais ce nombre ne donne rien pour la courbure des futailles. On a donc admis dans ce nouveau tarif la formule de deux fois le diamètre du bouge, plus la moitié des diamètres des fonds, le tout divisé par trois, et l'on obtient un diamètre moyen qui tient compte de la courbure des tonneaux, que la difformité des futailles dans leur construction ne permet pas toujours de jauger avec la même exactitude.

Les fonds, ainsi que la longueur des pièces, se mesurent avec une nouvelle jauge à ruban divisée en décimètres, centimètres et demi-centimètres, dont la construction et l'usage seront enseignés dans l'instruction.

Les diamètres moyens que la formule, après la mesure des fonds et du bouge, aura donnés, ainsi que les longueurs des pièces, se chercheront dans les tables. On trouvera en tête de plusieurs tables de suite la même série de dix diamètres moyens, et l'on ne s'arrêtera qu'à la page qui contiendra dans sa première colonne la longueur de la pièce que l'on aura mesurée. Dans cette même page se trouvera la capacité du tonneau aussi facilement que le produit de deux nombres dans une table de multiplication.

Les tables contiennent les capacités d'une suite de tonneaux qui augmentent progressivement d'un centimètre en diamètre moyen, ou d'un centimètre en longueur, ou augmentent en même temps de cette quantité dans les deux dimensions. Cette suite est comprise entre un barillet d'un décimètre six centimètres de diamètre moyen, et d'un décimètre et six centimètres de longueur, dont la contenance est de 3^{l} et 2^{ld}, et un autre tonneau de onze décimètres et cinq centimètres moyen, sur vingt-cinq décimètres cinq centimètres de longueur, dont la contenance est 26^{hl} 49^{l} 7^{ld}.

L'instruction donnera des règles d'après lesquelles on pourra jauger des pièces beaucoup plus fortes, ainsi que des cuves de différentes formes.

Ayant trouvé que la jauge à ruban qui est actuellement en usage était fautive, et que cette jauge, même étant exacte, ne pouvait servir au présent tarif, elle sera remplacée par une nouvelle dont la construction sera conservée la même, à l'exception du ruban qui sera remplacé par un autre dont les échelles seront divisées en parties égales qui seront bien plus faciles à tracer avec exactitude que des parties en progression décroissante.

Le nouveau ruban sera divisé en deux parties égales par une ligne droite parallèle à toute sa longueur; l'une de ces parties sera divisée en décimètres par un gros trait qui portera le nombre du décimètre : ces décimètres seront divisés en centimètres, qui, eux-mêmes, seront divisés en deux parties par un petit trait. La longueur du ruban, depuis le trait marqué O à la sortie du baril, s'étendra jusqu'à 25 décimètres qui donneront pour la même longueur 250^{cm}.

L'autre partie du ruban contiendra 22^{dm} divisés en sept parties égales qu'on peut appeler *grands décimètres* parce que chacune de ces parties est de $3^{dm}\ \frac{1}{7}$. Chacun de ces décimètres est partagé en dix parties égales, pour représenter les centimètres qu'on appellera aussi *grands centimètres*.

L'administration des contributions indirectes a adressé à chaque recette des jauges à ruban vernis pour le préserver de l'influence de l'air ; mais le vernis se casse facilement et se gerce par l'usage fréquent que l'on fait du ruban, et l'humidité, s'introduisant par les gerçures, détruit l'effet que l'on se promettait : la préparation du ruban que je propose préserve, par sa solidité, de tout inconvénient, et ne permet pas qu'il change de longueur dans quelque température qu'il se trouve.

Préparation du ruban.

On prendra un ruban de satin blanc d'un tissu un peu fort. Ce ruban sera de 3 centimètres de largeur sur 255^{cm} de longueur ; on le fera passer à la gomme dont on prépare les taffetas. Cette gomme, connue sous le nom de caoutchouc ou gomme élastique, n'est pas, comme le vernis, sujette à s'écailler. Il est facile après cette préparation de procéder à la division du ruban : on commence par tirer deux lignes à l'encre de la Chine, par son milieu, parallèles à toute sa longueur, qui le partagent en deux bandes comme A B, *fig.* 6. On divise l'une de ces bandes en décimètres, centimètres et demi-centimètres, comme *a b* ; l'autre bande se divise en grands décimètres et grands centimètres : pour les tracer, on portera sur cette bande sept fois la longueur de $3^{dm}\frac{1}{7}$ ou $31^{cm}\ 4^{mm}\frac{2}{7}$ de millimètre, fraction qui ne peut guère s'évaluer qu'en nombre : chacune de ces longueurs se subdivise en dix parties qui sont les grands centimètres. *Voyez* la bande *c d*.

La *fig*. 6 représente la première partie du ruban qui porte le tracé des deux échelles ; mais les dimensions de cette figure ne sont que la moitié de celles que le tracé doit avoir sur le ruban, et ne sont données que pour bien faire comprendre la manière de les construire soi-même. (1)

A défaut de ce ruban, on pourra se servir d'une ficelle avec laquelle on prendra toutes les mesures indiquées dans l'instruction, et on les portera sur un mètre subdivisé en décimètres et centimètres, pour en connaître l'évaluation en cette dernière subdivision. Quant aux grands décimètres et centimètres, il faudra avoir une mesure bien exacte de 3 décimètres et $\frac{1}{7}$ pour mesurer la ficelle qui aura pris la circonférence du bouge, ou toute autre circonférence extérieure : on fera ensuite la réduction de l'épaisseur des douves, et les grands décimètres et centimètres qui resteront seront autant de décimètres et centimètres ordinaires que contiendra le diamètre intérieur de la circonférence de la pièce qu'on vient de mesurer.

(1) Les personnes qui en désireront, en trouveront de toutes faites chez M. Roret, libraire, rue Hautefeuille.

MANUEL
DU JAUGEAGE
ET DES
DÉBITANS DE BOISSONS.

PREMIÈRE PARTIE.

INSTRUCTION POUR UN NOUVEAU TARIF EN SYSTÈME MÉTRIQUE APPLIQUÉ AU JAUGEAGE DES TONNEAUX ET SUR L'USAGE D'UNE NOUVELLE JAUGE A RUBAN.

LES vaisseaux les plus ordinaires dont on se sert pour conserver les boissons sont les tonneaux connus de tout le monde; mais pour les jauger, il faut aussi connaître les noms de leurs différentes parties. La *fig.* 1 est un tonneau dont la *fig.* 2 représente la coupe dans sa longueur; *A D B C*, *A B*, *D C*, sont les deux fonds; *A E D*, *B F C*, sont les douves courbées dans leur milieu; *A B*, *D C*, sont les diamètres des fonds, *E F* est le diamètre de la partie renflée du tonneau occasionnée par la courbure des douves prise au bondon *E*. Le diamètre *E F* est le diamètre du bouge.

Les fonds du tonneau sont arrêtés dans des rainures appelées jables : ces rainures sont creusées dans les circonférences intérieures que forment les douves du tonneau à peu de distance de leurs extrémités.

C'est la réduction de ces différens diamètres en un seul, qui s'appelle diamètre moyen. Ce diamètre, calculé avec la longueur intérieure de la pièce, change la forme du tonneau en celle d'un cylindre qui aurait la même longueur et la même capacité: celle-ci se trouve dans ce tarif.

Quand on voudra soi-même prendre connaissance de ce que contient un tonneau, on y parviendra par un calcul très aisé en trouvant les deux nombres qui donnent sa capacité dans les tables, c'est-à-dire le nombre des centimètres du diamètre moyen et celui de la longueur du tonneau. En conséquence, on mesure avec la partie du ruban divisée en décimètres, centimètres et demi-centimètres les diamètres des deux fonds; ce qui se fait en plaçant l'extrémité du ruban marqué 0 dans l'angle 1, *fig.* 2, formé par le diamètre du fond et la saillie de la douve qui y correspond, et en déroulant le ruban qu'on applique le long du diamètre jusqu'à son extrémité opposée correspondant à l'angle 2, formé par ce même diamètre et la saillie de la douve inférieure: cette mesure donne en décimètres et centimètres le diamètre exact de l'un des fonds. La même opération se fait sur l'autre fond, 3 et 4.

Après avoir pris la mesure des diamètres des fonds, on procédera à celle du bouge sans que l'on soit obligé d'ouvrir le bondon pour y passer une baguette, ou y plonger un plomb au bout d'une ficelle, inconvénient de moins, qui, en ménageant les liqueurs, épargne aussi beaucoup de temps à ceux qui mesurent.

Ainsi, pour avoir le diamètre du bouge, on se sert de la partie du ruban qui porte les grands décimètres et centimètres; on mesure la circonférence du tonneau prise au bondon, qui est toujours la partie la plus renflée. Si cette échelle, après avoir été bien appliquée à cette circonférence du tonneau, marque 6 grands décimètres, le diamètre exact du bouge sera de 6 décimètres ordinaires; si la mesure de la circonférence surpassait les grands décimètres de 1, 2, 3, etc., grands centimètres, ce serait 1,

2, 3, etc., centimètres ordinaires qu'il faudrait ajouter aux décimètres ordinaires, et le diamètre du bouge serait alors de 6 décimètres 1, 2, 3, etc., centimètres ordinaires.

Le diamètre trouvé de 6 décimètres ordinaires est le diamètre extérieur du bouge; pour jauger il faut avoir le diamètre intérieur de ce bouge : on mesurera donc l'épaisseur des douves, ce qui se fait facilement; cette épaisseur est ordinairement de deux centimètres, quelquefois plus, suivant la grandeur des pièces. Si le diamètre extérieur du bouge est de 6 décimètres, l'épaisseur des douves de deux centimètres, il faudra en retrancher quatre pour l'épaisseur des deux douves, qui fait partie du diamètre extérieur; il restera, pour le diamètre intérieur du bouge, 5^{dm} 6^{cm}.

Il pourra arriver qu'en mesurant le bouge des grosses pièces, le ruban, ne contenant que huit grands décimètres, ne puisse faire le tour entier de la pièce; alors il faut se servir d'une ficelle bien fine pour prendre la circonférence du bouge : on mesurera ensuite combien cette ficelle contient de grands décimètres et centimètres de ruban. Ce nombre donnera des décimètres et centimètres ordinaires.

En mesurant les parties d'un tonneau avec la jauge à ruban, il est assez difficile de tenir compte des millimètres; mais on approchera de cette exactitude en opérant de la manière suivante: cette jauge est divisée en demi-centimètres. Si la mesure que l'on prend se termine sur un demi-centimètre ou plus près de celui-ci que des centimètres qui précèdent, on tiendra compte du demi-centimètre; si elle tombe plus près des centimètres qui suivent que du demi-centimètre, cet excédant comptera pour un centimètre qu'on ajoute aux précédens.

On opérera de la même manière en prenant la mesure de la circonférence du bouge avec l'échelle des grands décimètres.

Pour plus de facilité, tous les petits calculs qui devront avoir lieu dans les opérations se feront en unités semblables, c'est-à-dire qu'au lieu de les faire en décimètres et centimètres, ce qui revient au même; car supposons 6dm 4cm c'est la même chose que si l'on disait 64 centimètres.

La forme des pièces donne plusieurs cas pour le calcul du diamètre moyen; il en y a trois :

Le premier cas, lorsque les fonds sont ronds et du même diamètre.

Le deuxième, lorsque les fonds sont ronds mais de différens diamètres.

Le troisième, lorsque les fonds ne sont pas ronds et conséquemment ont deux diamètres.

Eclaircissons ce qui vient d'être dit par des exemples.

Premier cas. Fonds ronds de même diamètre.

Qu'une pièce qui, par exemple, a été mesurée, comme on l'a enseigné, ait 6dm 0cm, ou 60cm de diamètre à chaque fond, et que le diamètre du bouge se soit trouvé de 6dm 6cm ou de 66cm, on ajoutera à 60cm, diamètre de l'un des fonds, deux fois 66cm, diamètre du bouge : on prendra le tiers de cette somme, qui sera le diamètre moyen de la pièce.

Première Opération.

Diamètre d'un des fonds..................	60cm
Double du diamètre du bouge............	132
Somme.......	192cm
Dont le tiers est.........................	64

Ce tiers est le diamètre moyen.

Deuxième cas, où les deux fonds sont ronds, mais les diamètres inégaux. On prend le terme moyen entre les deux nombres qu'on a trouvés pour les diamètres des fonds; on les ajoute ensemble et l'on tire la moitié de cette somme, qui est alors le diamètre de chacun de ces fonds. On ajoute à ce diamètre deux fois celui du bouge; on prend le tiers de cette somme, qui sera le diamètre moyen cherché de la pièce.

Deuxième Opération.

Qu'on ait mesuré les deux fonds, l'un a donné 58cm de diamètre, l'autre 56cm, et pour le diamètre du bouge, la pièce a donné 63cm.

Diamètre de l'un des fonds................	58cm
Diamètre du second fond..................	56
Somme.......	114cm
Moitié de la somme pour le diamètre réduit des fonds............................	57cm
Double de 63 du diamètre du bouge........	126
Somme........	183cm
Le tiers........	61cm

Ce tiers est le diamètre moyen de la pièce.

Troisième cas. Lorsque les fonds ne sont pas ronds, ils ont deux diamètres, un grand et un petit, entre lesquels il faut prendre le diamètre moyen ; ce qui se fait en ajoutant ensemble le grand et le petit diamètre de l'un des fonds, et en prenant la moitié de cette somme, la même chose se fait sur l'autre fond : les diamètres de chaque fond, ainsi réduits, s'ajoutent ensemble ; on en prend la moitié, et cette moitié s'ajoute avec deux fois 60, diamètre du bouge ; le tiers de cette somme est le vrai diamètre moyen de la pièce que l'on cherche.

Troisième Opération.

Un des fonds a pour mesure du grand diamètre..........................	53cm	0mm
Pour le petit diamètre................	52	0
Somme.......	105cm	0mm
Diamètre moyen, la moitié............	52cm	5mm

Suite de l'opération.

L'un des diamètres de l'autre fond a...	56^{cm}	0^{mm}
Le second diamètre a...............	54	0
Somme........	111^{cm}	0^{mm}
Pour diamètre moyen................	55^{cm}	5^{mm}
Diamètre moyen du premier fond......	52	5
Somme........	108^{cm}	0^{mm}
Diamètre moyen des fonds...	54^{cm}	0^{mm}
Deux diamètres du bouge.............	120	0
Somme.......	174^{cm}	0^{mm}
Le tiers......	58^{cm}	

Ce tiers est le diamètre moyen de la pièce.

Dans le troisième cas, l'opération précédente peut se simplifier, en ajoutant ensemble les quatre diamètres des fonds. On prend le quart de la somme, on l'ajoute avec deux diamètres du bouge; on tire le tiers de cette dernière somme, et l'on a pour résultat le même diamètre moyen que dans l'opération précédente.

Troisième Opération, simplifiée.

Grand diamètre du premier fond.......	53^{cm}	0^{mm}
Petit diamètre de ce fond.............	52	0
Grand diamètre du deuxième fond.....	56	0
Petit diamètre de ce fond.............	55	0
Somme.......	216^{cm}	0^{mm}
Le quart......	54^{cm}	0^{mm}
Deux diamètres du bouge.............	120	0
Somme.......	174^{cm}	0^{mm}
Le tiers.......	58^{cm}	0^{mm}

Ce diamètre moyen est le même que ci-dessus dans la troisième opération.

Les résultats des opérations qu'on vient de faire se sont présentés en nombres ronds de centimètres ; mais il arrivera souvent que les diamètres moyens, ainsi que les longueurs, donneront un demi-centimètre dont on fait tenir compte, comme on a vu, dans la manière de mesurer les pièces avec la jauge à ruban. Le calcul du diamètre moyen n'en devient guère plus difficile. Il ne restera jamais, après l'opération, plus de cinq millimètres dont les diamètres moyens, ou les longueurs des tables, seront quelquefois augmentés, et comme on ne trouve pas dans ces tables les capacités de pièces dont les diamètres moyens, ou les longueurs, sont ainsi augmentés d'un demi-centimètre, ou lorsqu'ils le sont tous deux en même temps de la même quantité, lorsqu'il sera parlé des capacités, on donnera aussi les moyens de donner celles-là.

Voici quelques exemples de réductions qui donnent les diamètres moyens, dans le calcul desquels on a tenu compte des demi-centimètres, qu'on a ajoutés dans la mesure des fonds ou des bouges.

On a pris les mêmes mesures en centimètres, que celles des trois opérations précédentes ; on y a ajouté des demi-centimètres, qui feront connaître, dans les résultats, les différences en plus que peut donner cette augmentation dans la mesure des fonds et des bouges.

Réduction au diamètre moyen.

Le diamètre de chaque fond est de 60cm 5mm ; celui du bouge est de 66cm 5mm.

Opération.

Diamètre d'un des fonds..............	60cm	5mm
Deux fois le diamètre du bouge........	133	0
Somme.......	193cm	5mm
Pour diamètre moyen, le tiers.........	64cm	5mm

Le diamètre moyen se trouve ici, après l'opération, de 64cm 5mm, ou un demi-centimètre de plus, qui ne se trouve pas dans les tables : on verra comment on l'évalue au moyen des tables mêmes.

Réduction au diamètre moyen.

L'un des fonds a 58cm 5mm de diamètre.

Le deuxième fond a 56cm 0mm. Le diamètre du bouge a 63cm 0.

Opération.

Diamètre de l'un des fonds............	58cm	5mm
Diamètre du deuxième fond...........	56	0
Somme.......	114cm	5mm
Diamètre moyen des fonds, moitié ...	57cm	2mm $\frac{1}{2}$
Deux diamètres du bouge...........	126	0
Somme.......	183cm	2mm $\frac{1}{2}$
Diamètre moyen de la pièce, le tiers...	61cm	0mm

On ne tient pas compte des deux millimètres et demi dans le tiers de la somme.

Troisième réduction où les fonds ne sont pas ronds, et ont chacun deux diamètres, le bouge 60cm 5mm.

Opération.

Grand diamètre du premier fond......	53cm	5mm
Petit diamètre de ce fond............	52	0
Grand diamètre du deuxième fond....	56	5
Petit diamètre de ce fond..........	55	5
Somme.......	217cm	5mm
Le quart......	54cm	3mm $\frac{3}{4}$
Deux fois le diamètre du bouge.......	121	0
Somme.......	175 m	3mm $\frac{3}{4}$
Diamètre moyen, le tiers...........	58cm	4mm $\frac{7}{12}$

Le diamètre moyen de la pièce est de 58^{cm}, 4^{mm} et peu de chose de plus ; on peut prendre un demi-centimètre pour ces millimètres, ce qui fera 58^{cm} 5^{mm} à prendre dans les tables, comme il sera enseigné, sans causer une erreur qui puisse marquer.

Il pourra arriver qu'en terminant une opération, et qu'en prenant le tiers du nombre des centimètres, ce nombre ne se divise pas par trois, et qu'il y ait un reste d'un tiers ou de deux tiers ; alors il n'y aura que les deux tiers qui compteront pour un demi-centimètre.

Sachant mesurer les bouges et les fonds des pièces dans toutes les dimensions qu'elles peuvent avoir, et les réduire à leurs diamètres moyens, il faut, pour en connaître la capacité, savoir aussi mesurer leurs longueurs, ce qui se fait en tendant le ruban de la jauge annexée à ce tarif, le long de la douve supérieure, de manière à ce qu'il rase le bondon percé au milieu de cette douve, et qu'il ne touche à rien qui puisse le faire courber, ce qui allongerait la mesure. Celui qui tient le bout du ruban qui sort du tonnelet, placera son œil bien perpendiculairement au-dessus de l'extrémité de la douve, et s'assurera si le premier trait de l'échelle qui traverse le zéro répond bien à cette extrémité : celui qui tient le bout opposé opère de même, et s'assure de son côté de la partie du ruban qui répond à cette extrémité de la douve. Cette mesure prise avec beaucoup d'exactitude, on compte les décimètres et centimètres qu'elle comprend, en observant toujours d'ajouter le demi-centimètre que la division du ruban aura joint ou dépassé. Supposé qu'on ait trouvé pour la longueur (*a b*), *fig.* 2, prise au-dessus de la douve (1, 3) 11^{dm} 5^{cm} ou 115^{cm}, pour avoir la longueur intérieure du tonneau, il faut en retrancher les saillies de la douve et l'épaisseur des deux fonds, qui est communément pour chacun de deux centimètres.

On mesurera la saillie (1) depuis le bord du jable jusqu'à l'extrémité de la douve : elle se trouve de 5^{cm}. La saillie (3) est de 4^{cm}, l'on estime l'épaisseur des deux fonds à 4^{cm} ; ces différentes mesures ajoutées ensemble donnent 13cm qu'il faut retrancher de 115cm, longueur de la ligne (*a b*); il restera pour la longueur intérieure *A D* du tonneau 102cm.

La ligne (*a b*), *fig.* 1 et 2, indique la situation que l'on donne au ruban; pour prendre la longueur de cette ligne, l'œil se place dans le prolongement de la ligne pointillée.

Sachant la manière de trouver le diamètre moyen d'une pièce et sa longueur intérieure, on peut faire usage des tables.

Chaque table comprend deux pages en regard; chaque page six colonnes : les premières colonnes des pages sont remplies par les longueurs des pièces, qui augmentent progressivement d'un centimètre chacune; les autres colonnes contiennent les capacités de plus de 8700 pièces, depuis la contenance de 3l et 2ld jusqu'à celle de 26hl 49l 7ld.

En tête de chaque table il y a une série de dix diamètres moyens; celle de la première table commence par le diamètre moyen de 16 centimètres, et augmente progressivement, comme les longueurs, d'un centimètre, jusqu'à la fin des tables.

Si ces différentes séries de dix nombres sont les mêmes à la tête de deux, trois et plus de tables, c'est que cette répétition était nécessaire pour donner à ces mêmes diamètres un plus grand nombre de longueurs.

Les capacités des pièces sont tellement disposées par rapport à leur diamètre moyen et à leur longueur, qu'en cherchant ce diamètre à la tête des tables, on trouve dans la colonne qui est au-dessous sa capacité dans la case qui est vis-à-vis de celle de la longueur de la pièce.

Qu'on ait mesuré un tonneau, et que la réduction des fonds et du bouge ait donné pour diamètre moyen 68cm, et pour sa longueur intérieure 112cm, on cherchera dans les diamètres moyens la colonne qui a en tête 6dm 8cm, et dans la première colonne de la même page 11dm 2cm pour longueur; on descendra alors dans la colonne du diamètre moyen jusqu'à la case qui est vis-à-vis la longueur 112cm;

elle renfermera le nombre 4, 6, 9, qui indique que la pièce contient 4hl 6l 9ld.

Les signes hl. l. ld. signifient *hectolitres, litres et décilitres.*

Les diamètres moyens et les longueurs des pièces ne sont calculés qu'en centimètres dans les tables, et l'on suit toujours la marche précédente pour en trouver les capacités; mais lorsqu'on a tenu compte des demi-centimètres dans les mesures et les réductions, les diamètres des pièces et leurs longueurs peuvent être suivis d'un demi-centimètre. Ces nombres ne se trouvant pas dans les tables il y a un petit calcul à faire pour déterminer leurs capacités au moyen de ces mêmes tables.

Ces nombres peuvent se présenter de trois manières : premièrement, lorsque le diamètre moyen est seul accompagné d'un demi-centimètre ou 5mm; secondement, quand c'est la longueur qui l'est seule; et troisièmement, lorsqu'ils le sont tous deux.

Chacun de ces trois cas exige une opération particulière.

PREMIER EXEMPLE.

Dans lequel le diamètre moyen contient seul un demi-centimètre qu'il faut comprendre dans la capacité de la pièce et qui n'est pas dans les tables.

Un des fonds a 61cm de diamètre; l'autre fond en a 60 : le bouge a 66cm 5mm de diamètre.

La longueur de la pièce est de 112cm.

Réduction au diamètre moyen de la pièce.

Diamètre d'un des fonds..............	61cm	0mm
Diamètre de l'autre fond.............	60	0
Somme.......	121cm	0mm
Diamètre moyen des fonds, la moitié...	60cm	5mm
Double du diamètre du bouge..........	133	0
Somme........	193cm	5mm
Diamètre moyen de la pièce, le tiers...	74cm	5mm

Lorsqu'une pièce, comme dans la réduction précédente, a pour résultat 64cm 3mm de diamètre moyen, 112cm de longueur, on ne trouve dans les tables ni sa capacité ni ce diamètre, mais l'on voit que sa place serait entre les diamètres moyens 6dm 4cm et 6dm 5cm, donc sa capacité doit être aussi entre celles qui appartiennent à ces deux nombres et à des pièces de même longueur. Ainsi, il ne s'agit que de chercher les deux nombres 6dm 4cm et 6dm 5cm, en tête d'une page qui contient aussi la longueur 112cm dans sa première colonne; on trouve dans la ligne vis-à-vis de cette longueur, dans les colonnes des diamètres moyens 6dm 4cm et 6dm 5cm, les capacités 3hl 60l 4ld et 3hl 71l 8ld, on en prend la différence, et puisque la réduction au diamètre moyen, après les mesures prises, a donné 64cm 5mm ou 64cm ½ on prend la moitié de la différence que l'on ajoute à 3hl 60l 4ld, capacité d'une pièce de 64cm de diamètre moyen et de 112cm de longueur, et l'on aura la capacité précise d'une pièce de 64cm 5mm de diamètre moyen et de 112cm de longueur. L'avantage de cette règle est que tel nombre rompu qui soit joint au diamètre moyen ou à la longueur, quand même ce serait un millimètre, qui est un dixième de centimètre, en tirant ce dixième de la différence, et l'ajoutant à la plus petite des capacités dont on a pris la différence, on aura celle que l'on demande, avec la plus exacte précision; mais elle est de peu d'importance, et l'on peut s'arrêter au demi-centimètre.

Opération.

Capacité d'une pièce de 65cm de diamètre moyen, et de 112cm de longueur.....	3hl 71l 8ld
Capacité d'une pièce de 64cm de diamètre et de 112cm de longueur............	3 60 4
Différence....	11l 4ld
Moitié de la différence....	5l 7ld

Ci-contre....	5^{l} 7^{ld}
Capacité de la pièce de 64^{cm} de diamètre à laquelle, il faut ajouter la demi-différence..........................	3^{hl} 60^{l} 4^{ld}
Capacité demandée....................	3^{hl} 66^{l} 1^{ld}

Cette capacité est celle d'une pièce qui a pour diamètre moyen 64^{cm} 5^{mm} et 112^{cm} de longueur.

DEUXIÈME EXEMPLE.

Où la longueur seule contient 5 millimètres ou un demi-centimètre.

L'un des fonds a 58^{cm} 5^{mm}, l'autre 56^{cm}, le bouge 63^{cm}, la longueur de la pièce est de 116^{cm} 5^{mm}.

Réduction au diamètre moyen de la pièce.

Diamètre d'un des fonds...............	58^{cm}	5^{mm}
Diamètre de l'autre fond..............	56	0
Somme.......	114^{cm}	5^{mm}
Diamètre moyen des fonds, moitié....	57^{cm}	$2^{mm}\frac{1}{2}$
Double du diamètre du bouge........	126	0
Somme.......	183^{cm}	$2^{mm}\frac{1}{2}$
Diamètre moyen de la pièce, le tiers..	61^{cm}	0^{mm}

On néglige le tiers de $2\frac{1}{2}$.

Pour tenir compte dans la capacité du demi-centimètre de longueur, on fait le même raisonnement que dans le premier exemple, mais sur les deux capacités qui résultent de la différence des longueurs $11,6^{cm}$ et $11,7^{cm}$ entre lesquelles est celle de $11,6^{cm}$ 5^{mm}, on cherchera une page des tables qui ait en tête le diamètre moyen 6^{dm} 1^{cm}, et dans la première colonne les deux longueurs $11,6^{cm}$ et $11,7^{cm}$. Vis-à-vis de la première de ces longueurs est la capacité 3^{hl} 39^{l} 1^{ld}, et vis-à-vis de la seconde la capacité 3^{hl} 42^{l} 1^{ld}, on en prend la différence, et l'on ajoute la moitié à la capacité 3^{hl} 39^{l} 1^{ld}, ce qui donnera celle de 11,6^{cm} 5^{mm} de longueur.

Opération.

Capacité d'une pièce de 6^{dm} 1^{cm} de diamètre moyen, et de 11^{dm} 7^{cm} de longueur.	3^{hl}	42^{l}	1^{ld}
Capacité d'une pièce de 6^{dm} 1^{mm} de diamètre moyen, et de 11^{dm} 6^{cm} de longueur.	3	39	1
Différence.......	»	3^{l}	0^{ld}
Moitié de la différence........	$»^{hl}$	1^{l}	5^{ld}
Cette moitié s'ajoute à la capacité......	3	39	1
Somme..........	3^{hl}	40^{l}	6^{ld}

Cette somme est la capacité d'une pièce qui a 6^{dm} 1^{cm} de diamètre moyen et 11^{dm} 6^{cm} 5^{mm} de longueur.

TROISIÈME EXEMPLE.

Dans lequel le diamètre moyen des fonds réduits contient 5^{mm} ou $\frac{1}{2}$ centimètre ainsi que la mesure de la longueur de la pièce.

Voici les mesures prises des fonds et du bouge de la pièce pour en trouver le diamètre moyen de la pièce.

Diamètre d'un des fonds..............	74^{cm}	0^{mm}
Diamètre..........................	75	0
Somme......	149^{cm}	0^{mm}
Diamètre moyen des fonds, moitié.....	74^{cm}	5^{mm}
Double diamètre du bouge.............	161	0
	235^{cm}	5^{mm}
Diamètre moyen de la pièce...........	78^{cm}	5^{mm}

On a déjà remarqué que les diamètres moyens ni

les longueurs ou profondeurs suivis de 5 millimètres o ou $\frac{1}{2}$ centimètre ne se trouvaient pas dans les tables; mais voici comme on opère pour les faire aussi entrer dans la capacité de la pièce.

Dans l'exemple ci-dessus le diamètre moyen a 7dm 8cm 5mm, la longueur 15dm 8cm 5mm ; on cherche une table à la tête de laquelle se trouve les diamètres moyens 7,8 et 7,9 et dans la colonne des longueurs celle de 15,8cm, on descend dans la colonne 7,8 jusqu'à ce qu'on soit arrivé à la case sur la ligne qui correspond à la longueur 15,8 et contient la capacité 7hl 55l 3ld, on fait de même au diamètre moyen 7dm. 9cm sous lequel on trouve sa capacité 7hl 74l 5ld; celle de 7hl 8l 5ld est donc nécessairement entre les deux premières, et pour l'en tirer, on ajoute ces deux premières capacités et l'on en prend la moitié, qui est la vraie capacité d'un tonneau qui a 7dm 8cm 5mm de diamètre moyen et 15dm 8cm de longueur. La même opération se fait sur ces diamètres moyens pour avoir la capacité d'un tonneau qui a ce même diamètre moyen avec un centimètre de plus dans sa longueur. On voit dans les mêmes colonnes les capacités 7hl 60l 1ld et 7hl 79l 7ld sur la ligne qui correspond à 15dm 9cm de longueur; on les ajoute ensemble, la moitié de la somme est la vraie capacité d'un tonneau qui a 7dm 8cm 5mm de diamètre moyen et 15dm 9cm de longueur : finalement on ajoute ensemble les deux capacités du diamètre moyen en 7dm 8cm 5mm avec les longueurs 15dm 8cm et 15dm 9cm; on en prend la moitié, qui est la capacité d'une pièce de 7dm 8cm $\frac{1}{2}$ de diamètre moyen et de 15dm 8cm $\frac{1}{2}$ de longueur.

Opération.

Capacités des deux diamètres moyens 7dm 8cm, et 7dm 9cm vis-à-vis la longueur 158cm.	7hl 55l 3ld 7 74 8
Somme.	15hl 30l 1ld
Moitié de cette somme, qui est la capacité d'une pièce de 78cm $\frac{1}{2}$ de diamètre moyen, et de 158cm de longueur.	7hl 65l 0ld $\frac{1}{2}$

Capacité des deux diamètres, 78cm et 79cm vis-à-vis la longueur 159cm....	7	60	1
	7	79	7
Somme......	15hl	39l	8ld

Moitié de cette somme, qui est la capacité d'une pièce de 78cm ½ de diamètre moyen, et de 159cm de longueur....	7hl	69l	9ld
Les deux capacités de 68cm ½, avec les longueurs 158cm et 159 cm.........	7	65	0 ½
	7	69	9
Somme.......	15hl	34l	9ld ½

La moitié de cette dernière somme est la capacité de 78cm ½ de diamètre et 158cm ½ de longueur............	7hl	67l	4ld ¾

Il peut arriver qu'en divisant par trois à la fin d'une réduction au diamètre moyen, on ait un reste d'un ou de deux tiers, comme dans l'exemple suivant :

QUATRIÈME EXEMPLE.

Un des fonds a 8dm 2cm de diamètre ; le second fond a 8dm 8cm ; la longueur 11dm 4cm.

Réduction au diamètre moyen.

Diamètre d'un des fonds............	8dm	2cm	0mm
Diamètre du second fond...........	8	4	0
Somme.......	16dm	6cm	0mm
Diamètre moyen, la moitié.........	8dm	3cm	0mm
Double du diamètre du bouge......	17	6	0
Somme.......	25dm	9cm	0mm
Diamètre moyen de la pièce, le tiers de cette somme..................	8dm	6cm	⅓mm

On cherchera 8dm 6cm au haut de la page qui contient dans la première colonne la longueur 11mm 4cm.

Sur cette même ligne, on trouve dans les colonnes de 8dm 6cm et 8dm 7cm, les capacités 6hl 62l 9ld et 6hl 78l 0ld, dont on prendra la différence en ôtant 6hl 62l 5ld de 6hl 78l 0ld; le tiers de cette différence sera ajouté à 6hl, 62l 5ld, ce qui donnera la vraie capacité de la pièce.

Opération.

Capacité d'une pièce qui a 8dm 6cm de diamètre moyen, et 11dm 4cm de longueur.	6hl 78l 0ld
Capacité d'une pièce qui a 8dm 7cm de diamètre moyen, et 11dm 4cm de longueur.	6 62 5
Différence.....	0 15l 5ld
Tiers de la différence....	0hl 5l 1ld $\frac{2}{3}$
Capacité de la pièce de 8dm 6cm de diamètre moyen à laquelle il faut ajouter le tiers de la différence....	6 62 5
Capacité exacte d'une pièce de 86cm $\frac{1}{3}$ de diamètre moyen, et de 114cm de longueur.	6hl 67l 6ld $\frac{2}{3}$

Si la réduction eût donné $\frac{2}{3}$ au lieu de $\frac{1}{3}$ de la différence, on en aurait ajouté deux.

Observation.

Lorsqu'on a mesuré une pièce, et que la réduction au diamètre moyen a donné 9dm 5cm $\frac{1}{2}$, et la longueur 19dm 2cm, ce diamètre moyen pourrait aussi être devenu 95dm $\frac{1}{3}$. Il faut observer que tout diamètre moyen terminé par un 5 comme celui ci-dessus, se trouve, par la construction des tables, toujours en tête de la dernière colonne de chacune d'elles, et le diamètre suivant, terminé par un 6, est nécessairement à la tête de la seconde colonne de la page suivante. Ainsi, les capacités entre lesquelles il faut trouver celle qui tient compte de la demie, ne sont plus dans la même table.

On cherchera donc le diamètre moyen $9^{dm}\ 5^{cm}$ à la tête de la dernière colonne de l'une des tables qui contient dans ses longueurs celle de 192; on descendra sous $9^{dm}\ 5^{cm}$ jusqu'à ce qu'on soit vis-à-vis de cette longueur, où l'on trouvera la capacité $13^{hl}\ 61^{l}\ 5^{ld}$, qu'on écrira, puis on cherchera la page en tête de laquelle est $9^{dm}\ 6^{cm}$, et l'on descendra également dans cette colonne, jusqu'à ce qu'on soit vis-à-vis de la longueur 192, où l'on trouvera la capacité $13^{hl}\ 90^{l}\ 3^{ld}$, dont on tirera la différence avec $13^{hl}\ 61^{l}\ 5^{ld}$; l'on aura la capacité de $95^{cm}\ \frac{1}{2}$, comme il a été enseigné dans le premier exemple. Si la réduction avait donné $\frac{1}{3}$ ou $\frac{2}{3}$, l'opération serait celle du quatrième exemple.

Si l'on avait encore $9^{dm}\ 5^{cm}$ pour diamètre moyen, et que la longueur fût suivie d'une demie, comme par exemple $185^{cm}\ \frac{1}{2}$, il faudrait chercher dans les tables $18^{dm}\ 5^{cm}$, qui ne se trouvera qu'au bas d'une page, et $18^{dm}\ 6^{cm}$ au haut de la page suivante. On prendra dans la colonne du diamètre $9^{dm}\ 5^{cm}$, vis-à-vis la longueur $18^{dm}\ 5^{cm}$, la capacité $13^{hl}\ 11^{l}\ 8^{ld}$, et à la page suivante, dans la colonne du même diamètre vis-à-vis la longueur $18^{dm}\ 6^{cm}$, la capacité $13^{hl}\ 18^{l}\ 9^{ld}$, seront les deux capacités dont on prendra la différence, et sur lesquelles on continuera d'opérer comme dans le second exemple.

Quelques longueurs terminées par un zéro, et qui occupent aussi le bas de la colonne, se rapportent à la présente observation.

Si au diamètre moyen était joint un tiers ou deux tiers, ou une demie, et à la longueur une demie simultanément, on suivrait, pour les deux cas, la manière de l'observation présente, et l'on finirait l'opération comme dans le troisième exemple.

Après les tonneaux, les vaisseaux le plus en usage sont les cuves, dont la forme représente un cône tronqué, plus ouvert par le haut que par le bas, et quelquefois dans le sens opposé. Le jaugeage de ces deux sortes de formes est le même pour les deux.

La *fig.* 3 représente un plan qui coupe perpendiculairement la cuve par son milieu.

La *fig.* 4 représente la cuve en perspective. La ligne *AB* dans les deux figures est le grand diamètre intérieur de la cuve, *CD* le petit diamètre, *EF* sa profondeur ou sa hauteur intérieure.

Pour en avoir le diamètre moyen, on mesure les deux diamètres intérieurs, celui de l'ouverture et celui du fond avec la partie du ruban divisée en décimètres, centimètres et demi-centimètres, dont on tiendra compte, comme dans la mesure des tonneaux. Les deux mesures s'ajoutent ensemble : l'on en prend la moitié, qui est le diamètre moyen cherché. On mesure ensuite, avec le même côté du ruban, la profondeur de la cuve ou sa hauteur intérieure, ce qui est la même chose. Cette hauteur, étant égale partout, se prend où l'on voudra. A cet effet, on tendra une ficelle sur l'ouverture de la cuve à la hauteur du niveau qu'a ordinairement le liquide lorsqu'elle est pleine On déroulera le ruban jusqu'à ce que son extrémité, qui sera garnie, pour faire poids, d'une petite pièce de métal qui comptera dans la longueur pour un centimètre, touche le fond. On remarquera alors la mesure exacte qu'il y aura sur le ruban depuis le fond qu'il touche légèrement jusqu'à la ficelle : ce sera celle de la hauteur de la cuve. Si la cuve était pleine, on prendrait cette mesure avec une baguette bien droite, ou avec une ficelle chargée d'un plomb. Il resterait encore la difficulté de mesurer le fond d'une cuve pleine. Alors on se servirait de la partie du ruban divisée en grands décimètres, et l'on mesurerait le bas de la cuve de la même manière qu'on a mesuré les bouges à l'extérieur de la pièce avec l'échelle des grands décimètres, qui donnera de même des centimètres ordinaires pour le petit diamètre, dont on ôtera l'épaisseur des douves.

CINQUIÈME EXEMPLE.

La hauteur ou profondeur d'une cuve a $9^{dm}\ 8^{cm}$,

son grand diamètre à l'ouverture $11^{dm}\ 0^{cm}$, le diamètre du fond $10^{dm}\ 0^{cm}$; quelle est sa capacité?

Opération.

Grand diamètre, à l'ouverture...........	$11^{dm}\ 0^{cm}$
Diamètre du fond.........................	10 0
Somme.......	$21^{dm}\ 0^{cm}$
Diamètre moyen, moitié...............	$10^{dm}\ 5^{cm}$

On cherchera le diamètre moyen en tête d'une table où se trouve aussi la hauteur $9^{dm}\ 8^{cm}$ de la cuve. La capacité de $8^{hl}\ 48^{l}\ 9^{dl}$ qui, dans la colonne du diamètre moyen, sera vis-à-vis la hauteur 9,8, sera celle de la cuve.

Si cette cuve, au lieu d'avoir $9^{dm}\ 8^{cm}$ de hauteur, n'en avait que $9^{dm}\ 0^{mm}$, cette hauteur ne se trouverait pas dans les tables qui ont en tête le diamètre moyen $10^{dm}\ 5^{cm}$; cela ne doit cependant point arrêter l'opération. On prendra la moitié du diamètre moyen 105^{cm}, qui donne $52^{cm}\ \frac{1}{2}$, en gardant la profondeur ou hauteur de la cuve de 90^{cm}. On cherchera la capacité de ces deux nombres, comme il a été enseigné; elle se trouvera de $1^{hl}\ 91^{l}\ 2^{ld}$. Mais, comme le diamètre moyen contient $\frac{1}{2}$, il faut prendre la capacité moyenne entre celles de 52 et 53, comme le premier exemple de ce tarif, qu'il faudra multiplier par 4, et l'on aura l'exacte capacité d'une cuve de 105^{cm} de diamètre moyen et de 90^{cm} de profondeur.

EXEMPLE.

On demande la capacité d'une cuve de $52^{cm}\ \frac{1}{2}$ de diamètre moyen, et de 90 de profondeur.

Opération.

Pour 52 par 90, la capacité est de....	$1^{hl}\ 91^{dl}\ 2^{ld}$
Pour $\frac{1}{2}$ de plus........................	$1^{hl}\ 94^{dl}\ 9^{ld}$
Multipliés par 4....................	4
	$7^{hl}\ 79^{dl}\ 6^{ld}$

Ce dernier produit est la contenance de la cuve de 105cm de diamètre moyen.

Si les dimensions d'un vaisseau avaient donné un diamètre moyen qui surpassât 10dm 5cm, qui est le plus grand des pièces contenues dans ce tarif, on prendrait la moitié de celui qu'on a trouvé par la réduction des dimensions, ainsi que la moitié de la hauteur de la cuve ou de la longueur de la pièce, et l'on chercherait alors dans les tables, comme à l'ordinaire, la capacité que donnent ces deux nouveaux nombres. Cette capacité, quelle qu'elle soit, sera toujours multipliée par 8, et donnera celle de la pièce qui s'était d'abord trouvée trop grande pour le tarif.

SIXIÈME EXEMPLE.

La hauteur intérieure d'une cuve est de 19dm 4cm, la longueur du diamètre intérieur de l'ouverture de 21dm 5cm; le diamètre intérieur du fond, de 19dm 3cm.

Opération

Diamètre intérieur de l'ouverture......	21dm 5cm
Diamètre intérieur du fond............	19 3
	40dm 8cm
Pour diamètre moyen, moitié..........	20dm 4cm

Ce diamètre moyen étant plus grand que le dernier 105cm des tables, il faut en tirer moitié.

Diamètre moyen....................	20dm 4cm
Moitié................	10dm 2cm
Hauteur de la cuve..................	19dm 4cm
Moitié................	9dm 7cm

Ces deux dernières moitiés sont les nouveaux nombres dont il faut chercher la capacité dans les tables. On y trouvera le diamètre 10dm 2cm, et la case qui sera sous ce nombre et vis-à-vis de la nouvelle hauteur 9dm 7cm contiendra une capacité qu'il faudra multiplier par 8.

Cette capacité est.	7hl 92l 9ld
Multipliée par.	8
Produit.	63hl 43l 2ld

Ce produit est la capacité demandée dans le sixième exemple.

Il y a des vaisseaux plus longs que larges qu'il peut être utile de jauger par les mêmes principes avec le même tarif : ce sont ceux en forme de baignoire, comme la *fig.* 5, qui ont pour bases des ovales égaux ou inégaux.

SEPTIÈME EXEMPLE.

Un vaisseau a le fond égal à son ouverture ; les grands diamètres ont 13dm 8cm, les petits ont 8dm 8cm, et sa hauteur intérieure est de 8dm 8cm : quelle est la contenance de ce vaisseau ? On ajoute ensemble les deux diamètres, on en prend la moitié, qui est le diamètre moyen.

Opération.

Grand diamètre.	13dm 2cm
Petit diamètre.	8 8
	22dm 0cm
	11dm 0cm

Le diamètre moyen 110cm de cet exemple étant plus grand que le dernier de ces tables, on en prend la moitié, qui est 55cm ; on cherche dans les tables la capacité d'une cuve de 55cm de diamètre moyen, avec une profondeur de 82cm, on la trouve de 1hl 94l 9dl, et on la multiplie par 4.

Ce produit sera la contenance de la baignoire.

Suite de l'opération.

Capacité d'une cuve de 55cm de diamètre moyen et de 82cm de profondeur.	1hl 94l 9ld
Multipliée par.	4
	7hl 79l 6ld

Cette nouvelle capacité est celle d'une cuve ou baignoire de 110cm de diamètre moyen, et de 82cm de profondeur.

HUITIÈME EXEMPLE.

Trouver dans les tables la capacité d'une baignoire dont les bases sont inégales, et dont on a mesuré les dimensions, *fig* 5, qui ont pour le grand diamètre de l'ouverture (*A B*) 13dm 1cm, pour le petit diamètre (*C D*) 8dm 8cm, pour le grand diamètre du fond (*E F*) 11dm 1cm, pour le petit (*G H*) 6dm 6cm, et pour la hauteur (*I K*) 8dm 0 : on ajoute ensemble les quatre diamètres ; on en prend le quart, qui est le diamètre moyen de la baignoire.

Réduction.

Grand diamètre de l'ouverture........	13dm	1cm
Petit diamètre de l'ouverture.........	8	6
Grand diamètre du fond.............	11	1
Petit diamètre du fond..............	6	6
	39dm	4cm
Diamètre moyen, le quart.	9dm	8cm $\frac{1}{2}$

Le diamètre moyen et la hauteur ne se trouvent point, pour cet exemple, dans la même table; il faut alors suivre la marche de l'opération précédente, en prenant la moitié du diamètre, qui est 49 $\frac{1}{4}$. On cherche dans les tables le diamètre moyen 49cm, sans avoir encore égard à la fraction $\frac{1}{4}$, et la hauteur 80cm, dans la première colonne de la table, où s'est trouvé le diamètre moyen 49cm. La capacité de ces deux nombres est 1hl 50l 9dl. Pour le $\frac{1}{4}$, qu'on pourrait négliger, on y ajoute 3,85, et le tout, multiplié par 4, donne la capacité de la baignoire de 9dm 8cm $\frac{1}{2}$ de diamètre moyen.

On multiplie par 4, parce qu'on n'a pris moitié que d'une dimension.

Opération.

Capacité de $4^{dm}\ 9^{cm}$ par $8^{dm}\ 0^{cm}$......	$1^{hl}\ 50^{l}\ 9^{ld}$
Pour le quart......................	0 38 5
	$1^{hl}\ 89^{l}\ 4^{ld}$
Multiplié par......................	4
	$8^{hl}\ 57^{l}\ 6^{ld}$

Ce dernier nombre est la contenance demandée de la baignoire.

Les dimensions qui forment ces tables ont été calculées en augmentant toujours l'une et l'autre d'un centimètre.

Les moyens simples et faciles que l'on donne de placer des moyennes proportionnelles entre les diamètres moyens et entre les longueurs, rendent ces tables propres à être poussées jusqu'à l'infini, et permettent de tenir compte d'une fraction quelque petite qu'elle soit.

TABLES.

Longueurs des pièces, en décimètres et centimètres.	DIAMÈTRES MOYENS, en DÉCIMÈTRES ET CENTIMÈTRES.				
	dm. cm. 1.6	dm. cm. 1.7	dm. cm. 1.8	dm. cm. 1.9	dm. cm. 2.0
d. c.	hl. l. ld.	hl. l. ld.	hl. l. ld.	hl. l. ld.	hl. l. ld.
1.6	« 3.2	« 3.6	« 4.1	« 4.5	« 5.«
1.7	« 3.4	« 3.9	« 4.3	« 4.8	« 5.3
1.8	« 3.6	« 4.1	« 4.6	« 5.1	« 5.7
1.9	« 3.8	« 4.3	« 4.8	« 5.4	« 6.«
2.0	« 4.«	« 4.5	« 5.1	« 5.7	« 6.3
2.1	« 4.2	« 4.8	« 5.3	« 6.«	« 6.6
2.2	« 4.4	« 5.«	« 5.6	« 6.2	« 6.9
2.3	« 4.6	« 5.2	« 5.8	« 6.5	« 7.2
2.4	« 4.8	« 5.4	« 6.1	« 6.8	« 7.5
2.5	« 5.«	« 5.7	« 6.4	« 7.1	« 7.9
2.6	« 5.2	« 5.9	« 6.6	« 7.4	« 8.2
2.7	« 5.4	« 6.1	« 6.8	« 7.7	« 8.5
2.8	« 5.6	« 6.3	« 7.1	« 7.9	« 8.8
2.9	« 5.8	« 6.6	« 7.4	« 8.2	« 9.1
3.0	« 6.«	« 6.8	« 7.6	« 8.5	« 9.4
3.1	« 6.2	« 7.«	« 7.9	« 8.8	« 9.7
3.2	« 6.4	« 7.3	« 8.1	« 9.1	« 10.1
3.3	« 6.6	« 7.5	« 8.4	« 9.4	« 10.4
3.4	« 6.8	« 7.7	« 8.6	« 9.6	« 10.7
3.5	« 7.«	« 7.9	« 8.9	« 9.9	« 11.«
3.6	« 7.2	« 8.2	« 9.2	« 10.2	« 11.3
3.7	« 7.4	« 8.4	« 9.4	« 10.5	« 11.6
3.8	« 7.6	« 8.6	« 9.7	« 10.8	« 11.9
3.9	« 7.8	« 8.9	« 9.9	« 11.1	« 12.3
4.0	« 8.«	« 9.1	« 10.2	« 11.3	« 12.6

Longueurs des pièces, en décimètres et centimètres.	DIAMÈTRES MOYENS, en DÉCIMÈTRES ET CENTIMÈTRES.									
	dm. cm. 2.1		dm. cm. 2.2		dm. cm. 2.3		dm. cm. 2.4		dm. cm. 2.5	
d. c.	hl.	l. ld.	hl.	l. ld.	hl.	l. ld.	hl.	l. ld.	hl.	l. ld.
1.6	«	5.5	«	6.1	«	6.7	«	7.2	«	7.9
1.7	«	5.9	«	6.5	«	7.1	«	7.7	«	8.4
1.8	«	6.2	«	6.8	«	7 5	«	8.1	«	8.8
1.9	«	6.6	«	7.2	«	7.9	«	8.6	«	9.3
2.0	«	6.9	«	7.6	«	8.3	«	9.1	«	9.8
2.1	«	7.3	«	8.«	«	8.7	«	9.5	«	10.3
2.2	«	7.6	«	8.4	«	9.1	«	10.«	«	10.8
2.3	«	8.0	«	8.7	«	9.6	«	10.4	«	11.3
2.4	«	8.3	«	9.1	«	10.«	«	10.9	«	11.8
2.5	«	8.7	«	9.5	«	10.4	«	11.3	«	12.3
2.6	«	9 «	«	9 9	«	10.8	«	11.8	«	12.8
2.7	«	9.4	«	10.3	«	11.2	«	12.2	«	13.3
2.8	«	9.7	«	10.6	«	11.6	«	13.7	«	13.7
3.9	«	10.«	«	11.«	«	12.1	«	13.1	«	14.2
2.0	«	10.4	«	11.4	«	12.5	«	13.6	«	14.7
3.1	«	10.7	«	11.8	«	12.9	«	14.«	«	15.2
3.2	«	11.1	«	12.2	«	13.3	«	14 5	«	15.7
3.3	«	11.4	«	12.5	«	13.7	«	14 9	«	16.2
3.4	«	11.8	«	12.9	«	14.1	«	15.4	«	16.7
3.5	«	12.1	«	13.3	«	14.5	«	15.8	«	17.2
3.6	«	12.5	«	13.7	«	15.«	«	16.2	«	17.7
3 7	«	12.8	«	14.1	«	15.4	«	16.7	«	18.2
3.8	«	13.2	«	14.4	«	15.8	«	17.2	«	18.7
3.9	«	13 5	«	14.8	«	16 2	«	17.7	«	19.2
4.0	«	13.9	«	15.2	«	16.6	«	18.1	«	19 6

Longueurs des pièces, en décimètres et centimètres.	DIAMÈTRES MOYENS, en DÉCIMÈTRES ET CENTIMÈTRES.									
	dm. cm. 1.6		dm. cm. 1.7		dm. cm. 1.8		dm. cm. 1.9		dm. cm. 2.0	
d. c.	hl.	l. ld.	hl.	l. ld.	hl.	l. ld.	hl.	l. ld.	hl.	l. ld.
4.1	«	8.2	«	9.3	«	10.4	«	11.6	«	12.9
4.2	«	8.4	«	9.5	«	10.7	«	11.9	«	13.2
4.3	«	8.6	«	9.8	«	10.9	«	12.2	«	13.5
4.4	«	8.9	«	10.0	«	11.2	«	12.5	«	13.8
4.5	«	9.1	«	10.2	«	11.5	«	12.8	«	14.1
4.6	«	9.3	«	10.4	«	11.7	«	13.1	«	14.5
4.7	«	9.5	«	10.7	«	12.«	«	13.3	«	14.8
4.8	«	9.7	«	10.9	«	12.2	«	13.6	«	15.1
4.9	«	9.9	«	11.1	*	12.5	«	13.9	«	15.4
5.0	«	10.1	«	11.4	«	12.7	«	14.2	«	15.7
5.1	«	10.3	«	11.6	«	13.«	«	14.5	«	16.«
5.2	«	10.5	«	11.8	«	13.2	«	14.7	«	16.3
5.3	«	10.7	«	12.«	«	13.5	«	15.«	«	16.7
5.4	«	10.9	«	12.3	«	13.7	«	15.3	«	17.«
5.5	«	11.1	«	12.5	«	14.«	«	15.6	«	17.3
5.6	«	11.3	«	12.7	«	14.3	«	15.9	«	17.6
5.7	«	11.5	«	12.9	«	14.5	«	16.2	«	17.9
5.8	«	11.7	«	13.2	«	14.8	«	16.5	«	18.2
5.9	«	11.9	«	13.4	«	15.«	«	16.7	«	18.6
6.0	«	12.1	«	13.6	«	15.3	«	17.«	«	18.9
6.1	«	12.3	«	13.9	«	15.5	«	17.3	«	19.2
6.2	«	12.5	«	14.1	«	15.8	«	17.6	«	19.5
6.3	«	12.7	«	14.3	«	16.«	«	17.9	«	19.8
6.4	«	12.9	«	14.5	«	16.3	«	18.2	«	20.1
6.5	«	13.1	«	14.8	«	16.5	«	18.4	«	20.4

Longueurs des pièces, en décimètres et centimètres.	DIAMÈTRES MOYENS, en DÉCIMÈTRES ET CENTIMÈTRES.				
	dm. cm. 2.1	dm. cm. 2.2	dm. cm. 2.3	dm. cm. 2.4	dm. cm. 2.5
d. c.	hl. l. dl.	hl. l. dl.	hl. l. ld.	hl. l. ld.	hl. l. ld.
4.1	» 14.2	» 15.6	» 17.»	» 18.6	» 20.1
4.2	» 14 6	» 16.»	» 17.5	» 19.1	» 20.6
4.3	» 14.9	» 16.3	» 17.9	» 19.5	» 21.1
4.4	» 15.2	» 16.7	» 18.3	» 19.9	» 21.6
4.5	» 15.6	» 17.1	» 18.7	» 20.4	» 22.1
4.6	» 15 9	» 17.5	» 19 1	» 20.8	» 22.6
4.7	» 16.3	» 17.9	» 19.5	» 21.3	» 23.1
4.8	» 16.6	» 18.2	» 20.»	» 21.7	» 23.6
4.9	» 17.»	» 18.6	» 20.4	» 22.2	» 24.1
5.0	» 17.3	» 19.»	» 20.8	» 22.6	» 24.6
5.1	» 17.7	» 19.4	» 21.2	» 23.1	» 25.»
5.2	» 18.»	» 19.8	» 21.6	» 23 5	» 25 5
5.3	» 18.3	» 20.2	» 22.»	» 24.»	» 26.»
5.4	» 18.7	» 20.5	» 22.5	» 24.4	» 26.5
5 5	» 19.1	» 20.9	» 12.9	» 24 9	» 27.»
5.6	» 19.4	» 21.3	» 23.3	» 25.3	» 27.5
5.7	» 19.8	» 21.7	» 23.7	» 25.8	» 28.»
5.8	» 20.1	» 22.»	» 24.1	» 26.2	» 28.5
5.9	» 20.4	» 22.4	» 24.5	» 26.7	» 29.»
6.0	» 20.8	» 22.8	» 24.9	» 27.1	» 29.5
6.1	» 21.1	» 23.2	» 25.4	» 27.6	» 30.»
6.2	» 21.5	» 23.6	» 25.8	» 28.»	» 30.5
6.3	» 21.8	» 24.»	» 26.2	» 28.5	» 30.9
6.4	» 22.2	» 24.3	» 26.6	» 28.9	» 31.4
6.5	» 22.5	» 24.7	» 27.»	» 29.4	» 31.9

Longueurs des pièces, en décimètres et centimètres.	DIAMÈTRES MOYENS, en DÉCIMÈTRES ET CENTIMÈTRES.				
	dm. cm. 2.6	dm. cm. 2.7	dm. cm. 2.8	dm. cm. 2.9	dm. cm. 3.»
d. c.	hl. l. ld.	hl. l. ld.	hl. l. ld.	hl. l. ld.	hl. l. ld.
2.6	» 13.8	» 14.9	» 16.»	» 17.2	» 18.4
2.7	» 14.3	» 15.5	» 16.6	» 17.8	» 19.1
2.8	» 14.9	» 16.»	» 17.2	» 18.5	» 19.8
2.9	» 15.4	» 16.6	» 17.9	» 19.2	» 20.5
3.0	» 15.9	» 17.2	» 18.5	» 19.8	» 21.2
3.1	» 16.5	» 17.8	» 19.1	» 20.5	» 21.9
3.2	» 17.»	» 18.3	» 19.7	» 21.1	» 22.6
3.3	» 17.5	» 18.9	» 20.3	» 21.8	» 23.3
3.4	» 18.1	» 19.5	» 20.9	» 22.5	» 24.»
3.5	» 18.6	» 20.»	» 21.6	» 23.1	» 24.8
3.6	» 19.1	» 20.6	» 22.2	» 23.8	» 25.5
3.7	» 19.7	» 21.2	» 22.8	» 24.4	» 26.2
3.8	» 20.2	» 21.8	» 23.4	» 25.1	» 26.9
3.9	» 20.7	» 22.3	» 24.»	» 25.8	» 27.6
4.0	» 21.2	» 22.9	» 24.6	» 26.4	» 28.3
4.1	» 21.8	» 23.5	» 25.3	» 27.1	» 29.»
4.2	» 22.3	» 24.1	» 25.9	» 27.8	» 29.7
4.3	» 22.9	» 24.6	» 26.5	» 28.4	» 30.4
4.4	» 23.4	» 25.2	» 27.1	» 29.1	» 31.1
4.5	» 23.9	» 25.8	» 27.7	» 29.7	» 31.8
4.6	» 24.5	» 26.3	» 28.3	» 30.4	» 32.5
4.7	» 25.»	» 26.9	» 29.»	» 31.1	» 33.2
4.8	» 25.5	» 27.5	» 29.6	» 31.7	» 33.9
4.9	» 26.»	» 28.1	» 30.2	» 32.4	» 34.7
5.0	» 25.6	» 28.6	» 30.8	» 33.»	» 35.4

Longueurs des pièces, en décimètres et centimètres.	DIAMÈTRES MOYENS, en DÉCIMÈTRES ET CENTIMÈTRES.				
	dm. cm. 3.1	dm. cm. 3.2	dm. cm. 3.3	dm. cm. 3.4	dm. cm. 3.5
d. c.	hl. l. ld.	hl. l. ld.	hl. l. ld.	hl. l. ld.	hl. l. ld.
2.6	» 19.6	» 20.9	» 22.2	» 23.6	» 25.»
2.7	» 20.4	» 21.7	» 23.1	» 24.5	» 26.»
2.8	» 21.1	» 22.5	» 24.»	» 25.4	» 27.»
2.9	» 21.9	» 23.3	» 24.8	» 26.3	» 27.9
3.0	» 22.7	» 24.1	» 25.7	» 27.2	» 28.9
3.1	» 23.4	» 24.9	» 26.5	» 28.2	» 29.8
3.2	» 24.2	» 25.7	» 27.4	» 29.1	» 30.8
3.3	» 24.9	» 26.5	» 28.2	» 30.»	» 31.8
3.4	» 25.7	» 27.3	» 29.1	» 30.9	» 32.7
3.5	» 26.4	» 28.1	» 29.9	» 31.8	» 33.7
3.6	» 27.2	» 29.«	» 30.8	» 32.7	» 34.7
3.7	» 27.9	» 29.8	» 31.7	» 33.6	» 35.6
3.8	» 28.7	» 30.6	» 32.5	» 34.5	» 36.6
3.9	» 29.4	» 31.4	» 33.4	» 35.4	» 37.5
4.0	» 30.2	» 32.2	» 34.2	» 36.3	» 38.5
4.1	» 31.«	» 33.«	» 35.1	» 37.2	» 39.5
4.2	» 31.7	» 33.8	» 35.9	» 38.1	» 40.4
4.3	» 32.5	» 34.6	» 36.8	» 39.1	» 41.4
4.4	» 33.2	» 35.4	» 37.6	» 40.«	» 42.3
4.5	» 34.«	» 36.2	» 38.5	» 40.9	» 43.3
4.6	» 34.7	» 37.»	» 39.4	» 41.8	» 44.3
4.7	» 35.5	» 37.8	» 40.2	» 42.7	» 45.2
4.8	» 36.2	» 38 6	» 41.1	» 43.6	» 46.2
4.9	» 37.«	» 39.4	» 41.9	» 44.5	» 47.2
5.0	» 37.8	» 40.2	» 42.8	» 45 4	» 48.1

Longueurs des pièces, en décimètres et centimètres.	DIAMÈTRES MOYENS, en DÉCIMÈTRES ET CENTIMÈTRES.				
	dm. cm. 2.6	dm. cm. 2.7	dm. cm. 2.8	dm. cm. 2.9	dm. cm. 3.0
d. c.	hl. l. ld.	hl. l. ld.	hl. l. ld.	hl. l. ld.	hl. l. ld.
5.1	» 27.1	» 29.2	» 31.4	» 33.7	» 36.1
5.2	» 27.6	» 29.8	» 32 «	» 34.4	» 36.8
5.3	» 28.2	» 30.4	» 32.6	» 35.«	» 37.5
5.4	» 28.7	» 30.9	» 33.3	» 35.7	» 38.2
5.5	» 29.2	» 31.5	» 33.9	» 36.3	» 38.9
5.6	» 29.8	» 32.1	» 34.5	» 37.»	» 39.6
5.7	» 30.3	» 32.6	» 35.1	» 37.7	» 40.3
5.8	» 30.8	» 33.2	» 35.7	» 38.3	» 41.»
5.9	» 31.4	» 33.8	» 36.3	» 39.«	» 41.7
6.0	» 31.9	» 34.4	» 37.«	» 39.6	» 42.4
6.1	» 32.4	» 34.9	» 37.6	» 40.3	» 43.1
6.2	» 33.«	» 35.5	» 38.2	» 41.«	» 43.8
6.3	» 33.5	» 36.1	» 38.8	» 41.6	» 44.6
6.4	» 34.«	» 36.7	» 39.4	» 42.3	» 45.3
6.5	» 34.5	» 37.2	» 40.«	» 43.«	» 46.»
6.6	» 35.1	» 37.8	» 40.7	» 43.6	» 46.7
6.7	» 35.6	» 38.4	» 41.3	» 44.3	» 47.4
6.8	» 36.1	» 38.9	» 41.9	» 44.9	» 48.1
6.9	» 36.7	» 39.5	» 42.5	» 45.6	» 48.8
7.0	» 37.2	» 40.1	» 43.1	» 46.3	» 49.5
7.1	» 37.7	» 40.7	» 43.7	» 46.9	» 50.2
7.2	» 38.2	» 41.2	» 44.4	» 47.6	» 50.9
7.3	» 38.8	» 41.8	» 45.«	» 48.2	» 51.6
7.4	» 39.3	» 42.4	» 45.6	» 48.9	» 52.3
7.5	» 39.8	» 43.«	» 46.2	» 49.6	» 53.»

Longueurs des pièces, en décimètres et centimètres.	DIAMÈTRES MOYENS, en DÉCIMÈTRES ET CENTIMÈTRES.				
	dm. cm. 3.1	dm. cm. 3.2	dm. cm. 3.3	dm. cm. 3.4	dm. cm. 3.5
d. c.	hl. l. ld.	hl. l. ld.	hl. l. ld.	hl. l. ld.	hl. l. ld.
5.1	» 38.5	» 41.»	» 43.6	» 46.3	» 49.1
5.2	» 39.3	» 41.8	» 44.5	» 47.2	» 50.»
5.3	» 40.»	» 42.6	» 45.3	» 48.1	» 51.»
5.4	» 40.8	» 43.4	» 46.2	» 49.»	» 52.»
5.5	» 41.5	» 44.3	» 47.1	» 50.»	» 52.9
5.6	» 42.3	» 45.1	» 47.9	» 50.9	» 53.9
5.7	» 43.»	» 45.9	» 48.8	» 51.8	» 54.9
5.8	» 43.8	» 46.7	» 49.6	» 52.7	» 55.8
5.9	» 44.5	» 47.5	» 50.5	» 53.6	» 56.8
6.0	» 45.3	» 48.3	» 51.3	» 54.5	» 57.8
6.1	» 46.1	» 49.1	» 52.2	» 55.4	» 58.7
6.2	» 46.8	» 49.9	» 53.»	» 56.3	» 59.7
6.3	» 47.6	» 50.7	» 53.9	» 57.2	» 60.6
6.4	» 48.3	» 51.5	» 54.8	» 58.1	» 61.6
6.5	» 49.1	» 52.3	» 55.6	» 59.»	» 62.6
6.6	» 49.8	» 53.1	» 56.5	» 59.9	» 63.5
6.7	» 50.6	» 53.9	» 57.3	» 60.9	» 64.5
6.8	» 51.3	» 54.7	» 58.2	» 61.9	» 65.5
6.9	» 52.1	» 55.5	» 59.»	» 62.7	» 66.4
7.0	» 52.9	» 56.3	» 59.9	» 63.6	» 67.4
7.1	» 53.6	» 57.1	» 60.8	» 64.5	» 68.3
7.2	» 54.4	» 57.9	» 61.6	» 65.4	» 69.3
7.3	» 55.1	» 58.7	» 62.5	» 66.3	» 70.3
7.4	» 55.9	» 59.5	» 63.3	» 67.2	» 71.2
7.5	» 56.6	» 60.3	» 64.2	» 68.1	» 72.2

Longueurs des pièces, en décimètres et centimètres.	DIAMÈTRES MOYENS, en DÉCIMÈTRES ET CENTIMÈTRES.				
	dm. cm. 3.6	dm. cm. 3.7	dm. cm. 3.8	dm. cm. 3.9	dm. cm. 4.0
d. c.	hl. l. ld.	hl. l. ld.	hl. l. ld.	hl. l. ld.	hl. l. dl.
3.6	» 36.7	» 38.7	» 40.8	» 43.»	» 45.3
3.8	» 37.7	» 39.8	» 42 »	» 44.2	» 46.5
3.7	» 38.7	» 40.9	» 43.1	» 45.4	» 47.8
3.9	» 39.7	» 42.»	» 44.2	» 46.6	» 49.»
4.0	» 40.7	» 43.»	» 45.4	» 47.8	» 50.3
4.1	» 41.7	» 44.1	» 46.5	» 49.»	» 51.5
4.2	» 42.8	» 45.2	» 47.7	» 50.2	» 52.8
4.3	» 43.8	» 46.3	» 48.8	» 51.4	» 54.1
4.4	» 44.8	» 47.3	» 49.9	» 52.6	» 55.3
4.5	» 45.8	» 48.4	» 51.1	» 53.8	» 56.6
4.6	» 46.8	» 49.5	» 52.2	» 55.»	» 57.8
4.7	» 47.8	» 50.6	» 53.3	» 56.2	» 59.1
4.8	» 48.9	» 51.6	» 54.5	» 57.4	» 60.3
4.9	» 49.9	» 52.7	» 55.6	» 58.6	» 61.6
5.0	» 50.9	» 53.8	» 56.7	» 59.8	» 62.9
5.1	» 51.9	» 54.9	» 57.9	» 60.9	» 64.1
5.2	» 53.»	» 55.9	» 59.»	» 62.1	» 65.4
5.3	» 54.»	» 57.»	» 60.1	» 63.3	» 66.6
5.4	» 55.»	» 58.1	» 61.3	» 64.5	» 67.9
5.5	» 56.»	» 59.2	» 62.4	» 65.7	» 69.1
5.6	» 57.»	» 60.2	» 63.5	» 66.9	» 70.4
5.7	» 58.»	» 61.3	» 64.7	» 68.1	» 71.7
5.8	» 59.1	» 62.4	» 65.8	» 69.3	» 72.9
5.9	» 60.1	» 63.5	» 66.9	» 70.5	» 74.2
6.0	» 61.1	» 64.5	» 68.1	» 71.7	» 75.4

Longueurs des pièces, en décimètres et centimètres.	DIAMÈTRES MOYENS, en DÉCIMÈTRES ET CENTIMÈTRES.				
	dm. cm. 4.1	dm. cm. 4.2	dm. cm. 4.3	dm. cm. 4.4	dm. cm. 4.5
d. c	hl. l. ld.	hl. l. ld.	hl. l. ld.	hl. l. ld.	hl. l. ld.
3.6	» 47.5	» 49.9	» 52.3	» 54.8	» 57.3
3.7	» 48.9	» 51.3	» 53.8	» 56.3	» 58.9
3.8	» 50.2	» 52.7	» 55.2	» 57.8	» 60.5
3.9	» 51.5	» 54.1	» 56.7	» 59.3	» 62.1
4.0	» 52.8	» 55.4	» 58.»	» 60.8	» 63.6
4.1	» 54.2	» 56.8	» 59.6	» 62.4	» 65.2
4.2	» 55.5	» 58.2	» 61.»	» 63.9	» 66.8
4.3	» 56.8	» 59.6	» 62.5	» 65.4	» 68.4
4.4	» 58.1	» 61.»	» 63.9	» 66.9	» 70.»
4.5	» 59.4	» 62.4	» 65.4	» 68.5	» 71.6
4.6	» 60.8	» 63.8	» 66.8	» 70.»	» 73.2
4.7	» 62.1	» 65.1	» 68.3	» 71.5	» 74.8
4.8	» 63.4	» 66.5	» 69.7	» 73.»	» 76.4
4.9	» 64.7	» 67.9	» 71.2	» 74.5	» 78.»
5.0	» 66.»	» 69.3	» 72.6	» 76.1	» 79.6
5.1	» 67.4	» 70.7	» 74.1	» 77.6	» 81.1
5.2	» 68.7	» 72.1	» 75.5	» 79.1	» 82.7
5.3	» 70.»	» 73.5	» 77.»	» 80.6	» 84.3
5.4	» 71.3	» 74.8	» 78.4	» 82.1	» 85.9
5.5	» 42.6	» 76.2	» 79.9	» 83.7	» 87.5
5.6	» 74.»	» 77.6	» 81.3	» 85.2	» 89.1
5.7	» 75.3	» 79.»	» 82.8	» 86.7	» 90.7
6.8	» 76.6	» 80.4	» 84.2	» 88.2	» 92.3
5.9	» 77.9	» 81.8	» 85.7	» 89.7	» 93.9
6.0	» 79.2	» 83.2	» 87.1	» 91.3	» 95.5

Longueurs des pièces, en décimètres et centimètres.	DIAMÈTRES MOYENS, en DÉCIMÈTRES ET CENTIMÈTRES.				
	dm. cm. 3.6	dm. cm. 3.7	dm. cm. 3.8	dm. cm. 3.9	dm. cm. 4 0
d. c.	hl. l. ld.	hl. l. ld.	hl. l. ld.	hl. l. ld.	hl. l. ld.
6.1	» 62.1	» 65.6	» 69.2	» 72.9	» 76.7
6.2	» 63.1	» 66.7	» 70.4	» 74.1	» 77.9
6.3	» 64.1	» 67.8	» 71.5	» 75.3	» 79.2
6.4	» 65.2	» 68.8	» 72.6	» 76 5	» 80.5
6.5	» 66.2	» 69 9	» 73 8	» 77.7	» 81.7
6.6	» 67.2	» 71.»	» 74 9	» 78.9	» 83.»
6.7	» 68.2	» 72.1	» 76.»	» 80.1	» 84.2
6.8	» 69.2	» 73.1	» 77.2	» 81.3	» 85.5
6.9	» 70.3	» 74.2	» 78.3	» 82.5	» 86.7
7.0	» 71.3	» 75.3	» 79.4	» 83.7	» 88.»
7.1	» 72.3	» 76.4	» 80.6	» 84.8	» 89.3
7.2	» 73.3	» 77.4	» 81.7	» 86.»	» 90.5
7.3	» 74.3	» 78.5	» 82.8	» 87.2	» 91.8
7.4	» 75.4	» 79.6	» 84.»	» 88.4	» 93.»
7.5	» 76.4	» 80.7	» 85.1	» 89.6	» 94.3
7.6	» 77 4	» 81.7	» 86.2	» 90.8	» 95.5
7.7	» 78.4	» 82.8	» 87.4	» 92.»	» 96.8
7.8	» 79.4	» 83.9	» 88.5	» 93.2	» 98.1
7 9	» 80.4	» 85.»	» 89.6	» 94 4	» 99.3
8.0	» 81.5	» 86.1	» 90.8	» 95.6	1. ».6
8.1	» 82.5	» 87.1	» 91.9	» 96.8	1. 1.8
8.2	» 83.5	» 88.2	» 93.»	» 98.»	1. 3.1
8.3	» 84.5	» 89.3	« 94.2	» 69.2	1. 4.3
8.4	» 85.5	» 90.4	» 95.3	1. » 4	1. 5.6
8.5	» 86.6	» 91.4	» 96.4	1. 1.6	1. 6.9

Longueurs des pièces, en décimètres et centimètres.	DIAMÈTRES MOYENS, en DÉCIMÈTRES ET CENTIMÈTRES.				
	dm. cm. 4.1	dm. cm. 4.2	dm. cm. 4.3	dm. cm. 4.4	dm. cm. 4.5
d. c.	hl. l. ld.	hl. l. ld.	hl. l. l.	hl. l. ld.	hl. l. ld.
6.1	» 80.6	» 84.5	» 88 6	» 92.8	» 97.1
6.2	» 81 9	» 85.9	» 90.«	» 94.3	» 98.6
6.3	» 83.2	» 87.3	» 91.5	» 95 8	1. ».2
6.4	» 84.5	» 88.7	» 92.9	» 97.4	1. 1.8
6.5	» 85.9	» 90.1	» 94.4	» 98.9	1. 3.4
6.6	» 87.2	» 91.5	» 95.8	1. » 4	1. 5.»
6.7	» 88.5	» 92 9	» 97.3	1. 1.9	1. 6.6
6.8	» 89.8	» 94.2	» 98.7	1. 3.4	1. 8.2
6.9	» 91.1	» 95.6	1. » 2	1. 5.«	1. 9.8
7.0	» 92.5	» 97.«	1. 1.6	1. 6.5	1.11.4
7.1	» 93.8	» 98.4	1. 3.1	1. 8.«	1.13.»
7.2	» 95.1	» 99 8	1. 4.5	1. 9.5	1.14.6
7.3	» 96.4	1. 1.2	1. 6.«	1.11.«	1.16.1
7.4	» 97.7	1. 2 6	1. 7.4	1.12.6	1.17.7
7.5	» 99.1	1. 4.«	1. 8.9	1.14.1	1.19.3
7.6	1. «.4	1. 5.3	1.10.3	1.15.6	1.20.9
7.7	1. 1.7	1. 6.7	1.11.8	1.17.1	1.22 5
7.8	1. 3.«	1. 8.1	1.13.2	1.18.6	1.24.1
7.9	1. 4.3	1. 9.5	1.14.7	1.20.2	1.25.7
8.0	1. 5.7	1.10.9	1.16.1	1.21.2	1.27.3
8.1	1. 7.«	1.12.3	1.17.6	1 23.2	1 28 9
8.2	1. 8.3	1.13.7	1.19.«	1.24.7	1.30.5
8.3	1. 9.6	1.15.»	1.20.5	1.26.2	1.32.1
8.4	1.10.9	1.16 4	1.21.9	1.27.8	1.33.6
8 5	1.12.3	1 17.8	1.23.4	1.29 3	1.35.2

Longueurs des pièces, en décimètres et centimètres.	DIAMÈTRES MOYENS, en DÉCIMÈTRES ET CENTIMÈTRES.				
	dm. cm. 4.6	dm. cm. 4.7	dm. cm. 4.8	dm. cm 4.9	dm. cm. 5.0
d. c.	hl. l. ld.	hl. l. ld.	hl. l. ld.	hl. l. ld.	hl. l. ld.
4.6	» 76.5	» 79.8	» 83.3	» 86 8	» 90.4
4.7	» 78.1	» 81.6	» 85.1	» 88 7	» 92.3
4 8	» 79.8	» 83.3	» 86.9	» 90.6	» 94.3
4.9	» 81.5	» 85.«	» 88.7	» 92.4	» 96.3
5.0	» 83.1	» 86.8	» 90.5	» 94.3	» 98.2
5.1	» 84.8	» 88.5	» 92.3	» 96.2	1 « 2
5.2	» 86.5	» 90.3	» 94.1	» 98.1	1. 2.1
5.3	» 88.1	» 94.»	» 95 9	1. « «	1. 4.1
5.4	» 89.8	» 93.7	» 97.8	1. 1.9	1. 6.1
5.5	» 91.4	» 95.5	» 99.6	1. 3.8	1. 8.»
5.6	» 93.1	» 97.2	1. 1.4	1. 5.6	1.10.»
5.7	» 94.8	» 98.9	1. 3.2	1. 7.5	1.12.»
5.8	» 96.4	1. « 7	1. 5.«	1. 9.4	1.13.9
5.9	» 98.1	1. 2.4	1. 6.8	1.11.3	1.15.9
6.0	» 99.8	1. 4.1	1. 8.6	1.13.2	1.17.9
6.1	1. 1.4	1. 5.9	1.10.4	1.15.1	1.19.8
6.2	1. 3.1	1. 7.6	1.12.2	1.17.«	1.21.8
6.3	1. 4.7	1. 9.3	1.14.»	1.18.8	1.23.8
6.4	1. 6.4	1.11.1	1.15.9	1.20.7	1.25.7
6.5	1. 8.1	1.12.8	1.17.7	1.22.6	1.27.5
6.6	1. 9.7	1.14.6	1.19.5	1.24.5	1.29.6
6.7	1.11.4	1.16.3	1.21.3	1.26.4	1.31.6
6.8	1.13.1	1.18.«	1.23.1	1.28.3	1.33.6
6.9	1.14.7	1.19.8	1.24.9	1.30.2	1.35.5
7.0	1.16.4	1.21.5	1.26.7	1.32.1	1.37.5

Longueurs des pièces, en décimètres et centimètres.	DIAMÈTRES MOYENS, en DÉCIMÈTRES ET CENTIMÈTRES.				
	dm. cm. 5.1	dm. cm. 5.2	dm. cm. 5.3	dm. cm. 5.4	dm. cm. 5.5
d. c.	hl. l. ld.	hl. l. ld	hl. l. ld.	hl. l. ld	hl. l. ld.
4.6	» 94.«	« 97.7	1. 1.5	1. 5.6	1. 9.3
4.7	» 96.1	« 99.9	1. 3.7	1. 7.9	1.11.7
4.8	» 98.1	1. 2.»	1. 5.9	1.10.2	1.14.1
4.9	1. » 1	1. 4.1	1. 8.1	1.12.4	1.16.5
5.0	1. 2.2	1. 6.2	1.10.4	1.14.7	1.18.8
5.1	1. 4.2	1. 8.4	1.12.6	1.16.8	1.21.2
5.2	1. 6.3	1.10.5	1.14.8	1.19.1	1.23.6
5.3	1. 8.3	1.12.6	1.17.»	1.21.4	1.26.»
5.4	1.10.4	1.14.7	1.19.2	1.23.7	1.28.3
5.5	1.12.4	1.16.9	1.21.4	1.26.»	1.30.7
5.6	1.14.4	1.19.»	1.23.6	1.28.3	1.33.1
5.7	1.16.5	1.21.1	1.25.8	1.30.6	1.35.5
5.8	1.18.5	1.23.2	1.28.«	1.32.9	1.37.9
5.9	1.20.6	1.25.3	1.30.2	1.35.2	1.40.2
6.0	1.22.6	1.27.5	1.32.4	1.37.5	1.42.6
6.1	1.24.7	1.29.6	1.34.6	1.39.8	1.45.»
6.2	1.26.7	1.31.7	1.36.8	1.42.1	1.47.4
6.3	1.28.7	1.33.8	1.39.»	1.44.3	1.49.7
6.4	1.30.8	1.36.»	1.41.3	1.46.6	1.52.1
6.5	1.32.8	1.38.1	1.43.5	1.48.9	1.54.5
6.6	1.34.9	1.40.2	1.45.7	1.51.2	1.56.9
6.7	1.36.9	1.42.3	1.47.9	1.53.5	1.59.2
6.8	1.39.«	1.44.5	1.50.1	1.55.8	1.61.6
6.9	1.41.«	1.46.6	1.51.3	1.58.1	1.64.»
7.0	1.43.1	1.48.7	1.54.5	1.60.4	1.66.4

Longueurs des pièces, en décimètres et centimètres.	DIAMÈTRES MOYENS, en DÉCIMÈTRES ET CENTIMÈTRES.				
	dm. cm. 4.6	dm. cm. 4.7	dm. cm. 4.8	dm. cm. 4.9	dm. cm. 5.0
d. m.	hl. l. ld	hl. l. ld.	hl. l. ld.	hl. l. ld	hl. l. ld.
7.1	1.18.»	1.23.2	1.28.4	1.33.9	1.39.5
7.2	1.19.7	1.25.«	1.30.2	1.35.8	1.41.4
7.3	1.21.4	1.26.7	1.32.1	1.37.7	1.43.4
7.4	1.23.»	1.28.4	1.33.9	1.39.6	1.45.4
7.5	1.24.7	1.30.2	1.35.7	1.41.5	1.47.3
7.6	1.26.4	1.31.9	1.37.5	1.43.4	1.49.3
7.7	1.28.»	1.33.6	1.39.3	1.45.3	1.51.3
7.8	1.29.7	1.35.4	1.41.1	1.47.1	1.53.2
7.9	1.31.3	1.37.1	1.42.9	1.49.»	1.55.2
8.0	1.33.«	1.38.9	1.44.7	1.50.9	1.57.1
8.1	1.34.7	1.40.6	1.46.5	1.52.8	1.59.1
8.2	1.36.3	1.42.3	1.48.3	1.54.7	1.61.1
8.3	1.38.«	1.44.1	1.50.1	1.56.6	1.63.»
8.4	1.39.7	1.45.8	1.52.«	1.58.5	1.65 »
8.5	1.41.3	1.47.5	1.53.8	1.60.4	1.67.»
8.6	1.43.»	1.49.3	1.55.6	1.62.2	1.68.9
8.7	1.44.6	1.51.»	1.57.4	1.64.1	1.70.9
8.8	1.46.3	1.52.7	1.59.2	1.66.»	1.72.9
8.9	1.48.»	1.54.5	1.61.»	1.67.9	1.74.8
9.0	1.49.6	1.56.2	1.62.8	1.69.8	1.76.8
9.1	1.51.3	1.57.9	1.64.6	1.71.7	1.78.8
9.2	1.53.»	1.59.7	1.66.4	1.73.6	1.80.7
9.3	1.54.6	1.61.4	1.68.2	1.75.4	1.82.7
9.4	1.56.3	1.63.2	1.70.»	1.77.5	1.84.7
9.5	1.57.9	1.64.9	1.71.9	1.79.2	1.86.6

Longueurs des pièces, en décimètres et centimètres.	DIAMÈTRES MOYENS, en DÉCIMÈTRES ET CENTIMÈTRES.				
	dm. cm. 5.1	dm. cm. 5.2	dm. cm. 5.3	dm. cm 5.4	dm. cm. 5.5
d. c.	hl. l. lh.	hl. l. ld.	hl. l. ld.	hl. l. ld.	hl. l. ld.
7.1	1.45.1	1.50.8	1.56.7	1.62.7	1.68.8
7.2	1.47.1	1.53.»	1.58.9	1.65.»	1.71.1
7.3	1.49.2	1.55.1	1.61.1	1.67.3	1.73.5
7.4	1.51.2	1.57.2	1.63.3	1.69.5	1.75.9
7.5	1.53.3	1.59.3	1.65.5	1.71.8	1.78.3
7.6	1.55.3	1.61.5	1.67.7	1.74.1	1.80.6
7.7	1.57.4	1.63.6	1.69.9	1.76.4	1.83.«
7.8	1.59.4	1.65.7	1.72.2	1.78.7	1.85.4
7.9	1.61.4	1.67.8	1.74.4	1.81.»	1.87.8
8.0	1.63.5	1.70.»	1.76.6	1.83.3	1.90.1
8.1	1.65.5	1.72.1	1.78.8	1.85.6	1.92.5
8.2	1.67.6	1.74.2	1.81.»	1.87.9	1.94.9
8.3	1.69.6	1.76.3	1.83.2	1.90.2	1.97.3
8.4	1.71.7	1.78.5	1.85.4	1.92.5	1.99.7
8.5	1.73.7	1.80.6	1.87.6	1.94.7	2. 2.«
8.6	1.75.8	1.82.7	1.89.8	1.97.«	2. 4.4
8.7	1.77.8	1.84.8	1.92.»	1.99.3	2. 6.8
8.8	1.79.8	1.87.»	1.94.2	2. 1.6	2. 9.2
8.9	1.81.9	1.89.1	1.96.4	2. 3.9	2.11.5
9.0	1.83.9	1.91.2	1.98.6	2. 6.2	2.13.9
9.1	1.86.«	1.93.3	2. » 8	2. 8.5	2.16.3
9.2	1.88.«	1.95.5	2. 3.1	2.10.8	2.18.7
9.3	1.90.1	1.97.6	2. 5.3	2.13.1	2.21.«
9.4	1.92.1	1.99.7	2. 7.5	2.15.4	2.23.4
9.5	1.94.1	2. 1.8	2. 9.7	2.17.7	2.25.8

Longueurs des pièces, en décimètres et centimètres.	DIAMÈTRES MOYENS, en DÉCIMÈTRES ET CENTIMÈTRES.				
	dm. cm. 4.6	dm. cm. 4.7	dm. cm. 4.8	dm. cm. 4.9	dm. cm. 5.0
d. c.	hl. l. ld.	hl. l. ld.	hl. l. ld.	hl. l. ld.	hl. l. ld.
9.6	1.59.6	1.66.6	1.73.7	1.81.1	1.88.6
9.7	1.61.3	1.68.4	1.75.5	1.83.»	1.90.5
9.8	1.62.9	1.70.1	1.77.3	1.84.9	1.92.5
9.9	1.64.6	1.71.8	1.79.1	1.86.8	1.94.5
10.0	1.66.3	1.73.6	1.80.9	1.88.7	1.96.4
10.1	1.67.9	1.75.3	1.82.7	1.90.5	1.98.4
10.2	1.69.6	1.77.«	1.84.5	1.92.4	2. » 4
10.3	1.71.2	1.78.8	1.86.3	1.94.3	2. 2.3
10.4	1.72.9	1.80.5	1.88.1	1.96.2	2. 4.3
10.5	1.74.6	1.82.2	1.89.9	1.98.1	2. 6.3
10.6	1.76.2	1.84.»	1.91.8	2. » »	2. 8.2
10.7	1.77.9	1.85.7	1.93.6	2. 1.9	2.10.2
10.8	1.79.6	1.87.4	1.95.4	2. 3.7	2.12.1
10.9	1.81.2	1.89.2	1.97.2	2. 5.6	2.14.1
11.0	1.82.9	1.90.9	1.99.»	2. 7.5	2.16.1
11.1	1.84.5	1.92.7	2. » 8	2. 9.4	2.18.»
11.2	1.86.2	1.94.4	2. 2.6	2.11.3	2.20.»
11.3	1.87.9	1.96.1	2. 4.4	2.13.2	2.22.»
11.4	1.89.5	1.97.9	2. 6.2	2.15.1	2.23.9
11.5	1.91.2	1.99.6	2. 8 »	2.16.9	2.25.9
11.6	1.92.9	2. 1.3	2. 9.8	2.18.8	2.27.9
11.7	1.94.5	2. 3.1	2.11.7	2.20.7	2.29.8
11.8	1.96.2	2. 4.8	2.13.5	2.22.6	2.31.8
11.9	1.97.8	2. 6.5	2.15.3	2.24.5	2.33.8
12.0	1.99.5	2. 8.3	2.17.1	2.26.4	2.35.7

Longueurs des pièces, en décimètres et centimètres.	DIAMÈTRES MOYENS, en DÉCIMÈTRES ET CENTIMÈTRES.				
	dm. cm. 5.1	dm. cm. 5.2	dm. cm. 5.3	dm. cm. 5.4	dm. cm. 5.5
d. c.	hl. l. ld.	hl. l. ld.	hl. l. ld.	hl. l. ld.	hl. l. ld.
9.6	1.96.2	2. 4.«	2.11.9	2.19.9	2.28.2
9.7	1.98.2	2. 6.1	2.14.1	2.22.2	2.30.5
9.8	2. « 3	2. 8.2	2.16.3	2.24.5	2.32.9
9.9	2. 2.3	2.10.3	2.18.5	2.26.8	2.35.3
10.0	2. 4.4	2.12.5	2.20.7	2.29.1	2.37.7
10.1	2. 6.4	2.14.6	2.22.9	2.31.4	2.40.1
10.2	2. 8.5	2.16.7	2.25.1	2.33.7	2.42.4
10.3	2.10.5	2.18.8	2.27.3	2.36.»	2.44.8
10.4	2.12.5	2.21.«	2.29.5	2.38.3	2.47.2
10.5	2.14.6	2.23.1	2.31.7	2.40.6	2.49.6
10.6	2.16.6	2.25.2	2.33.9	2.42.9	2.51.9
10.7	2.18.7	2.27.3	2.36.2	2.45.2	2.54.3
10.8	2.20.7	2.29.5	2.38.4	2.47.4	2.56.7
10.9	2.22.8	2.31.6	2.40.6	2.49.7	2.59.1
11.0	2.24.8	2.33.7	2.42.8	2.52.«	2.61.4
11.1	2.26.8	2.35.8	2.45.«	2.54.3	2.63.8
11.2	2.28.9	2.38.«	2.47.2	2.56.6	2.66.2
11.3	2.30.9	2.40.1	2.49.4	2.58.9	2.68.6
11.4	2.33.«	2.42.2	2.51.6	2.61.2	2.71.»
11.5	2.35.«	2.44.3	2.53.8	2.63.5	2.73.3
11.6	2.37.1	2.46.5	2.56.«	2.65.8	2.75.7
11.7	2.39.1	2.48.6	2.58.2	2.68.1	2.78.1
11.8	2.41.1	2.50.7	2.60.4	2.70.4	2.80.5
11.9	2.43.2	2.52.8	2.62.6	2.72.8	2.82.8
12.0	2.45.2	2.54.9	2.64.8	2.74.9	2.85.2

Longueurs des pièces, en décimètres et centimètres.	DIAMÈTRES MOYENS, en DÉCIMÈTRES ET CENTIMÈTRES.				
	dm. cm. 5.6	dm. cm. 5.7	dm. cm. 5.8	dm. cm. 5.9	dm. cm. 6.0
d. c.	hl. l. ld.	hl. l. ld.	hl. l. ld.	hl. l. ld.	hl. l. ld.
5.6	1.38.«	1.43.«	1.47.9	1.54.«	1.58.4
5.7	1.40.4	1.45.5	1.50.5	1.56.8	1.61.2
5.8	1.42.9	1.48.1	1.53.2	1.59.5	1.64.1
5.9	1.45.4	1.50.6	1.55.8	1.62.3	1.66.9
6.0	1.47.8	1.53.2	1.58.5	1.65.»	1.69.7
6.1	1.50.3	1.55.7	1.61.1	1.67.8	1.72.5
6.2	1.52.8	1.58.3	1.63.7	1.70.5	1.75.4
6.3	1.55.2	1.60.8	1.66.4	1.73.3	1.78.2
6.4	1.57.7	1.63.4	1.69.«	1.76.»	1.81.»
6.5	1.60.2	1.65.9	1.71.7	1.78.8	1.83.9
6.6	1.62.6	1.68.6	1.74.3	1.81.5	1.86.7
6.7	1.65.1	1.71.»	1.77.»	1.84.3	1.89.5
6.8	1.67.7	1.73.6	1.79.6	1.87.«	1.92.3
6.9	1.70.0	1.76.1	1.82.2	1.89.8	1.95.2
7.0	1.72.5	1.78.7	1.84.9	1.92.5	1.98.»
7.1	1.74.9	1.81.2	1.87.5	1.95.3	2. » 8
7.2	1.77.4	1.83.8	1.90.2	1.98.»	2. 3.7
7.3	1.79.9	1.86.4	1.92.8	2. » 8	2. 6.5
7.4	1.82.3	1.88.9	1.95.4	2. 3.5	2. 9.3
7.5	1.84.8	1.91.5	1.98.1	2. 6.3	2.12.1
7.6	1.87.3	1.94.»	2. » 7	2. 9.»	2.15.«
7.7	1.89.7	1.96.6	2. 3.4	2.11.8	2.17.8
7.8	1.92.2	1 99 1	2. 6.«	2.14.5	2.20.6
7.9	1.94.7	2. 1.7	2. 8.6	2.17.3	2.23.5
8.0	1.97.1	2. 4.2	2.11.3	2.20.»	2.6 .3

Longueurs des pièces, en décimètres et centimètres.	DIAMÈTRES MOYENS, en DÉCIMÈTRES ET CENTIMÈTRES.				
	dm. cm. 6.1	dm. cm. 6.2	dm. cm. 6.3	dm. cm. 6.4	dm. cm. 6.5
d. c.	hl. l. ld.	hl. l. ld.	hl. l. ld.	hl. l. ld.	hl. l. ld.
5.6	1.63.7	1.69.1	1.74.6	1.80.2	1.85.9
5.7	1.66.6	1.72.2	1.77.8	1.83.4	1.89.2
5.8	1.69.6	1.75.2	1.80.9	1.86.7	1.92.5
5.9	1.72.5	1.78.2	1.84.»	1.89.9	1.95.7
6.0	1.75.4	1.81.2	1.87.1	1.93.1	1.99.»
6.1	1.78.3	1.84.2	1.90.2	1.96.3	2. 2.5
6.2	1.81.3	1.87.3	1.93.3	1.99.5	2. 5.8
6.3	1.84.2	1.90.3	1.96.5	2. 2.8	2. 9.1
6.4	1.87.1	1.93.3	1.99.6	2. 6.»	2.12.5
6.5	1.90.»	1.96.3	2. 2.7	2. 9.2	2.15.8
6.6	1.93.»	1.99.3	2. 5.8	2.12.4	2.19.1
6.7	1.95.9	2. 2.4	2. 8.9	2.15.6	2.22.4
6.8	1.98.8	2. 5.4	2.12.1	2.18.8	2.25.7
6.9	2. 1.7	2. 8.4	2.15.2	2.22.1	2.29.1
7.0	2. 4.7	2.11.4	2.18.3	2.25.3	2.32.4
7.1	2. 7.6	2.14.4	2.21.4	2.28.5	2.35.7
7.2	2.10.5	2.17.5	2.24.5	2.31.7	2.39.1
7.3	2.13.4	2.20.5	2.27.7	2.34.9	2.42.3
7.4	2.16.3	2.23.5	2.30.8	2.38.2	2.45.7
7.5	2.19.3	2.26.5	2.33.9	2.41.4	2.49.1
7.6	2.22.2	2.29.5	2.37.»	2.44.6	2.52.3
7.7	2.25.1	2.32.6	2.40.1	2.47.8	2.55.6
7.8	2.28.»	2.35.6	2.43.2	2.51.»	2.58.9
7.9	2.31.»	2.38.6	2.46.4	2.54.2	2.62.3
8.0	2.33.9	2.41.6	2.49.5	2.57.5	2.65.6

Longueurs des pièces, en décimètres et centimètres	DIAMÈTRES MOYENS, en DÉCIMÈTRES ET CENTIMÈTRES.				
	dm. cm. 5.6	dm. cm. 5.7	dm. cm. 5.8	dm. cm. 5.9	dm, cm. 6.0
d. c.	hl. l. ld.	hl. l. ld.	hl. l. ld.	hl. l. ld.	hl. l. ld.
8.1	1.99.6	2. 6.8	2.13.9	2.22.8	2.29.1
8.2	2. 2.»	2. 9.3	2.16.6	2.25.5	2.31.9
8.3	2. 4.5	2.11.9	2.19.2	2.28.3	2.34.8
8.4	2. 7.»	2.14.4	2.21.9	2.31.»	2.37.6
8.5	2. 9.4	2.17.»	2.24.5	2.33.8	2.40.4
8.6	2.11.9	2.19.5	2.27.1	2.36.5	2.43.3
8.7	2.14.4	2.22.1	2.29.8	2.39.3	2.46.1
8.8	2.16.8	2.24.6	2.32.4	2.42.»	2.48.9
8.9	2.19.3	2.27.2	2.35.1	2.44.8	2.51.7
9.0	2.21.8	2.29.8	2.37.7	2.47.5	2.54.6
9.1	2.24.2	2.32.3	2.40.3	2.50.3	2.57.4
9.2	2.26.7	2.34.9	2.43.»	2.53.»	2.60.2
9.3	2.29.2	2.37.4	2.45.6	2.55.8	2.63.1
9.4	2.31.6	3.40.»	2.48.3	2.58.5	2.65.9
9.5	2.34.1	2.42.5	2.50.9	2.61.3	2.68.7
9.6	2.36.5	2.45.1	2.53.5	2.64.»	2.71.5
9.7	2.39.»	2.47.6	2.56.2	2.66.8	2.74.4
9.8	2.41.5	2.50.2	2.58.8	2.69.5	2.77.2
9.9	2.43.9	2.52.7	2.61.5	2.72.3	2.80.»
10.0	2.46.4	2.55.3	2.64.1	2.75.»	2.82.9
10.1	2.48.9	2.57.8	2.66.7	2.77.8	2.85.7
10.2	2.51.3	2.60.4	2.69.4	2.80.5	2.88.5
10.3	2.53.8	2.62.9	2.72.»	2.83.3	2.91.3
10.4	2.56.3	2.65.5	2.74.7	2.86.»	2.94.2
10.5	2.58.7	2.68.»	2.77.3	2.88.8	2.97.»

Longueurs des pièces, en décimètres et centimètres.	DIAMÈTRES MOYENS, en DÉCIMÈTRES ET CENTIMÈTRES.				
	dm. cm. 6.1	dm. cm. 6.2	dm. cm. 6.3	dm. cm. 6.4	dm. cm. 6.5
d. c.	hl. l. ld.	hl. l. ld.	hl. l. ld.	hl. l. ld	hl. l. ld.
8.1	2.36.8	2.44.6	2.52.6	2.60.7	2.68.9
8.2	2.39.7	2.47.7	2.55.7	2.63.9	2.72.2
8.3	2.42.7	2.50.7	2.58.8	2.67.1	2.75.5
8.4	2.45.6	2.53.7	2.62.»	2.70.1	2.78.9
8.5	2.48.5	2.56.7	2.65.1	2.73.6	2.82.2
8.6	2.51.4	2.59.7	2.68.2	2.76.8	2.85.5
8.7	2.54.4	2.62.8	2.71.3	2.80.»	2.88.8
8.8	2.57.3	2.65.8	2.74.4	2.83.2	2.92.1
8.9	2.60.2	2.68.8	2.77.5	2.86.4	2.95.4
9.0	2.63.1	2.71.8	2.80.7	2.89.6	2.98.8
9.1	2.66.1	2.74.8	2.83.8	2.92.9	3. 2.1
9.2	2.69.»	2.77.9	2.86.9	2.96.1	3. 5.4
9.3	2.71.9	2.80.9	2.90.»	2.99.3	3. 8.7
9.4	2.74.8	2.83.9	2.93.1	3. 2.5	3.12.«
9.5	2.77.7	2.86.9	2.96.3	3. 5.7	3.15.4
9.6	2.80.7	2.89.9	2.99.4	3. 9.«	3.18.7
9.7	2.83.6	2.93.»	3. 2.5	3.12.2	3.22.»
9.8	2.86.5	2.96.»	3. 5.6	3.15.4	3.25.3
9.9	2.89.4	2.99.»	3. 8.7	3.18.6	3.28.6
10.0	2.92.4	3. 2.»	3.11.9	3.21.8	3.32.»
10.1	2.95.3	3. 5.1	3.15.»	3.25.»	3.35.3
10.2	2.98.2	3. 8.1	3.18.1	3.28.3	3.38.6
10.3	3. 1.1	3.11.1	3.21.2	3.31.5	3.41.9
10.4	3. 4.1	3.14.1	3.24.3	3.34.7	3.45.2
10.5	3. 7.«	3.17.1	3.27.4	3.37.9	3.48.6

Longueurs des pièces, en décimètres et centimètres.	DIAMÈTRES MOYENS, en DÉCIMÈTRES ET CENTIMÈTRES.				
	dm. cm. 5.6	dm. cm. 5.7	dm. cm. 5.8	dm. cm. 5.9	hl. l. ld. 6.0
d. c.	hl. l. ld.	hl. l. ld.	hl. l. ld.	hl. l. ld.	hl. l. ld.
10.6	2.61.2	2.70.6	2.80.«	2.91.5	2.99.8
10.7	2.63.6	2.73.1	2 82.6	2.94.3	3. 2.7
10.8	2 66.1	2.75.7	2.85.2	2.97.»	3. 5.5
10.9	2.68.6	2.78.3	2.87.9	2.99.8	3. 8.3
11.0	2.71.»	2.80 8	2.90.5	3. 2.5	3.11.1
11.1	2.73.5	2.83.4	2.93.2	3. 5.3	3.14.»
11.2	2.76.»	2.85.9	2.95.8	3. 8.»	3.16.8
11.3	2.78.4	2.88.5	2.98.4	3.10.8	3.19.6
11.4	2.80.9	2.91.»	3. 1.1	3.13.5	3.22.5
11.5	2.83.4	2.93.6	3. 3.7	3.16.3	3.25.3
11.6	2.85.8	2.96.1	3. 6.4	3.19.«	3.28.1
11.7	2.88.3	2.98.7	3. 9.«	3.21.8	3.30.9
11.8	2.90.8	3. 1.2	3.11.6	3.24 5	3.33.8
11.9	2.93.2	3. 3.8	3.14.3	3.27.3	3.36.6
12.0	2.95.7	3. 6.3	3.16.9	3.30.«	3.39.4
12.1	2.98.1	3. 8.9	3.19.6	3.32.8	3.42.3
12.2	3. » 6	3.11.4	3.22.2	3.35.5	3.45.1
12.3	3. 3.1	3.14.»	3.24.9	3.38.3	3.47.9
12.4	3. 5.5	3.16.5	3.27.5	3.41.»	3.50.7
12.5	3. 8.«	3.19.1	3.30.1	3.43.8	3.53.6
12.6	3.10.5	3.21.7	3.32.8	3.46.5	3.56.4
12.7	3.12.9	3.24.2	3.35.4	3.49.3	3.59.2
18.8	3.15.4	3.26.8	3.38 1	3.52.«	3.62.»
12.9	3.17.9	3.29.3	3.40.7	3.54.8	3.64.9
13.0	3.20.3	3.31.9	3.43.3	3.57.5	3.67.7

Longueurs des pièces, en décimètres et centimètres.	DIAMÈTRES MOYENS, en DÉCIMÈTRES ET CENTIMÈTRES.				
	dm. cm. 6.1	dm. cm. 6.2	dm. cm. 6.3	dm. cm. 6.4	dm. cm. 6.5
d. c.	hl. l. ld.	hl. l. ld.	hl. l. ld.	hl. l. ld.	hl. l. ld.
10.6	3. 9.9	3.20.2	3.30.6	3.41.1	3.51.9
10.7	3.12.8	3.23.2	3.33.7	3.44.4	3.55.2
10.8	3.15.8	3.26.2	3.36.8	3.47.6	3.58.5
10.9	3.18.7	3.29.2	3.39.9	3.50.8	3.61.8
11.0	3.21.6	3.32.2	3.43.»	3.54.»	3.65.2
11.1	3.24.5	3.35.3	3.46.2	3.57.2	3.68.5
11.2	3.27.4	3.38.3	3.49.3	3.60.4	3.71.8
11.3	3.30.4	3.41.3	3.52.4	3.63.7	3.75.1
11.4	3.33.3	3.44.3	3.55.5	3.66.9	3.78.4
11.5	3.36.2	3.47.3	3.58.6	3.71.1	3.81.8
11.6	3.39.1	3.50.4	3.61.7	3.73.3	3.85.1
11.7	3.42.1	3.53.4	3.64.9	3.76.5	3.88.4
11.8	3.45.»	3.56.4	3.68.»	3.79.8	3.91.7
11.9	3.47.9	3.59.4	3.71.1	3.83.»	3.95.»
12.0	3.50.8	3.62.4	3.74.2	3.86.2	3.98.4
12.1	3.53.8	3.65.5	3.77.3	3.89.4	4. 1.7
12.2	3.56.7	3.68.5	3.80.5	3.92.6	4. 5.»
12.3	3.59.6	3.71.5	3.83.6	3.95.8	4. 8.3
12.4	3.62.5	3.74.5	3.86.7	3.99.1	4.11.6
12.5	3.65.5	3.77.5	3.89.8	4. 2.3	4.15.»
12.6	3.68.4	3.80.6	3.92.9	4. 5.5	4.18.3
12.7	3.71.3	3.83.6	3.96.»	4. 8.7	4.21.6
12.8	3.74.2	3.86.6	3.99.2	4.11.9	4.24.9
12.9	3.77.1	3.89.6	4. 2.3	4.15.2	4.28.2
13.0	3.80.1	3.92.6	4. 5.4	4.18.4	4.31.6

Longueurs des pièces, en décimètres et centimètres.	DIAMÈTRES MOYENS, en DÉCIMÈTRES ET CENTIMÈTRES.				
	dm. cm. 6.6	dm. cm. 6.7	dm. cm. 6.8	dm. cm. 6.9	dm. cm. 7.0
d. c.	hl. l. ld.	hl. l. ld.	hl. l. ld.	hl. l. ld.	hl. l. ld.
6.6	2.25.9	2.32.8	2.39.8	2.46.9	2.54.1
6.7	2.29.3	2.36.3	2.43.4	2.50.6	2.58.»
6.8	2.32.7	2.39.8	2.47.1	2.54.4	2.61.8
6.9	2.36.2	2.43.4	2.50.7	2.58.1	2.65.7
7.0	2.39.6	2.46.9	2.54.3	2.61.9	2.69.5
7.1	2.43.»	2.50.4	2.58.»	2.65.6	2.73.4
7.2	2.46.4	2.53.9	2.61.6	2.69.3	2.77.»
7.3	2.49.8	2.57.5	2.65.2	2.73.1	2.81.1
7.4	2.53.3	2.61.»	2.68.9	2.76.8	2.84.9
7.5	2.56.7	2.64.5	2.72.5	2.80.6	2.88.8
7.6	2.60.1	2.68.1	2.76.1	2.84.3	2.92.6
7.7	2.63.5	2.71.6	2.79.8	2.88.»	2.96.5
7.8	2.67.»	2.75.1	2.83.4	2.91.8	3. ».3
7.9	2.70.4	2.78.6	2.87.»	2.95.5	3. 4.2
8.0	2.73.8	2.82.2	2.90.7	2.99.3	3. 8.»
8.1	2.77.2	2.85.7	2.94.3	3. 3.»	3.11.9
8.2	2.80.7	2.89.2	2.97.9	3. 6.7	3.15.7
8.3	2.84.1	2.92.7	3. 1.6	3.10.5	3.19.6
8.4	2.87.5	2.96.3	3. 5.2	3.14.2	3.23.4
8.5	2.90.9	2.99.8	3. 8.8	3.18.»	3.27.3
8.6	2.94.3	3. 3.3	3.12.5	3.21.7	3.31.1
8.7	2.97.8	3. 6.9	3.16.1	3.25.4	3.35.»
8.8	3. 1.2	3.10.4	3.19.7	3.29.2	3.38.8
8.9	3. 4.6	3.13.9	3.23.3	3.32.9	3.42.7
9.0	3. 8.»	3.17.4	3.27.»	3.36.7	3.46.5

Longueurs des pièces, en décimètres et centimètres.	DIAMÈTRES MOYENS, en DÉCIMÈTRES ET CENTIMÈTRES.				
	dm. cm. 7.1	dm. cm. 7.2	dm. cm. 7.3	dm. cm. 7.4	dm. cm. 7.5
d. c.	hl. l. ld.	hl. l. ld.	hl. l. ld.	hl. l. ld.	hl. l. ld.
6.6	2.61.9	2.68.8	2.76.3	2.84.»	2.91.7
6.7	2.65.9	2.72.9	2.80.5	2.88.3	2.96.1
6.8	2.69.8	2.77.»	2.84.7	2.92.6	3. » 5
6.9	2.73.8	2.81.»	2.88.9	2.96.9	3. 5.»
7.0	2.77.8	2.85.1	2.93.1	3. 1.2	3. 9.4
7.1	2.81.7	2.89.2	2.97.3	3. 5.5	3.13.8
7.2	2.85.7	2.93.3	3. 1.5	3. 9.8	3.18.2
7.3	2.89.7	2.97.3	3. 5.7	3.14.1	3.22.6
7.4	2.93.7	3. 1.4	3. 9.8	3.18.4	3.27.1
7.5	2.97.6	3. 5.5	3.14.»	3.22.7	3.31.5
7.6	3. 1.6	3. 9.6	3.18.2	3.27.»	3.35.9
7.7	3. 5.6	3.13.6	3.22.4	3.31.3	3.40.3
7.8	3. 9.5	3.17.7	3.26.6	3.35.6	3.44.7
7.9	3.13.5	3.21.8	3.30.8	3.39.9	3.49.2
8.0	3.17.5	3.25.9	3.35.«	3.44.2	3.53.6
8.1	3.21.4	3.29.9	3.39.2	3.48.5	3.58.»
8.2	3.25.4	3.34.»	3.43.3	3.52.8	3.62.4
8.3	3.29.4	3.38.1	3.47.5	3.57.1	3.66.8
8.4	3.33.3	3.42.1	3.51.7	3.61.4	3.71.3
8.5	3.37.3	3.46.2	3.55.9	3.65.7	3.75.7
8.6	3.41.3	3.50.3	3.60.1	3.70.»	3.80.1
8.7	3.45.2	3.54.4	3.64.3	3.74.3	3.84.5
8.8	3.49.2	3.58.4	3.68.5	3.78.6	3.88.9
8.9	3.53.2	3.62.5	3.72.6	3.82.9	3.93.3
9.0	3.67.1	3.66.6	3.76.8	3.87.2	3.97.8

Longueurs des pièces, en décimètres et centimètres.	DIAMÈTRES MOYENS, en DÉCIMÈTRES ET CENTIMÈTRES.				
	dm. cm. 6.6	dm. cm. 6.7	dm. cm. 6.8	dm. cm. 6.9	dm. cm. 7.0
d. c.	hl. l. ld.	hl. l. ld.	hl. l. ld.	hl. l. ld.	hl. l. ld.
9.1	3.11.5	3.21.»	3.30.6	3.40.4	3.50.4
9.2	3.14.9	3.24.5	3.34.2	3.44.2	3.54.2
9.3	3.18.3	3.28.»	3.37.9	3.47.9	3.58.1
9.4	3.21.7	3.31.5	3.41.5	3.51.6	3.61.9
9.5	3.25.1	3.35.1	3.45.1	3.55.4	3.65.8
9.6	3.28.6	3.38.6	3.48.8	3.59.1	3.69.6
9.7	3.32.»	3.42.1	3.52.4	3.62.9	3.73.5
9.8	3.35.4	3.45.7	3.56.»	3.66.6	3.77.3
9.9	3.38.8	3.49.2	3.59.7	3.70.3	3.81.2
10.0	3.42.3	3.52.7	3.63.3	3.74.1	3.85.»
10.1	3.45.7	3.56.2	3.66.9	3.77.8	3.88.9
10.2	3.49.1	3.59.8	3.70.6	3.81.6	3.92.7
10.3	3.52.5	3.63.3	3.74.2	3.85.3	3.96.6
10.4	3.55.9	3.66.8	3.77.8	3.89.»	4. » 4
10.5	3.59.4	3.70.3	3.81.5	3.92.8	4. 4.3
10.6	3.62.8	3.73.9	3.85.1	3.96.5	4. 8.1
10.7	3.66.»	3.77.4	3.88.7	4. » 3	4.12.»
10.8	3.69.6	3.80.9	3.92.4	4. 4.»	4.15.8
10.9	3.73.1	3.84.5	3.96.»	4. 7.7	4.19.7
11.0	3.76.5	3.88.»	3.99.6	4.11.5	4.23.5
11.1	3.79.9	3.91.5	4. 3.3	4.15.2	4.27.4
11.2	3.83.3	3.95.»	4. 6.9	4.19.»	4.31.2
11.3	3.86.8	3.98.6	4.10.5	4.22.7	4.35.1
11.4	3.90.2	4. 2.1	4.14.2	4.26.4	4.38.9
11.5	3.93.6	4. 5.6	4.17.8	4.30.2	4.42.8

Longueurs des pièces, en décimètres et centimètres.	DIAMÈTRES MOYENS, en DÉCIMÈTRES ET CENTIMÈTRES.				
	dm. cm. 7.1	dm. cm. 7.2	dm. cm. 7.3	dm. cm. 7.4	dm. cm. 7.5
d. c.	hl. l. ld.	hl. l. ld.	hl. l. ld.	hl. l. ld.	hl. l. ld.
9.1	3.61.1	3.70.7	3.81.»	3.91.5	4. 2.2
9.2	3.65.1	3.74.7	3.85.2	3.95.8	4. 6.6
9.3	3.69.1	3.78.8	3.89.4	4. 1.»	4.11.»
9.4	3.73.»	3.82.9	3.93.6	4. 4.4	4.15.4
9.5	3.77.»	3.86.9	3.97.8	4. 8.7	4.19.9
9.6	3.81.»	3.91.»	4. 2.»	4.13.»	4.24.3
9.7	3.84.9	3.95.1	4. 6.1	4.17.3	4.28.7
9.8	3.88.9	3.99.2	4.10.3	4.21.7	4.33.2
9.9	3.92.9	4. 3.2	4.14.5	4.26.»	4.37.5
10.0	3.96.8	4. 7.3	4.18.7	4.30.3	4.42.»
10.1	4. » 8	4.11.4	4.22.9	4.34.6	4.46.4
10.2	4. 4.8	4.15.5	4.27.1	4.38.9	4.50.8
10.3	4. 8.7	4.19.5	4.31.3	4.43.2	4.55.2
10.4	4.12.7	4.23.6	4.35.5	4.47.5	4.59.6
10.5	4.16.7	4.27.7	4.39.6	4.51.8	4.64.1
10.6	4.20.7	4.31.8	4.43.8	4.56.1	4.68.5
10.7	4.24.6	4.35.8	4.48.»	4.60.4	4.72.9
10.8	4.28.6	4.39.9	4.52.2	4.64.7	4.77.3
10.9	4.32.5	4.44.»	4.56.4	4.69.»	4.81.7
11.0	4.36.5	4.48.»	4.60.6	4.73.3	4.86.2
11.1	4.40.5	4.52.1	4.64.8	4.77.6	4.90.6
11.2	4.44.4	4.56.2	4.69.»	4.81.9	4.95.»
11.3	4.48.4	4.60.3	4.73.1	4.86.2	4.99.4
11.4	4.52.4	4.64.3	4.77.3	4.90.5	5. 3.8
11.5	4.56.4	4.68.4	4.81.5	4.94.8	5. 8.3

Longueurs des pièces, en décimètres et centimètres.	DIAMÈTRES MOYENS, en DÉCIMÈTRES ET CENTIMÈTRES.				
	dm. cm. 6.6	dm. cm. 6.7	dm. cm. 6.8	dm. cm. 6.9	dm. cm. 7.0
d. c.	hl. l. ld.	hl. l. ld.	hl. l. ld.	hl. l. ld.	hl. l. ld.
11.6	3.97.»	4. 9.1	4.21.4	4.33.9	4.46.6
11.7	4. » 4	4.12.7	4.25.1	4.37.7	4.50.5
11.8	4. 3.9	4.16.2	4.28.7	4.41.4	4.54.3
11.9	4. 7.3	4.19.7	4.32.3	4.45.2	4.58.2
12.0	4.10.7	4.23.2	4.36.»	4.48.9	4.62.»
12.1	4.14.1	4.26.8	4.39.6	4.52.6	4.65.9
12.2	4.17.6	4.30.3	4.43.2	4.56.4	4.69.7
12.3	4.21.»	4.33.8	4.46.9	4.60.1	4.73.6
12.4	4.24.4	4.37.3	4.50.5	4.63.9	4.77.4
12.5	4.27.8	4.40.9	4.54.1	4.67.6	4.81.3
12 6	4.31.2	4.44.4	4.57.8	4.71.3	4.85.1
12.7	4.34.7	4.47.9	4.61.4	4.75.1	4.89 »
12.8	4.38.1	4.51.5	4.65.»	4.78.8	4.92.8
12.9	4.41.5	4.55.»	4.68.7	4.82.6	4.96.7
13.0	4.44.9	4.58.5	4.72.3	4.86.3	5. » 5
13.1	4.48.4	4.62.»	4.75.9	4.90.»	5. 4.4
13.2	4.51.8	4.65.6	4.79.6	4.93.8	5. 8.2
13.3	4.55.2	4.69.1	4.83.2	4.97.5	5.12.1
13.4	4.58.6	4.72.6	4.86.8	5. 1.3	5.15.9
13.5	4.62.»	4.76.1	4.90.5	5. 5.»	5.19.8
13.6	4.65.5	4.79.7	4.94.1	5. 8.7	5.23.6
13.7	4.68.9	4.83.2	4.97.7	5.12.5	5.27.5
13.8	4.72.3	4.86.7	5. 1.4	5.16.2	5.31.3
13.9	4.75.7	4.90.3	5. 5.»	5.20.»	5.35.2
14.0	4.79.2	4.93.8	5. 8.6	5.23.7	5.39.»

Longueurs des pièces, en décimètres et centimètres.	DIAMÈTRES MOYENS, en DÉCIMÈTRES ET CENTIMÈTRES.				
	dm. cm. 7.1	dm. cm. 7.2	dm. cm. 7.3	dm. cm. 7.4	dm. cm. 7.5
d. c.	hl. l. ld.	hl. l. ld.	hl. l. ld.	hl. l. ld.	hl. l. ld.
11.6	4.60.3	4.72.5	4.85.7	4.99.1	5.12.7
11.7	4.64.3	4.76.6	4.89.9	5. 3.4	5.17.1
11.8	4.68.3	4.80.6	4.94.1	5. 7.7	5.21.5
11.9	4.72.2	4.84.7	4.98.3	5.12.»	5.25.9
12.0	4.76.2	4.88.8	5. 2.4	5.16.3	5.30.4
12.1	4.80.2	4.92.9	5. 6.6	5.20.6	5.34.8
12.2	4.84.1	4.96.9	5.10.8	5.24.9	5.39.2
12.3	4.88.1	5. 1.»	5.15.»	5.29.2	5.43.6
12.4	4.92.1	5. 5.1	5.19.2	5.33.5	5.48.»
12.5	4.96.»	5. 9.1	5.23.4	5.37.8	5.52.5
12.6	5. » »	5.13.2	5.27.6	5.42.1	5.56.9
12.7	5. 4.»	5.17.3	5.31.8	5.46.4	5.61.3
12.8	5. 7.9	5.21.4	5.35.9	5.50.7	5.65.7
12.9	5.11.9	5.25.4	5.40.1	5.55.»	5.70.2
13.0	5.15.9	5.29.5	5.44.3	5.59.3	5.74.6
13.1	5.19.8	5.33.6	5.48.5	5.63.6	5.79.»
13.2	5.23.8	5.37.7	5.52.7	5.67.9	5.83.4
13.3	5.27.8	5.41.7	5.56.9	5.72.2	5.87.8
13.4	5.31.8	5.45.8	5.61.1	5.76.5	5.92.2
13.5	5.35.7	5.49.9	5.65.3	5.80.8	5.96.7
13.6	5.39.7	5.53.9	5.69.4	5.85.1	6. 1.1
13.7	5.43.7	5.58.»	5.73.6	5.89.5	6. 5.5
13.8	5.47.6	5.62.1	5.77.8	5.93.8	6. 9.9
13.9	5.51.6	5.66.2	5.82.»	5.98.1	6.14.3
14.0	5.55.6	5.70.2	5.86.2	6. 2.4	6.18.8

Longueurs des pièces, en décimètres et centimètres.	DIAMÈTRES MOYENS, en DÉCIMÈTRES ET CENTIMÈTRES.				
	dm. cm. 7.6	dm. cm. 7.7	dm. cm. 7.8	dm. cm. 7.9	dm. cm. 8.0
d. c.	hl. l. ld.	hl. l. ld.	hl. l. ld.	hl. l. ld.	hl. l. ld.
7.6	3.44.9	3.54.»	3.63.3	3.72.7	3.82 2
7.7	3.49.4	3.58.7	3.68.1	3.77.6	3.87.2
7.8	3.54.»	3.63.4	3.72.9	3.82.5	3.92.2
7.9	3.58.5	3.68.»	3.77.6	3.87.4	3.97.3
8.0	3.63.1	3.72.7	3.82.4	3.92.3	4. 2.3
8.1	3.67.6	3.77.3	3.87.2	3.97.2	4. 7.3
8.2	3.72.1	3.82.»	3 92.»	4. 2.1	4 12.3
8.3	3.76.7	3.86.7	3.96.8	4. 7.»	4.17.4
8.4	3.81.2	3.91.3	4. 1.5	4.11.9	4.22.4
8.5	3.85.8	3.96.»	4. 6.3	4.16.8	4.27.4
8.6	3.90.3	4. » 6	4.11.1	4.21.7	4.32.5
8.7	3.94.8	4. 5.3	4.15.9	4.26.6	4.37.5
8.8	3.99.4	4. 9.9	4.20.7	4.31.5	4.42.5
8.9	4. 3.9	4.14.6	4.25.4	4.36.4	4.47.5
9.0	4. 8.4	4.19 3	4.30.2	4.41.3	4.52.6
9.1	4.13.»	4.23.9	4.35.»	4.46.2	4.57.6
9.2	4.17.5	4 28.6	4.39.8	4.51.1	4.62.6
9 3	4.22.6	4.33.2	4.44.6	4.56.»	4.67.7
9.4	4.26.6	4.37.9	4.49.3	4.60.9	4.72.7
9.5	4.31.1	4.42.6	4.54.1	4.65.8	4.77.7
9.6	4.35.7	4.47.2	4.58.9	4.70.7	4.82.7
9.7	4.40.2	4.51.9	4.63.7	4.75.7	4.87.8
9.8	4.44.8	4.56.5	4.68.5	4.80.6	4.92.8
9.9	4.49.3	4.61.2	4.73.2	4.85.5	4.97.8
10.0	4.53.8	4 65.9	4.78.»	4.90 4	5. 2.9

Longueurs des pièces, en décimètres et centimètres.	DIAMÈTRES MOYENS, en DÉCIMÈTRES ET CENTIMÈTRES.				
	dm. cm. 8.1	dm. cm. 8.2	dm. cm. 8.3	dm. cm. 8.4	dm. cm. 8.5
d. c.	hl. l. ld.	hl. l. ld.	hl. l. ld.	hl. l. ld.	hl. l. ld.
7.6	3.91.8	4. 1.5	4.11.4	4.21.3	4.31.4
7.7	3.96.9	4. 6.8	4.16.8	4.26.9	4.37.1
7.8	4. 2.1	4.12.1	4.22.2	4.32.4	4.42.8
7.9	4. 7.3	4.17.4	4.27.6	4.38.»	4.48.5
8.0	4.12.4	4.22.7	4.32.»	4.43.5	4.54.1
8.1	4.17.6	4.27.9	4.37.4	4.49.1	4.59.8
8.2	4.22.7	4.33.2	4.42.8	4.54.6	4.65.5
8.3	4.27.9	4.38.5	4.48.3	4.60.2	4.71.2
8.4	4.33.»	4.43.8	4.53.7	4.65.7	4.76.8
8.5	4.38.2	4.49.1	4.59.1	4.71.2	4.82.5
8.6	4.43.3	4.54.4	4.65.5	4.76.8	4.88.2
8.7	4.48.5	4.59.6	4.70.9	4.82.3	4.93.9
8.8	4.53.6	4.64.9	4.76.3	4.87.9	4.99.6
8.9	4.58.8	4.70.2	4.81.7	4.93.4	5. 5.2
9.0	4.64.»	4.75.5	4.87.2	4.99.»	5.10.9
9.1	4.69.1	4.80.8	4.92.6	5. 4.5	5.16.6
9.2	4.74.3	4.86.»	4.98.»	5.10 »	5.22.3
9.3	4.79.4	4.91.3	5. 3.4	5.15.6	5.27.9
9.4	4.84 6	4.96.6	5. 8.8	5.21.1	5.33.6
9.5	4.89.7	5. 1.9	5.14.2	5.26.7	5.39.3
9.6	4.94.9	5. 7.2	5.19.6	5.32.2	5.46.»
9.7	5. » »	5.12.5	5.25.»	5.37.8	5.50.6
9.8	5. 5.2	5.17.7	5.30.5	5.43.3	5 56.3
9.9	5.10.4	5.23.»	5.35.9	5.48.9	5.62.»
10.0	5.15.5	5.28.3	5.41.3	5.54.4	5.67.7

Longueurs des pièces, en décimètres et centimètres.	DIAMÈTRES MOYENS, en DÉCIMÈTRES ET CENTIMÈTRES.				
	dm. cm. 7.6	dm. cm. 7.7	dm. cm. 7.8	dm. cm. 7.9	dm. cm. 8.0
d. c.	hl. l. ld.	hl. l. ld.	hl. l. ld.	hl. l. ld.	hl. l. ld.
10.1	4.58.4	4.70.5	4.82.8	4.95.3	5. 7.9
10.2	4.62.9	4.75.2	4.87.6	5. » 2	5.12.9
10.3	4.67.4	4.79.8	4.92.4	5. 5.1	5.17.9
10.4	4.72.»	4.84.5	4.97.1	5.10.»	5.23.»
10.5	4.76.5	4.89.1	5. 1.9	5.14.9	5.28.»
10.6	4.81.1	4.93.8	5. 6.7	5.19.8	5.33 »
10.7	4.85.6	4.98.5	5.11.5	5.24.7	5.38.1
10.8	4.90.1	5. 3.1	5.16.3	5.29.6	5.43.1
10.9	4.94.7	5. 7.8	5.21.»	5.34.5	5.48.1
11.0	4.99.2	5.12.4	5.25.8	5.39.4	5.53.1
11.1	5. 3.7	5.17.1	5.30.6	5.44.3	5.58.1
11.2	5. 8.3	5.21.8	5.35.4	5.49.2	5.63.2
11.3	5.12 8	5.26.4	5.40.2	5.54.1	5.68.2
11.4	5.17.4	5.31.1	5.44.9	5.59.»	5.73.3
11.5	5.21.9	5.35.7	5.49.7	5.63.9	5.78.3
11.6	5.26.4	5.40.4	5.54.5	5 68.8	5 83.3
11.7	5.31.»	5.45.»	5.59.3	5.73.7	5.88.3
11.8	5.35.5	5.49.7	5.64.1	5.78.6	5.93.4
11.9	5.40.1	5.54.4	5.68.8	5.83.5	5.98 4
12.0	5.44.6	5.59.»	5.73.6	5 88.4	6. 3.4
12.1	5.49.1	5.63.7	5.78.4	5.93.3	6. 8.5
12.2	5.53.7	5.68.3	5.83.2	5.98.2	6 13.5
12.3	5.58.2	5.73.»	5.88.»	6. 3.1	6.18.5
12.4	5.62.7	5.77.7	5.92.7	6. 8.1	6.23.5
12.5	5.67.3	5.82.3	5.97.5	6.13.»	6 28.6

DIAMÈTRES MOYENS, en DÉCIMÈTRES ET CENTIMÈTRES.

Longueurs des pièces, en décimètres et centimètres.	dm. cm. 8.1	dm. cm. 8.2	dm. cm. 8.3	dm. cm. 8.4	dm. cm. 8.5
d. m.	hl. l. ld.	hl. l. ld.	hl. l. ld.	hl. l. ld	hl. l. ld.
10.1	5.20.7	5.33.6	5.46.7	5.59.9	5.73.4
10.2	5.25.8	5.38.9	5.52.1	5.65.5	5.79.»
10.3	5.31.»	5.44.2	5.57.5	5.71.»	5.84.7
10.4	5.36.1	5.49.4	5.62.9	5.76.6	5.90.4
10.5	5.41.3	5.54.7	5.68.3	5.82.1	5.96.1
10.6	5.46.4	5.60.»	5.73.8	5.87.7	6. 1.7
10.7	5.51.6	5.65.3	5.79.2	5.93.2	6. 7.4
10.8	5.56.8	5.70.6	5.84.6	5.98.8	6.13.1
10.9	5.61.9	5.75.9	5.90.»	6. 4.3	6.18.8
11.0	5.67.1	5.81.1	5.95.4	6. 9.8	6.24.4
11.1	5.72.2	5.86.4	6. » 8	6.15.4	6.30.1
11.2	5.77.4	5.91.7	6. 6.2	6.20.9	6.35.8
11.3	5.82.5	5.97.»	6.11.6	6.26.5	6.41.5
11.4	5.87.7	6. 2.3	6.17.1	6.32.»	6.47.2
11.5	5.92.8	6. 7.6	6.22.5	6.37.6	6.52.8
11.6	5.98.»	6.12.8	6.27.9	6.43.1	6.58.5
11.7	6. 3.1	6.18.1	6.33.3	6.48.6	6.64.2
11.8	6. 8.3	6.23.4	6.38.7	6.54.2	6.69.9
11.9	6.13.5	6.28.7	6.44.1	6.59.7	6.75.5
12.0	6.18.6	6.34.»	6.49.5	6.65.3	6.81.2
12.1	6.23.8	6.39.3	6.54.9	6.70.8	6.86.9
12.2	6.28.9	6.44.5	6.60.4	6.76.4	6.92.6
12.3	6.34.1	6.49.8	6.65.8	6.81.9	6.98.2
12.4	6.39.2	6.55.1	6.71.2	6.87.5	7. 3.9
12.5	6.44.4	6.60.4	6.76.6	6.93.»	7. 9.6

Longueurs des pièces, en décimètres et centimètres.	DIAMÈTRES MOYENS, en DÉCIMÈTRES ET CENTIMÈTRES.				
	dm. cm. 7.6	dm. cm. 7.7	dm. cm. 7.8	dm. cm. 7.9	dm. cm. 8.0
d. c.	hl. l. ld.	hl. l. ld.	hl. l. ld.	hl. l. ld.	hl. l. ld.
12.6	5.71.8	5.87.»	6. 2.3	6.17.9	6.33.6
12.7	5.76.4	5.91.6	6. 7.1	6.22.8	6.38.6
12.8	5.80.9	5.96.3	6.11.9	6.27.7	6.43.7
12.9	5.85.4	6. » 9	6.16.6	6.32.6	6.48.7
13.0	5.90.»	6. 5.6	6.21.4	6.37.5	6.53.7
13.1	5.94.5	6.10.3	6.26.2	6.42.4	6.58.7
13.2	5.99.1	6.14.9	6.31.»	6.47.3	6.63.8
13.3	6. 3.6	6.19.6	6.35.8	6.52.2	6.68.8
13.4	6. 8.1	6.24.2	6.40.5	6.57.1	6.73.8
13.5	6.12.7	6.28.9	6.45.3	6.62.»	6.78.9
13.6	6.17.2	6.33.6	6.51.»	6.66.9	6.83.9
13.7	6.21.7	6.38.2	6.54.9	6.71.8	6.88.9
13.8	6.26.3	6.42.9	6.59.7	6.76.7	6.93.9
13.9	6.30.8	6.47.5	6.64.4	6.81.6	6.99.»
14.0	6.35.4	6.52.2	6.69.2	6.86.5	7. 4.»
14.1	6.39.9	6.56.8	6.74.»	6.91.4	7. 9.»
14.2	6.44.4	6.61.5	6.78.8	6.96.3	7.14.1
14.3	6.49.»	6.66.2	6.83.6	7. 1.2	7.19.1
14.4	6.53.5	6.70.8	6.88.4	7. 6.1	7.24.1
14.5	6.58.1	6.75.5	6.93.1	7.11.»	7.29.1
14.6	6.62.6	6.80.1	6.97.9	7.15.9	7.34.2
14.7	6.67.1	6.84.8	7. 2.7	7.20.8	7.39.2
14.8	6.71.7	6.89.5	7. 7.5	7.25.7	7.44.2
14.9	6.76.2	6.94.1	7.12.3	7.30.6	7.49.3
15.0	6.80.7	6.98.8	7.17.»	7.35.5	7.54.3

Longueurs des pièces, en décimètres et centimètres.	DIAMÈTRES MOYENS, en DÉCIMÈTRES ET CENTIMÈTRES.				
	dm. cm. 8.1	dm. cm. 8.2	dm. cm. 8.3	dm. cm. 8.4	dm. cm. 8.5
d. c.	hl. l. ld.	hl. l. ld.	hl. l. ld.	hl. l. ld.	hl. l. ld.
12.6	6.49.5	6.65.7	6.82.»	6.98.5	7.15.3
12.7	6.54.8	6.71.»	6.87.4	7. 4.1	7.21.»
12.8	6.59.8	6.76.2	6.92.8	7. 9.6	7.26.6
12.9	6.65.»	6.81.5	6.98.2	7.15.2	7.32.3
13.0	6.70.2	6.86.8	7. 3.7	7.20.7	7.38.»
13.1	6.75.3	6.92.1	7. 9.1	7.26.3	7.43.7
13.2	6.80.5	6.97.4	7.14.5	7.31.8	7.49.3
13.3	6.85.6	7. 2.7	7.19.9	7.37.4	7.55.»
13.4	6.90.8	7. 7.9	7.25.3	7.42.9	7.60.7
13.5	6.95.9	7.13.2	7.30.7	7.48.4	7.66.4
13.6	7. 1.1	7.18.5	7.36.1	7.54.»	7.72.»
13.7	7. 6.2	7.23.8	7.41.6	7.59.5	7.77.7
13.8	7.11.4	7.29.1	7.47.»	7.65.1	7.83.4
13.9	7.16.6	7.34.4	7.52.4	7.70.6	7.89.1
14.0	7.21.7	7.39.6	7.57.8	7.76.2	7.94.7
14.1	7.26.9	7.44.9	7.63.2	7.81.7	8. ».4
14.2	7.32.»	7.50.2	7.68.6	7.87.2	8. 6.1
14.3	7.37.2	7.55.5	7.74.»	7.92.8	8.11.8
14.4	7.42.3	7.60.8	7.79.4	7.98.3	8.17.5
14.5	7.47.5	7.66.1	7.84.9	8. 3.9	8.23.1
14.6	7.52.6	7.71.3	7.90.3	8. 9.4	8.28.8
14.7	7.57.8	7.76.6	7.95.7	8.15.»	8.34.5
14.8	7.63.»	7.81.9	8. 1.1	8.20.5	8.40.2
14.9	7.68.1	7.87.2	8. 6.5	8.26.1	8.45.8
15.0	7.73.3	7.92.5	8.11.9	8.31.6	8.51.5

Longueurs des pièces, en décimètres et centimètres.	DIAMÈTRES MOYENS, en DÉCIMÈTRES ET CENTIMÈTRES.				
	dm. cm. 7.6	dm. cm. 7.7	dm. cm. 7.8	dm. cm. 7.9	dm. cm. 8.0
d. c.	hl. l. ld.	hl. l. ld.	hl. l. ld.	hl. l. ld.	hl. l. ld.
15.1	6.85.3	7. 3.4	7.21.8	7.40.5	7.59.3
15.2	6.89.8	7. 8.1	7.26.6	7.45.4	7.64.3
15.3	6.94.4	7.12.8	7.31.4	7.50.3	7.69.4
15.4	6.98.9	7.17.4	7.36.2	7.55.2	7 74.4
15.5	7. 3.4	7.22.1	7.40.9	7.60.1	7.79.4
15.6	7. 8.»	7.26.7	7.45.7	7.65.»	7.84.5
15.7	7.12.5	7.31.4	7.50.5	7.69.9	7.89.5
15.8	7.17.»	7.36.»	7.55.3	7.74.8	7.94.5
15.9	7.21.6	7.40.7	7.60.1	7.79.7	7.99.5
16.0	7.26.1	7.45.4	7.64.8	7.84.6	8. 4.6
16.1	7.30.7	7.50.»	7.69.6	7.89.5	8 9.6
16.2	7.35.2	7.54.7	7.74.4	7.94.4	8.14.6
16.3	7.39.7	7.59.3	7.79.2	7.99 3	8.19.7
16.4	7.44.3	7.64.»	7.84.»	8. 4.2	8.24.7
16.5	7.48.8	7.68.7	7.88.7	8. 9.1	8.29.7
16.6	7.53.4	7.73.3	7.93.5	8.14.»	8.34.7
16.7	7.57.9	7.78.»	7.98.3	8.18.9	8.39.8
16.8	7.62.4	7.82.6	8. 3.1	8.23.8	8.44.8
16 9	7.67.»	7.87.3	8. 7.9	8.28.7	8.49.8
17.0	7.71.5	7.91.9	8.12.6	8.33.6	8.54.9
17.1	7.76.»	7.96.6	8.17.4	8.38.5	8.59.9
17.2	7.80.6	8. 1.3	8.22.2	8.43.4	8.64.9
17.3	7.85.1	8. 5.9	8.27.»	8.48.3	8.69.9
17.4	7.89.7	8.10.6	8.31.8	8.53.2	8.75.»
17.5	7.94.2	8.15.2	8.36.5	8.58.1	8.80.»

Longueurs des pièces, en décimètres et centimètres.	DIAMÈTRES MOYENS, en DÉCIMÈTRES ET CENTIMÈTRES.				
	dm. cm. 8.1	dm. cm. 8.2	dm. cm. 8.3	dm. cm. 8.4	dm. cm. 8.5
d. c.	hl. l. ld.	hl. l. ld.	hl. l. ld.	hl. l. ld.	hl. l. ld.
15.1	7.78.4	7.97.8	8.17.3	8.37.1	8.57.2
15.2	7.83.6	8. 3.»	8.22.7	8.42.7	8.62.9
15.3	7.88.7	8. 8.3	8.28.2	8.48.2	8.68.5
15.4	7.93.9	8.13.6	8.33.2	8.53.8	8.74.2
15.5	7.99.»	8.18.9	8.39.»	8.59.3	8.79.9
15.6	8. 4.2	8.24.2	8.44.4	8.64.9	8.85.6
15.7	8. 9.3	8.29.5	8.49.8	8.70.4	8.91.3
15.8	8.14.5	8.34.7	8.55.2	8.76.»	8.96.9
15.9	8.19.7	8.40.»	8.60.6	8.81.5	9. 2.6
16.0	8.24.8	8.45.3	8.66.»	8.87.»	9. 8.3
16.1	8.30.»	8.50.6	8.71.5	8.92.6	9.14.»
16.2	8.35.1	8.55.9	8.76.9	8.98.1	9.19.6
16.3	8.40.3	8.61.2	8.82.3	9. 3.7	9.25.3
16.4	8.45.4	8.66.4	8.87.7	9. 9.2	9.31.»
16.5	8.50.6	8.71.7	8.93.1	9.14.8	9.36.7
16.6	8.55.7	8.77.»	8.98.5	9.20.3	9.42.3
16.7	8.60.9	8.82.3	9. 3.9	9.25.8	9.48.»
16.8	8.66.1	8.87.6	9. 9.3	9.31.4	9.53.7
16.9	8.71.2	8.92.9	9.14.8	9.36.9	9.59.4
17.0	8.76.4	8.98.1	9.20.2	9.42.5	9.65.1
17.1	8.81.5	9. 3.4	9.25.6	9.48.»	9.70.7
17.2	8.86.7	9. 8.7	9.31.»	9.53.6	9.76.4
17.3	8.91.8	9.14.»	9.36.4	9.59.1	9.82.1
17.4	8.97.»	9.19.3	9.41.8	9.64.7	9.87.8
17.5	9. 2.1	9.24.6	9.47.2	9.70.2	9.93.4

Longueurs des pièces, en décimètres et centimètres.	DIAMÈTRES MOYENS, en DÉCIMÈTRES ET CENTIMÈTRES.				
	dm. cm. 8.6	dm. cm. 8.7	dm. cm. 8.8	dm. cm. 8.9	dm. cm. 9.0
d. c.	hl. l. ld.	hl. l. ld.	hl. l. ld.	hl. l. ld.	hl. l. ld.
8.6	4.99.8	5.11.4	5.23.3	5.35.2	5.47.3
8.7	5. 5.6	5.17.4	5.29.4	5.41.5	5.53.7
8.8	5.11.4	5.23.3	5.35.4	5.47.7	5.60.1
8.9	5.17.2	5.29.3	5.41.5	5.53.9	5.66.4
9.0	5.23.»	5.35.2	5.47.6	5.60.1	5.72.8
9.1	5.28.8	5.41.2	5.53.7	5.66.4	5.79.2
9.2	5.34.6	5.47.1	5.59.8	5.72.6	5.85.5
9.3	5.40.4	5.53.1	5.65.9	5.78.8	5.91.9
9.4	5.46.2	5.59.»	5.71.9	5.85.»	5.98.2
9.5	5.52.»	5 65.»	5.78.»	5.91.2	5. 4.6
9.6	5.57.9	5.70.9	5.84.1	5.97.5	5.11.»
9.7	5.63.7	5.76.9	5.90.2	6. 3.7	6.17.3
9.8	5.69.5	5.82.8	5.96.3	6. 9.9	6.23.7
9.9	5.75.3	5.88.8	6. 2.4	6.16.1	6.30.1
10.0	5.81.1	5.94.7	6. 8.5	6.22.4	6.36.4
10.1	5.86.9	6. ».7	6.14.5	6.28.6	6.42.8
10.2	5.92.7	6. 6.6	6.20.6	6.31.8	6.49.2
10.3	5.98.5	6.12.5	6.26.7	6.41.»	6.55.5
10.4	6. 4.3	6.18.5	6.32.8	5.47.3	6.61.9
10.5	6.10.2	6.24.4	6.38.9	6.53.5	6.68.2
10.6	6.16.»	6.30.4	6.45.»	6.59.7	6.74.6
10.7	6.21.8	6.36.3	6.51.»	6.65.9	6.81.»
10.8	6.27.6	6.42.3	6.57.1	6.72.2	6.87.5
10.9	6.33.4	6.48.2	6.63.2	6.78.4	6.93.7
11.0	6.39.2	6.54.2	6.69.3	6.84.6	7. ».1

Longueurs des pièces, en décimètres et centimètres.	DIAMÈTRES MOYENS, en DÉCIMÈTRES ET CENTIMÈTRES.				
	dm. cm. 9.1	dm. cm. 9.2	dm. cm. 9.3	dm. cm. 9.4	dm. cm. 9.5
d. c.	hl. l. ld.	hl. l. ld.	hl. l. ld.	hl. l. ld.	hl. l. ld.
8.6	5.59.6	5.71.9	5.84.4	5.97.1	6. 9.8
8.7	5.66.1	5.78.6	5.91.2	6. 4.»	6.16.9
8.8	5.72.6	5.85.2	5.98.»	6.10.9	6.24.»
8.9	5.79.1	5.91.9	6. 4.8	6.17.9	6.31.1
9.0	5.85.6	5.98.5	6.11.6	6.24.8	6.38.2
9.1	5.92.1	6. 5.2	6.18.4	6.31.8	6.45.3
9.2	5.98.6	6.11.8	6.25.2	6.38.8	6.52.4
9.3	6. 5.1	6.18.5	6.32.»	6.45.7	6.59.5
9.4	6.11.6	6.25.1	6.38.8	6.52.6	6.66.6
9.5	6.18.1	6.31.8	6.45.6	6.59.5	6.73.7
9.6	6.24.6	6.38.4	6.52.4	6.66.5	6.80.7
9.7	6.31.1	6.45.1	6.59.9	6.73.4	6.87.8
9.8	6.37.6	6.51.7	6.66.»	6.80.4	6.94.9
9.9	6.44.1	6.58.4	6.72.8	6.87.3	7. 2.»
10.0	6.50.7	6.65.»	6.79.6	6.94.3	7. 9.1
10.1	6.57.2	6.71.7	6.86.4	7. 1.2	7.16.2
10.2	6.63.7	6.78.3	6.93.2	7. 8.1	7.23.3
10.3	6.70.2	6.85.»	7. » »	7.15.1	7.30.4
10.4	6.76.7	6.91.6	7. 6.7	7.22.»	7.37.5
10.5	6.83.2	6.98.3	7.13.5	7.29.»	7.44.6
10.6	6.89.7	7. 4.9	7.20.4	7.35.9	7.51.7
10.7	6.96.2	7.11.6	7.27.1	7.42.9	7.58.7
10.8	7. 2.7	7.18.2	7.33.9	7.49.8	7.65.8
10.9	7. 9.2	7.24.9	7.40.7	7.56.7	7.72.9
11.0	7.15.7	7.31.5	7.47.5	7.63.7	7.80.»

Longueurs des pièces, en décimètres et centimètres.	DIAMÈTRES MOYENS, en DÉCIMÈTRES ET CENTIMÈTRES.				
	dm. cm. 8.6	dm. cm. 8.7	dm. cm. 8.8	dm. cm. 8.9	dm. cm. 9.0
d. c.	hl. l. ld.	hl. l. ld.	hl. l. ld.	hl. l. ld.	hl. l. ld.
11.1	6.45.»	6.60.1	6.75.4	6.90.8	7. 6.4
11.2	6.50.8	6.66.1	6.81.5	6.97.»	7.12.8
11.3	6.56.6	6.72.»	6.87.6	7. 3.3	7.19.2
11.4	6.62.5	6.78.»	6.93.6	7. 9.5	7.25.5
11.5	6.68.3	6.83.9	6.99.7	7.15.7	7.31.9
11.6	6.74.1	6.89.9	7. 5.8	7.21.9	7.38.3
11.7	6.79.9	6.95.8	7.11.9	7.28.2	7.44.6
11.8	6.85.7	7. 1.8	7.18.»	7.34.4	7.51.»
11.9	6.91.5	7. 7.7	7.24.1	7.40.6	7.57.4
12.0	6.97.3	7.13.6	7.30.1	7.46.8	7.63.7
12.1	7. 3.1	7.19.6	7.36.2	7.53.1	7.70.1
12.2	7. 8.9	7.25.5	7.42.3	7.59.3	7.76.4
12.3	7.14.8	7.31.5	7.48.4	7.65.5	7.82.8
12.4	7.20.6	7.37.4	7.54.5	7.71.7	7.89.2
12.5	7.26.4	7.43.4	7.60.6	7.78.»	7.95.5
12.6	7.32.2	7.49.3	7.66.7	7.84.2	8. 1.9
12.7	7.38.»	7.55.3	7.72.7	7.90.4	8. 8.3
12.8	7.43.8	7.61.2	7.78.8	7.96.»	8.14.6
12.9	7.49.6	7.67.2	7.84.9	8. 2.8	8.21.»
13.0	7.55.4	7.73.1	7.91.»	8. 9.1	8.27.4
13.1	7.61.2	7.79.1	7.97.1	8.15.3	8.33.7
13.2	7.65.1	7.85.»	8. 3.2	8.21.5	8.40.1
13.3	7.72.9	7.91.»	8. 9.2	8.27.7	8.46.5
13.4	7.78.7	7.96.9	8.15.3	8.34.»	8.52.8
13.5	7.84.5	8. 2.9	8.21.4	8.40.2	8.59.2

Longueurs des pièces, en décimètres et centimètres.	DIAMÈTRES MOYENS, en DÉCIMÈTRES ET CENTIMÈTRES.				
	dm. cm. 9.1	dm. cm. 9.2	dm. cm. 9.3	dm. cm. 9.4	dm. cm. 9.5
d. c.	hl. l. ld.	hl. l. ld.	hl. l. ld.	hl. l. ld	hl. l. ld.
11.1	7.22.2	7.38.2	7.54.3	7.70.6	7.87.1
11.2	7.28.7	7.44.8	7.61.1	7.77.6	7.94.2
11.3	7.35.2	7.51.5	7.67.9	7.84.5	8. 1.3
11.4	7.41.7	7.58.1	7.74.7	7.91.5	8. 8.4
11.5	7.48.2	7.64.8	7.81.5	7.98.4	8.15.5
11.6	7.54.8	7.71.4	7.88.3	8. 5.3	8.22.6
11.7	7.61.3	7.78.1	7.95.1	8.12.3	8.29.7
11.8	7.67.8	7.84.7	8. 1.9	8.19.2	8.36.7
11.9	7.74.3	7.91.4	8. 8.7	8.26.2	8.43.8
12.0	7.80.8	7.98.»	8.15.5	8.33.1	8.50.9
12.1	7.87.3	8. 4.7	8.22.3	8.40.1	8.58.»
12.2	7.93.8	8.11.3	8.29.1	8.47.»	8.65.1
12.3	8. » 3	8.18.»	8.35.9	8.53.9	8.72.2
12.4	8. 6.8	8.24.6	8.42.7	8.60.9	8.79.3
12.5	8.13.3	8.31 3	8.49.5	8.67.8	8.86.4
12.6	8.19.8	8.37.9	8.56.3	8.74.8	8.93.5
12.7	8.26.3	8.44.6	8.63.»	8.81.7	9. ».6
12.8	8.32.8	8.51.2	8.69.8	8.88.6	9. 7.7
12.9	8.39.3	8.57.9	8.76.6	8 95.6	9.14.7
13.0	8.45.8	8.64.5	8.83.4	9. 2.5	9.21.8
13.1	8.52.3	8.71.2	8.90.2	9. 9.5	9.28.9
13.2	8.58.9	8.77.8	8 97.»	9.16.4	9.36.»
13.3	8.65.4	8.84.7	9. 3.8	9.23.4	9.43.1
13.4	8.71.0	8.91.1	9.10.6	9.30 3	9.50.2
13.5	8.78.4	8.97.8	9.17.4	9.37.2	9.57.3

Longueurs des pièces, en décimètres et centimètres.	DIAMÈTRES MOYENS, en DÉCIMÈTRES ET CENTIMÈTRES.				
	dm. cm. 8.6	dm. cm. 8.7	dm. cm. 8.8	dm. cm. 8.9	dm. cm. 9.0
d. c.	hl. l. ld.	hl. l. ld.	hl. l. ld.	hl. l. ld.	hl. l. ld.
13.6	7.90.3	8. 8.8	8.27.5	8.46.4	8.65.5
13.7	7.96.1	8.14.7	8.33.6	8.52.6	8.71.9
13.8	8. 1.9	8.20.7	8.39.7	8.58.9	8.78.3
13.9	8. 7.7	8.26.6	8.45.8	8.65.1	8.84.6
14.0	8.13.5	8.32.6	8.51.8	8.71.3	8.91.»
14.1	8.19.4	8.38.5	8.57.9	8.77.5	8.97.4
14.2	8.25.2	8.44.5	8.64.»	8.83.8	9. 3.7
14.3	8.31.»	8.50.4	8.70.1	8.90.»	9.10.1
14.4	8.36.8	8.56.4	8.76.2	8.96.2	9.16.5
14.5	8.42.6	8.62.3	8.82.3	9. 2.4	9.22.8
14.6	8.48.4	8.68.3	8.88.3	9. 8.7	9.29.2
14.7	8.54.2	8.74.2	8.94.4	9.14.9	9.35.6
14.8	8.60.»	8.80.2	9. » 5	9.21.1	9.41.9
14.9	8.65.8	8.86.1	9. 6.6	9.27.3	9.48.3
15.0	8.71.7	8.92.1	9.12.7	9.33.5	9.54.6
15.1	8.77.5	8.98.»	9.18.8	9.39.8	9.61.»
15.2	8.83.3	9. 4.»	9.24.9	9.46.»	9.67.4
15.3	8.89.1	9. 9.9	9.30.9	9.52.2	9.73.7
15.4	8.94.9	9.15.8	9.37.»	9.58.4	9.80.1
15.5	9. » 7	9.21.8	9.43.1	9.64.7	9.86.5
15.6	9. 6.5	9.27.7	9.49.2	9.70.9	9.92.8
15.7	9.12.3	9.33.7	9.55.3	9.77.1	9.99.2
15.8	9.18.1	9.39.6	9.61.4	9.83.3	10. 5.6
15.9	9.23.9	9.45.6	9.67.4	9.89.6	10.11.9
16.0	9.29.8	9.51.5	9.73.5	9.95.8	10.18.3

Longueurs des pièces, en décimètres et centimètres.	DIAMÈTRES MOYENS, en DÉCIMÈTRES ET CENTIMÈTRES.				
	dm. cm. 9.1	dm. cm. 9.2	dm. cm. 9.3	dm. cm. 9.4	dm. cm. 9.5
d. c.	hl. l. ld.	hl. l. ld.	hl. l. ld.	hl. l. ld.	hl. l. ld.
13.6	8.84.9	9. 4.4	9.24.2	9.44.2	9.64.4
13.7	8.91.4	9.11.1	9.31.»	9.51.1	9.71.5
13.8	8.97.9	9.17.7	9.37.8	9.58.1	9.78.6
13.9	9. 4.4	9.24.4	9.44.6	9.65.»	9.85.7
14.0	9.10.9	9.31.»	9.51.4	9.72.»	9.92.8
14.1	9.17.4	9.37.7	9.58.2	9.78.9	9.99.8
14.2	9.23.9	9.44.3	9.65.»	9.85.8	10. 6.9
14.3	9.30.4	9.51.»	9.71.8	9.92.8	10.14.»
14.4	9.36.9	9.57.6	9.78.6	9.99.7	10.21.1
14.5	9.43.4	9.64.3	9.85.4	10. 6.7	10.28.2
14.6	9.49.9	9.70.9	9.92.2	10.13.6	10.35.3
14.7	9.56.5	9.77.6	9.99.»	10.20.6	10.42.4
14.8	9.63.»	9.84.2	10. 5.8	10.27.5	10.49.5
14.9	9.69.5	9.90.9	10.12.6	10.34.4	10.56.6
15.0	9.76.»	9.97.5	10.19.3	10.41.4	10.63.7
15.1	9.82.5	10. 4.2	10.26.1	10.48.3	10.70.8
15.2	9.89.»	10.10.8	10.32.9	10.55.3	10.77.8
15.3	9.95.5	10.17.5	10.39.7	10.62.2	10.84.9
15.4	10. 2.»	10.24.1	10.46.5	10.69.2	10.92.»
15.5	10. 8.5	10.30.8	10.53.3	10.76.1	10.99.1
15.6	10.15.»	10.37.4	10.60.1	10.83.»	11. 6.2
15.7	10.21.5	10.44.1	10.66.9	10.90.»	11.13.3
15.8	10.28.»	10.50.7	10.73.7	10.96.9	11.20.4
15.9	10.34.5	10.57.4	10.80.5	11. 3.9	11.27.5
16.0	10.41.»	10.64.»	10.87.3	11.10.8	11.34.6

Longueurs des pièces, en décimètres et centimètres.	DIAMÈTRES MOYENS, en DÉCIMÈTRES ET CENTIMÈTRES.				
	dm. cm. 8.6	dm. cm. 8.7	dm. cm. 8.8	dm. cm. 8.9	dm. cm. 9 0
d. c.	hl. l. ld.	hl. l. ld.	hl. l. ld.	hl. l. ld.	hl. l. ld.
16.1	9.35.6	9.57.5	9.79.6	10. 2.»	10.24.7
16.2	9.41.4	9.63.4	9.85.7	10. 8.2	10.31.»
16.3	9.47.2	9.69.4	9.91.8	10.14.5	10.37.4
16.4	9.53.»	9.75.3	9.97.9	10.20.7	10.43.7
16.5	9.58.8	9.81.3	10. 4.»	10.26.9	10.50.1
16.6	9.64.6	9.87.2	10.10.»	10.33.1	10.56.5
16.7	9.70.4	9.93.2	10.16.1	10.39.3	10.62.8
16.8	9.76.2	9.99.1	10.22.2	10.45.6	10.69.2
16.9	9.82.1	10. 5.1	10.28.3	10.51.8	10.75.6
17.0	9.87.9	10.11.»	10.34.4	10.58.»	10.81.9
17.1	9.93.7	10.16.9	10.40.5	10.64.2	10.88.3
17.2	9.99.5	10.22.9	10.46.5	10.70.5	10.94.7
17.3	10. 5.3	10.28.8	10.52.6	10.76.6	11. 1.»
17.4	10.11.1	10.34.8	10.58.7	10.82.9	11. 7.4
17.5	10.16.9	10.40.7	10.64.8	10.89.1	11.13.8
17.6	10.22.7	10.46.7	10.70.9	10.95.4	11.20.1
17.7	10.28.5	10.52.6	10.77.»	11. 1.6	11.26.5
17.8	10.34.4	10.58.6	10.83.1	11. 7.8	11.32.8
17.9	10.40.2	10.64.5	10.89.1	11.14.»	11.39.2
18.0	10.46.»	10.70.5	10.95.2	11.20.3	11.45.6
18.1	10.51.8	10.76.»	11. 1.3	11.26.5	11.51.9
18.2	10.57.6	10.82.4	11. 7.4	11.32.7	11.58.3
18.3	10.63.4	10.88.3	11.13.5	11.38.9	11.64.7
18.4	10.69.2	10.94.3	11.19.6	11.45.2	11.71.»
18.5	10.75.»	11. ».2	11.25.6	11.51.4	11.77.4

DIAMÈTRES MOYENS,

en

DÉCIMÈTRES ET CENTIMÈTRES.

Longueurs des pièces, en décimètres et centimètres.	dm. cm. 9.1	dm. cm. 9.2	dm. cm. 9.3	dm. cm. 9.4	dm. cm. 9.5
d. c.	hl. l. ld.	hl. l. ld.	hl. l. ld.	hl. l. ld.	hl. l. ld.
16.1	10.47.5	10.70.7	10 94.1	11.17.8	11.41.7
16.2	10.54.1	10.77.3	11. » 9	11.24.7	11.48.8
16.3	10.60.6	10.84.»	11. 7.7	11 31.6	11.55.8
16.4	10.67.1	10.90.6	11.14.5	11.38.6	11 62.9
16.5	10.73.6	12.97.3	11.21.3	11.45.5	11.70.»
16.6	10.80.1	11. 3.9	11.28.1	11.52.5	11.77.1
16.7	10.86.6	11.10.6	11.34.9	11.59.4	11.84.2
16.8	10.93.1	11.17.2	11.41.7	11.66.4	11.91.3
16.9	10.99.6	11.23.9	11.48.5	11 73.3	11.98.4
17.0	11. 6.1	11.30.5	11.55.3	11.80.2	12. 5.5
17.1	11.12.6	11.37.2	11.62.1	11.87.2	12.12.6
17.2	11.19.1	11.43.8	11.68.9	11.94.1	12.19.7
17.3	11.25.6	11.50.5	11.75.6	12. 1.1	12.26.8
17.4	11 32.1	11.57.1	11.82.4	12. 8.»	12.33.8
17.5	11.38.6	11.63.8	11.89.2	12.15.»	12.40.9
17.6	11.45.1	11.70.5	11.96.»	12.21.9	12.48.»
17.7	11.51.7	11.77.1	12. 2.8	12.28.8	12 55.1
17.8	11.58.2	11.83.8	12. 9.6	12.35.8	12.62.2
17.9	11.64.7	11.90.4	12.16.4	12.42.7	12.69.3
18.0	11.71.2	11.97.1	12.23.2	12.49.7	12.76.4
18.1	11.77.7	12. 3.7	12.30.»	12.56.6	12.83.5
18.2	11.84.2	12.10.4	12.36.8	12.63.5	12.90.6
18.3	11.90.7	12.17.»	12.43.6	12.70.5	12.97.7
18.4	11.97.2	12.23.7	12.50.4	12.77.4	13. 4.8
18.5	12. 3.7	12.30.3	12.57.2	12.84.4	13.11.8

Longueurs des pièces, en décimètres et centimètres.	DIAMÈTRES MOYENS, en DÉCIMÈTRES ET CENTIMÈTRES.				
	dm. cm. 8.6	dm. cm. 8.7	dm. cm. 8.8	dm. cm. 8.9	dm. cm. 9.0
d. c.	hl. l. ld.	hl. l. ld.	hl. l. ld.	hl. l. ld.	hl. l. ld.
18.6	10.80.8	11. 6.2	11.31.7	11.57.6	11.83.8
18.7	10.86.7	11.12.1	11.37.8	11.63.8	11.90.1
18.8	10.92.5	11.18.»	11.43.9	11.70.»	11.96.5
18.9	10.98.3	11.24.»	11.50.»	11.76.3	12. 2.9
19.0	11. 4.1	11.29.9	11.56.1	11.82.5	12. 9.2
19.1	11. 9.9	11.35.9	11.62.2	11.88.7	12.15.6
19.2	11.15.7	11.41.8	11.68.2	11.94.9	12.21.9
19.3	11.21.5	11.47.8	11.74.3	12. 1.2	12.28.3
19.4	11.27.3	11.53.7	11.80.4	12. 7.4	12 34.7
19.5	11.33.1	11.59.7	11.86.5	12.13.6	12.41.»
19.6	11.39.»	11.65.6	11.92.6	12.19.8	12.47.4
19.7	11.44.8	11.71.6	11.98.7	12.26.1	12.53.8
19.8	11.50.6	11.77.5	12. 4.7	12.32.3	12.60.1
19.9	11.56.4	11.83.5	12.10.8	12.38.5	12.66.5
20.0	11.62.2	11.89.4	12.16.9	12.44.7	12.72.9
20.1	11.68.»	11.95.4	12.23.»	12.51.»	12.79.2
20.2	11.73.8	12. 1.3	12.29.1	12.57.2	12.85.6
20.3	11.79.6	12. 7.3	12.35.2	12.63.4	12.92.»
20.4	11.85.4	12.13.2	12.41.3	12.69.6	12.98.3
20.5	11.91.3	12.19.1	12.47.3	12.75.8	13. 4.7
20.6	11.97.1	12.25.1	12.53.4	12.82.1	13.11.»
20.7	12. 2.9	12.31.»	12.59.5	12.88.3	13.17.4
20.8	12. 8.7	12.37.»	12.65.6	12.94.5	13.23.8
20.9	12.14.5	12.42.9	12.71.7	13. 1.»	13.30.1
21.0	12.20.3	12.48.9	12.77.8	13. 7.»	13.36.5

Longueurs des pièces, en décimètres et centimètres.	DIAMÈTRES MOYENS, en DÉCIMÈTRES ET CENTIMÈTRES.				
	dm. cm. 9.1	dm. cm. 9.2	dm. cm. 9.3	dm. cm. 9.4	dm. cm. 9.5
d. c.	hl. l. ld.	hl. l. ld.	hl. l. ld.	hl. l. ld.	hl. l. ld.
18.6	12.10.2	12.37.»	12.64.»	12.91.3	13.18.9
18.7	12.16.7	12.43.6	12.70.8	12.98.3	13.26.»
18.8	12.23.2	12.50.3	12.77.6	13. 5.2	13.33.1
18.9	12.29.7	12.56.9	12.84.4	13.12.1	13.40.2
19.0	12.36.2	12.63.6	12.91.2	13.19.1	13.47.3
19.1	12.42.7	12.70.2	12.98.»	13.26.»	13.54.4
19.2	12.49.2	12.76.9	13. 4.8	13.33.»	13.61.5
19.3	12.55.8	12.83.5	13.11.6	13.39.9	13.68.6
19.4	12.62.3	12.90.2	13.18.4	13.46.9	13.75.7
19.5	12.68.8	12.96.8	13.25.2	13.53.8	13.82.8
19.6	12.75.3	13. 3.5	13.31.9	13.60.7	13.89.9
19.7	12.81.8	13.10.1	13.38.7	13.67.7	13.96.9
19.8	12.88.3	13.16.8	13.45.5	13.74.6	14. 4.»
19.9	12.94.8	13.23.4	13.52.3	13.81.6	14.11.1
20.0	13. 1.3	13.30.1	13.59.1	13.88.5	14.18.2
20.1	13. 7.8	13.36.7	13.65.9	13.95.5	14.25.3
20.2	13.14.3	13.43.4	13.72.7	14. 2.4	14.32.4
20.3	13.20.8	13.50.»	13.79.5	14. 9.3	14.39.5
20.4	13.27.3	13.56.7	13.86.3	14.16.3	14.46.6
20.5	13.33.8	13.63.3	13.93.1	14.23.2	14.53.7
20.6	13.40.3	13.70.»	13.99.9	14.30.2	14.60.8
20.7	13.46.8	13.76.6	14. 6.7	14.37.1	14.67.9
20.8	13.53.4	13.83.3	14.13.5	14.44.1	14.74.9
20.9	13.59.9	13.89.9	14.20.3	14.51.»	14.82.»
21.0	13.66.4	13.96.6	14.27.1	14.58.»	14.89.1

Longueurs des pièces, en décimètres et centimètres.	DIAMÈTRES MOYENS, en DÉCIMÈTRES ET CENTIMÈTRES.				
	dm. cm. 9.6	dm. cm. 9.7	dm. cm. 9.8	dm. cm. 9.9	dm. cm. 10.0
d. c.	hl. l. ld.	hl. l. ld.	hl. l. ld.	hl. l. ld.	hl. l. ld.
9.6	6.95.1	7. 9.7	7.24.5	7.39.3	7.54.3
9.7	7. 2.4	7.17.1	7.32.»	7.47.»	7.62.1
9.8	7. 9.6	7.24.5	7.39.6	7.54.7	7.70.»
9.9	7.16.9	7.31 9	7.47.6	7 62.4	7.77.9
10.0	7.24.1	7.39.3	7.54.7	7.70.1	7.85 7
10.1	7.31.4	7.46.7	7.62.2	7.77.8	7.93.6
10.2	7.38.6	7.54.1	7.69.7	7.85.5	8. 1.4
10.3	7.45.8	7.61.5	7 77.3	7.93.2	8. 9.3
10.4	7.53.1	7.68.8	7.84.8	8. ».1	8.17.1
10.5	7.60 3	7.76.2	7.92.4	8. 8 6	8.25.»
10.6	7.67.6	7.83.6	7.99.9	8.16.3	8.32.9
10.7	7.74.8	7.91.»	8. 7.5	8.24.»	8.40.7
10.8	7.82.»	7.98.4	8.15.»	8.31.7	8.48.6
10.9	7.89.3	8. 5 8	8.22.6	8.39.4	8.56.4
11.0	7.96.5	8.13.2	8.30.»	8.47.1	8.64.3
11.1	8. 3.8	8.20.6	8.37.7	8.54.8	8.72.1
11.2	8.11.»	8.28.»	8.45.2	8.62.5	8.80.»
11.3	8.18 2	8.35.4	8.52.8	8.70.2	8.87.9
11.4	8.25.5	8.42 8	8.60.3	8.77.9	8 95.7
11.5	8 32.7	8.50.2	8.67.8	8.85.6	9. 3.6
11.6	8.40.»	8.57 6	8.75.4	8.93.3	9.11.4
11.7	8.47.2	8.65.»	8 82.9	9. 1.»	9.19.3
11.8	8.54.5	8.72.3	8.90.5	9. 8.7	9.27.1
11.9	8.61.7	8.79.7	8.98.»	9.16.4	9.35.»
12.0	8.68.9	8.87.1	9. 5.6	9.24.1	9.42.9

Longueurs des pièces, en décimètres et centimètres.	DIAMÈTRES MOYENS, en DÉCIMÈTRES ET CENTIMÈTRES.				
	dm. cm. 10.1	dm. cm. 10.2	dm. cm. 10.3	dm. cm. 10.4	dm. cm. 10.5
d. c.	hl. l. ld.	hl. l. ld.	hl. l. ld.	hl. l. ld.	hl. l. ld.
9.6	7.69.4	7.84.8	8. ».3	8.15.8	8.31.6
9.7	7.77.5	7.92.9	8. 8.7	8.24.3	8.40.3
9.8	7.85.5	8. 1.1	8.17.»	8.32.8	8.48.9
9.9	7.93.5	8. 9.3	8.25.3	8.41.3	8.57.6
10.0	8. 1.5	8.17.5	8.33.6	8.49.8	8.66.3
10.1	8. 9.5	8.25.6	8.41.9	8.58.3	8.74.9
10.2	8.17.5	8.33.8	8.50.2	8.66.8	8.83.6
10.3	8.25.6	8.42.»	8.58.6	8.75.3	8.92.2
10.4	8.33.6	8.50.2	8.66.9	8.83.8	9. ».9
10.5	8.41.6	8.58.3	8.75.2	8.92.3	9. 9.6
10.6	8.49.6	8.66.5	8.83.6	9. ».8	9.18.2
10.7	8.57.6	8.74.7	8.91.9	9. 9.3	9.26.9
10.8	8.65.6	8.82.9	9. ».2	9.17.8	9.35.6
10.9	8.73.5	8.91.»	9. 8.6	9.26.3	9.44.2
11.0	8.81.7	8.99.2	9.16.9	9.34.8	9.52.9
11.1	8.89.7	9. 7.4	9.25.3	9.43.3	9.61.5
11.2	8.97.7	9.15.6	9.33.6	9.51.8	9.70.2
11.3	9. 5.7	9.23.7	9.41.9	9.63.3	9.78.9
11.4	9.13.7	9.31.9	9.50.3	9.68.8	9.87.5
11.5	9.21.7	9.40.1	9.58.6	9.77.3	9.96.2
11.6	9.29.7	9.48.3	9.66.9	9.85.8	10. 4.9
11.7	9.37.8	9.56.4	9.75.3	9.94.3	10.13.5
11.8	9.45.8	9.64.6	9.83.6	10. 2.8	10.22.2
11.9	9.53.8	9.72.8	9.91.9	10.11.3	10.30.8
12.0	9.61.8	9.80.9	10. ».3	10.19.8	10.39.5

PREMIÈRE TABLE

DE COMPARAISON,

OU CHANGE DES ANCIENNES MESURES DES LIQUIDES EN MESURES MÉTRIQUES, ET CELLES-CI EN ANCIENNES, RÉCIPROQUEMENT, AVEC LA MÊME TABLE.

Pintes.	Litres.		Pintes.	Parties de la pinte.	Déci-litres.
Unités de pintes.		Unités de litres.			
1...	0,9512	1...	1,0513	$\frac{1}{2}$ ou chopine. ...	4,76
2...	1,9024	2...	2,1026		
3...	2,8536	3...	3,1539	$\frac{1}{4}$ ou demi-setier..	2,38
4...	3,8048	4...	4,2052		
5...	4,7560	5 ..	5,2565	$\frac{1}{8}$ ou poisson......	1,19
6...	5,7072	6...	6,3078		
7...	6,6584	7...	7,3591	$\frac{1}{16}$ ou demi-poisson,	59
8...	7,6096	8...	8,4104		
9...	8,5609	9...	9,4617	$\frac{1}{32}$ ou roquille.....	0,30

On a pensé que ceux qui feraient usage de ce tarif pourraient désirer aussi connaître la contenance en pintes de Paris des vaisseaux qu'ils auraient jaugés. Cet objet a été rempli au moyen d'une table de comparaison, donnée par l'agence des poids et mesures, avec laquelle on peut changer en pintes de Paris toutes les contenances en litres prises au hasard dans le tarif, et cela par de simples additions, comme on le verra en opérant sur la question suivante.

On prend à volonté, dans le tarif, une des contenances calculées en hectolitres et litres ; on peut, pour abréger l'opération, négliger les décilitres, qui donnent une différence très insignifiante dans le résultat. La contenance, que l'on a prise pour exemple, présente cette question :

Combien 3 hectolitres 27 litres font-ils de pintes de Paris ?

Pour employer la table de comparaison à réduire en pintes de Paris un nombre quelconque d'hectolitres et de litres, il faut observer que les mesures décimales ont cette facilité, que ce qui est exprimé par une sorte d'unité peut l'être par toute autre unité, en déplaçant convenablement la virgule. Ainsi $3^{hl},27^{l}$, en retranchant la virgule, deviennent 327^{l} à changer en pintes de Paris.

Il faut décomposer ce nombre en 300^{l}, 20^{l} et 7^{l}, et chercher combien chacun de ces nombres fait de pintes ; ce qui se fait de la manière suivante :

On cherche dans la colonne des unités de litres le nombre 3^{l}, qui donne $3^{p},1539$. Alors on recule la virgule de deux chiffres, et l'on a, pour la valeur de 300^{l} 315^{p}, 39. Pour 20^{l} on cherche dans la même colonne le nombre 2^{l} ; on trouve que 2^{l} font $2^{p},1026$; on recule la virgule d'un chiffre, ce qui donne $21^{p},026$ pour la valeur de 20 litres en pintes. Pour les 7 litres, la virgule ne change pas, et $7^{p},359$ est la valeur de 7 litres. On additionne ces trois sommes trouvées.

Opération.

300 litres font...............	315,39	pintes.
20........................	21,026	
7........................	7,3591	
327	343,7751	

Le résultat est que 327 litres font 343 pintes $\frac{7751}{10000}$. On tient compte d'une pinte pour la fraction.

Lorsqu'on veut réduire des pintes en litres, ce sont les unités de pintes dont il faut se servir pour commencer à opérer sur les nombres décomposés de la somme totale.

Exemple.

Combien 1548 pintes font-elles de litres?

On décompose le nombre de pintes en 1000. 500, 40 et 8 : on cherche la valeur d'une pinte en litres, on la trouve de 0,9512 ; et pour avoir celle de 1000 pintes, on avance la virgule de trois chiffres, et cette valeur est 951,2. Pour 500, on prend la valeur de 5, qui est 4,7560 ; comme c'est pour des cents qu'on opère, on avance la virgule de deux chiffres, ce qui donne 475,60. Pour les quatre dixaines, on prend la valeur de quatre, qui donne 3,8048, et la virgule ne s'avance plus que d'un chiffre, ce qui donne 38,048. Pour les 8 pintes, la valeur reste la même que dans la table, sans déplacer la virgule ; elle est 7,6096. Ces différentes valeurs en pintes et en litres s'ajoutent ensemble, et donnent les pintes réduites en litres.

Opération.

1000 pintes font............	951,2 litres.
500......................	475,60
40.....................	38,048
8......................	7,6096
1548	1471,4576

Le résultat de cette opération est que 1548 pintes équivalent à 1471 litres.

SECONDE TABLE

DE COMPARAISON.

Les opérations faites au moyen de la table précédente pouvant embarrasser les personnes qui n'auraient pas quelques notions du calcul décimal, on a voulu les faire participer à son utilité, en ajoutant ici une seconde table de comparaison, qui n'a que quelques pages qui contiennent une suite de pintes déjà converties en litres et de litres converties en pintes, et cette table peut être poussée à l'infini par de simples additions. Elle est partagée en deux parties : la première, n° 1, contient les pintes changées en litres et parties de litres; et la seconde, n° 2, les litres changés en pintes et parties de pintes, depuis le nombre 1 jusqu'à celui de 1050.

Qu'on veuille connaître maintenant combien 825 pintes, par exemple, font de litres : on cherche ce nombre dans la colonne des pintes n° 1; on trouve sur la même ligne qu'elles font 784^{l} 76^{cm}, ou 785^{l}, en prenant 1^{l} pour 76^{cm}.

Au lieu de 825, si on eût eu à réduire ce nombre augmenté de 1, 2, 3 ou 4 qui ne se trouverait pas dans la table, on prendrait la valeur de ce nombre de pintes en litres : qui soit 2, par exemple, on cherche la valeur de 2p en litres; elle est de 1,90, qu'on ajoute, comme si cela faisait 2, aux 785^{l}.

SECONDE TABLE

DE COMPARAISON,

OU CHANGE DES ANCIENNES MESURES DES LIQUIDES EN MESURES MÉTRIQUES, ET CELLES-CI EN ANCIENNES, RÉCIPROQUEMENT, AVEC LES MÊMES TABLES.

PINTES. N° 1.	LITRES.	PINTES. N° 2.	
1	0,95	1	1,05
2	1,90	2	2,10
3	2,85	3	3,15
4	3,80	4	4,21
5	4,76	5	5,26
6	5,71	6	6,31
7	6,66	7	7,36
8	7,61	8	8,41
9	8,56	9	9,46
10	9,51	10	10,51
15	14,27	15	15,77
20	19,02	20	21,02
25	23,78	25	26,28
30	28,54	30	31,53
35	33,29	35	36,79
40	38,05	40	42,05
45	42,80	45	47,31
50	47,56	50	52,56
100	95,12	100	105,13
105	99,88	105	110,39
110	104,63	110	115,64
115	109,39	115	120,90

PINTES. N° 1.	LITRES.		PINTES. N° 2.
120	114,14	120	126,16
125	118,91	125	131,41
130	123,66	130	136,67
135	128,42	135	141,93
140	133,17	140	147,18
145	137,93	145	152,44
150	142,69	150	157,69
200	190 24	200	210,26
205	195,00	205	215,52
210	199,76	210	220,78
215	204,52	215	226,04
220	209,28	220	231,30
225	214,04	225	236,56
230	218,80	230	241,82
235	223,56	235	247,08
240	228,32	240	252,34
245	233,08	245	257,60
250	237,84	250	262,86
300	285,36	300	315,39
305	290,62	305	320,65
310	295,38	310	325,91
315	300,14	315	331,17
320	304,90	320	336,43
325	309,66	325	341,69
330	314,42	330	346,95
335	319,18	335	352,21
340	323,94	340	357,47
345	328,70	345	362,73
350	333,46	350	367,99
400	380,48	400	420,52
405	385,24	405	425,78
410	390,00	410	431,04
415	394,76	415	436,30
420	399,52	420	441,56
425	404,28	425	446,82
430	409,04	430	452,08
435	413,80	435	457,34
440	418,56	440	462,60

Pintes. N° 1.	Litres.	Pintes. N° 2.	Litres.
445	423,32	445	467,86
450	428,08	450	473,12
500	475,60	500	525,65
505	480,36	505	530,91
510	485,12	510	536,17
515	489,88	515	541,43
520	494,64	520	546,69
525	499,40	525	551,95
530	504,16	530	557,21
535	508,92	535	562,47
540	513,68	540	567,73
545	518,44	545	572,99
550	523,20	550	578,25
600	570,72	600	630,78
605	575,48	605	636,04
610	580,24	610	641,30
615	585,00	615	646,56
620	589,76	620	651,82
625	594,52	625	657,08
630	599,28	630	662,34
635	604,04	635	667,60
640	608,80	640	672,86
645	613,56	645	678,12
650	618,32	650	683,38
700	665,84	700	735,91
705	670,60	705	741,17
710	675,36	710	746,43
715	680,12	715	751,69
720	684,88	720	756,95
725	689,64	725	762,21
730	694,40	730	767,47
735	699,16	735	772,73
740	703,92	740	777,99
745	708,68	745	783,25
750	713,44	750	788,51
800	760,96	800	841,04
805	765,72	805	846,30
810	770,48	810	851,56

PINTES.	LITRES.		PINTES.
N° 1.		N° 2.	
815	775,24	815	856,82
820	780,00	820	862,08
825	784,76	825	867,34
830	789,52	830	872,60
835	794,28	835	877,86
840	799,04	840	883,12
845	803,80	845	888,38
850	808,56	850	893,64
900	856,09	900	946,17
905	860,85	905	951,43
910	865,61	910	956,69
915	870,37	915	961,95
920	875,13	920	967,21
925	879,89	925	972,47
930	884,65	930	977,73
935	889,41	935	982,99
940	894,17	940	988,25
945	898,93	945	993,51
950	903,69	950	998,77
1000	951,22	1000	1051,30
1005	955,98	1005	1056,56
1010	960,74	1010	1061,82
1015	965,50	1015	1067,08
1020	970,26	1020	1072,34
1025	975,02	1025	1077,60
1030	979,78	1030	1082,86
1035	984,54	1035	1088,12
1040	989,30	1040	1093,38
1045	994,06	1045	1098,64
1050	998,82	1050	1103,90

JAUGEAGE DANS LE VIDE.

Lorsqu'on veut connaître la quantité de liquide qui reste dans un tonneau en vidange, il faut trouver le diamètre du bouge ; mais il ne pourra pas se prendre à l'extérieur du tonneau, au moyen de la jauge à ruban dont la construction est donnée au commencement de cet ouvrage : il faudra nécessairement enlever le bondon du tonneau pour y plonger bien perpendiculairement une baguette ou une tringle bien droite, afin de mesurer, en même temps que la longueur du diamètre du bouge, la hauteur du liquide. On divisera ce diamètre en dix parties ; on mesurera combien la hauteur du liquide contient de ces parties, le reste sera le nombre de celles du vide. On trouvera ci-après un tableau qui donnera le nombre de millièmes de litres répondant aux dixièmes de diamètre que présentera la hauteur du liquide. La contenance du tonneau étant connue et multipliée par ce nombre, donnera la quantité de litres qui restent dans le tonneau.

Exemple.

Qu'on ait un tonneau de la contenance de 660 litres dont le diamètre du bouge est de 90cm, rempli à la hauteur de 36cm ou $\frac{4}{10}$ de la longueur de son diamètre : on voit au tableau que 370 millièmes correspondent à $\frac{4}{10}$ de diamètre.

Opération.

Produit de 660 par 370.	244200
En retranchant deux chiffres.	2442
Le liquide contenu dans le tonneau.	2hl 44l 2dl

La partie vide du tonneau a 54cm ou $\frac{6}{10}$ du diamètre du bouge, on opère pour le vide comme pour le plein pour en connaître la capacité, on trouve au tableau que 630 millièmes correspondent à $\frac{6}{10}$ de diamètre.

Opération.

Produit de 660 par 630.	415800
En retranchant deux chiffres.	4158
Capacité du vide du tonneau est de.	4hl 15l 8ld

Liquide contenu dans le tonneau. . .	2hl 44l 2ld
Partie vide.	4 15 8
Capacité du tonneau.	6 60 0

NUMÉROS des 10mes DE DIAMÈTRES	CONTENANCES.
10me	1l 000m
9me	0 950
8me	0 860
7me	0 750
6me	0 630
5me	0 500
4me	0 370
3me	0 250
2me	0 140
1ère	0 050

TABLE

DES TONNEAUX DE DIFFÉRENS PAYS,

AVEC LEUR CONTENANCE EN VELTES ET EN LITRES.

NOMS DES TONNEAUX.	CONTENANCE en veltes.	CONTENANCE en litres.
Baril de Madère	2	15
Baril de Malaga	4	30
Baril d'Alicante	5	38
Tierçons ou demi-caque champ	7	53
Sixains	8	60
Quart-muid ou ½ feuillette	9	68
Quartaut champ ou caque	12	91
Demi-queue Villenoxe	23	175
Demi-queue Champagne	24	183
Demi-queue Château-Thierry	24	183
Demi-queue Ercusier	27 ½	208
Demi-queue Reims	26	198
Demi-queue renaison	26 ½	201
Demi-queue bordelaise	26 ½	201
Demi-queue Saint-Dizier	28	213
Demi-queue de l'Hermitage	27	205
Demi-queue de Cahors	29	221
Demi-queue de Riceys	29	221
Demi-queue de Grosbard	29 ½	224
Demi-queue la Chaise	29	221
Demi-queue de Sancerre	29	221
Demi-queue de Gatinais	29	221
Barrique ou Tiercerolle	30	228
Muid de Cahors	39	297

NOMS DES TONNEAUX.	CONTENANCE en veltes.	CONTENANCE en litres.
Quartaut de Macon.	14	106
Quartaut d'Orléans.	15	114
Quartaut de Beaune.	15	114
Quartaut Châlonais.	15	114
Quartaut Vauvrai.	16 ½	125
Quartaut Auvergne.	18	137
Demi-queue de Mâcon.	28	213
Demi-queue de Montigny.	28	213
Demi-queue de Charlieux.	28	213
Demi-queue Garenne-du-Sel.	28 ½	217
Demi-queue Châlonaise.	29 ½	224
Demi-queue de Beaune.	30	223
Demi-queue d'Orléans.	30	228
Demi-queue de Pouilly.	30	228
Demi-queue de Condrieux.	33	251
Demi-queue bâtarde.	31	236
Demi-queue de Sologne.	31	236
Demi-queue de Chinon.	32	243
Demi-queue Nantaise.	32	243
Demi-queue de Blois.	31	236
Demi-queue d'Anjou.	32	243
Demi-queue de Mont-Louis.	32	243
Demi-queue du Cher.	32	243
Demi-queue de Touraine.	32 ½	247
Demi-queue Vauvrai.	33 ½	255
Demi-queue Grosse-Vauvrai.	34	259
Demi-queue Auvergne (ris).	35	265
Demi-queue Auvergne (haute).	37	280
Demi-queue d'Auvergne.	39	297
Demi-queue de Languedoc.	36	274
Demi-queue Saint-Gilles.	38	289
Muid d'Orléans.	38	289
Muid de Bourgogne.	39	297
Muid Rappé.	40	304
Muid gros.	42	320
Muid très gros Rappé.	45	342

NOMS DES TONNEAUX.	CONTENANCE en veltes.	litres.
Muid très gros Bourgogne...........	46	350
Demi-muid, ou feuillette de Bourgogne.	18	137
Feuillette de Bourgogne............	19	144
Demi-muid gros....................	20	152
Demi-muid très gros...............	22	167
Muid de Roussillon................	62	472
Muid de Languedoc................	59	460
Muid de Montpellier...............	67	510
Pipe de Languedoc................	70	533
Barbantane........................	74	563
Quart-Bottes......................	14	106
Quartaut Tiercerolle..............	15	114
Quartaut Russe....................	16	122
Demi-Bottes.......................	29	221
Busse de Saumur..................	30 ½	232
Busse d'Anjou.....................	33	251
Bussard...........................	46	350
Petit muid de Languedoc...........	48	365
Muid du Rhône....................	38	288
Muid Français.....................	36	274
Muid Saint-Gilles.................	50	380
Pipe de Nantes....................	71	540
Pipe d'Anjou......................	63	480
Pipe de Coignac...................	82	624
Pipe de La Rochelle...............	70	533

FIN DE LA PREMIÈRE PARTIE.

SECONDE PARTIE.

MANUEL

DES

DÉBITANS DE BOISSONS.

PRÉLIMINAIRE.

Le débitant de boissons est celui qui vend les boissons qu'il a achetées pour revendre, qui fait le commerce des boissons.

Sont débitans de boissons, les cabaretiers ou marchands de vins, les aubergistes, traiteurs, restaurateurs, maîtres d'hôtels garnis, cafetiers, liquoristes, buvetiers, débitans d'eau-de-vie, concierges, ou autres donnant à manger, au jour, au mois ou à l'année, ainsi que tous ceux qui se livrent à la vente en détail des vins, cidres, poirés, eaux-de-vie, esprits ou liqueurs composées d'eaux-de-vie ou d'esprits.

Ce sont là ceux qu'ont désignés les articles 47 et 50 de la loi du 28 avril 1816, qui est toujours la loi dont les dispositions sont exécutoires; répétés, ces deux articles, des 48e et 51e de la loi du 8 décembre 1814, qui a été remplacée par la loi du 28 avril 1816.

Dans la dénomination de cafetiers, sont implicitement compris ceux qui vendent en détail de la bière ; ceux qui tiennent des tabagies et des estaminets.

Tous ces débitans, comme tenant des maisons où il peut se faire de grands rassemblemens d'hommes, et comme vendant des boissons à la salubrité et aux mesures exactes desquelles les autorités ont le droit de veiller, sont soumis à souffrir les visites et inspections des maires, adjoints, commissaires et autres officiers de police auxquels la loi a confié ces fonctions. Elles leur sont attribuées par l'article 3, n°s 3 et 4, Titre XI de la loi des 16 et 24 août 1790, et par l'article 9, Titre Ier de la loi du 22 juillet 1791, portant (l'article 3, n°s 3 et 4) : « Les objets de police confiés à la vigilance et à l'autorité des corps municipaux, sont : 1°... 2°... 3°, le maintien du bon ordre dans les endroits où il se fait de grands rassemblemens d'hommes, tels que les foires, marchés, réjouissances et cérémonies publiques, spectacles, jeux, *cafés*, églises, et autres *lieux publics* ; 4°. L'inspection sur la fidélité du débit des denrées qui se vendent au poids, (à l'aune) ou à la mesure ; et sur la salubrité des comestibles exposés en vente publique ; » et portant (l'article 9 du Titre Ier de la loi du 22 juillet 1771) : « A l'égard des lieux où tout le monde est admis indistinctement, tels que cafés, cabarets, boutiques et autres, les officiers de police pourront *toujours* y entrer, soit pour prendre connaissance des désordres ou contraventions aux réglemens, soit pour vérifier les poids et mesures.... la salubrité des comestibles et médicamens. »

Outre ces visites et inspections, ces débitans seraient encore tenus d'en souffrir dans les cas où ils auraient des consommateurs chez eux, à des heures indues, ou au-delà de celles déterminées par les réglemens de police et arrêtés des maires, qui sont autorisés à en prendre à cet égard. (1)

---

(1) Les ordonnances du 8 novembre 1780, et du 21 mai 1784, ont fixé les heures pour l'ouverture et la fermeture des boutiques des marchands de vins.

Quand un réglement de l'autorité municipale défend

Tout débitant qui serait convaincu d'avoir vendu ou débité des boissons falsifiées par des mixtions nuisibles, serait puni d'un emprisonnement de six jours à deux ans, et d'une amende de 16 francs à 500 francs. — Les boissons falsifiées, trouvées lui appartenir, seraient saisies et confisquées. Ce sont les dispositions de l'article 318 du Code Pénal.

Seraient punis d'amende, depuis 6 francs jusqu'à 10 francs inclusivement, ceux qui auraient vendu ou débité des boissons falsifiées, sans préjudice des peines plus sévères qui seraient prononcées par les tribunaux de police correctionnelle, dans le cas où elles contiendraient des mixtions nuisibles à la santé, porte l'article 475, n° 6 du même Code Pénal.

Et même pourrait, suivant les circonstances, être prononcé, outre l'amende, l'emprisonnement pendant trois jours au plus; seraient saisies et confis-

---

aux aubergistes, cabaretiers, cafetiers et autres, dont la profession est de donner à boire, à manger ou à jouer, de garder ou recevoir *personne* chez eux après une certaine heure du soir, il y a contravention à cet arrêté, si des personnes autres que celles faisant partie de la maison, fût-ce des parens ou des amis, sont trouvés dans une auberge ou dans un café après l'heure déterminée, alors même que ces personnes ne boivent, ne mangent ni ne jouent. *Arrêt de la Cour de Cassation (section criminelle) du 4 avril* 1823, *affaire du Ministère public contre Jean Arnal.* — 5ᵉ Cahier, page 222 du *Journal des Audiences* de 1823.

A plus forte raison si ces personnes sont trouvées buvant et mangeant après l'heure indiquée pour la fermeture des cabarets. Peu importe que ce soient des *parens et amis* du cabaretier, et non des consommateurs payans. *Arrêt de la même section criminelle, du 5 octobre* 1822, *affaire de Jean-Charles Delétain.* — 6ᵉ Cahier, page 209 de la *Jurisprudence de la Cour de Cassation*, de 1823, par Sirey.

Mêmes décisions aux arrêts de la même Cour, des 8 et 5 octobre 1822, du 21 février 1824, et du 17 juin 1825.

quées les boissons falsifiées, et ces boissons seraient répandues, aux termes des articles 476 et 477.

La peine de l'emprisonnement pendant cinq jours au plus serait toujours prononcée contre eux en cas de récidive. C'est ce que prescrit l'article 478 du même Code.

Des *Règles* que nous devons présenter ici aux débitans de boissons (puisque nous leur rapportons des dispositions générales), et qu'il leur est important de connaître ou de se rappeler, s'ils les connaissent déjà, surtout relativement aux marchés ou achats qu'ils peuvent faire, ce sont celles tracées dens les articles qui suivent du Code Civil.

Après avoir parlé, dans les articles 1585 et 1586, de l'accomplissement de la vente des Marchandises vendues ou non en bloc, qui sont ainsi conçus :

« Lorsque des marchandises ne sont pas vendues en bloc, mais (au poids, au compte ou) à la mesure, la vente n'est point parfaite en ce sens que les choses vendues sont aux risques du vendeur jusqu'à ce qu'elles soient (pesées, comptées ou) mesurées ; mais l'acheteur peut en demander, ou la délivrance, ou des dommages-intérêts, s'il y a lieu, en cas d'inexécution de l'engagement ;

« Si, au contraire, les marchandises ont été vendues en bloc, la vente est parfaite, quoique les marchandises n'aient pas encore été (pesées, comptées ou) mesurées, »

Le Code Civil s'exprime ainsi dans les articles 1587 à 1593 et autres :

A l'égard du vin (de l'huile) et des autres choses que l'on est dans l'usage de goûter avant d'en faire l'achat, il n'y a point de vente tant que l'acheteur ne les a pas goûtées et agréées. (*Art.* 1587.)

La vente faite à l'essai est toujours présumée faite sous une condition suspensive. (*Art.* 1588.)

La promesse de vente vaut vente, lorsqu'il y a consentement réciproque des deux parties sur la chose et sur le prix. (*Art.* 1589.)

Si la promesse de vendre a été faite avec des arrhes, chacun des contractans est maître de s'en départir,

Celui qui les a données, en les perdant,

Et celui qui les a reçues, en restituant le double. (*Art.* 1590.)

Le prix de la vente doit être déterminé et désigné par les parties. (*Art.* 1591.)

Il peut cependant être laissé à l'arbitrage d'un tiers : si le tiers ne veut ou ne peut faire l'estimation, il n'y a point de vente. (*Art.* 1592.)

Les frais d'actes et autres accessoires à la vente sont à la charge de l'acheteur. (*Art.* 1593.)

Les frais de la délivrance sont à la charge du vendeur, et ceux de l'enlèvement à la charge de l'acheteur, s'il n'y a eu stipulation contraire. (*Art.* 1608.)

Le vendeur n'est pas tenu de délivrer la chose à l'acheteur, s'il n'en paie pas le prix, et que le vendeur ne lui ait pas accordé un délai pour le paiement. (*Art.* 1612.)

Il n'est pas non plus obligé à la délivrance, quand même il aurait accordé un délai pour le paiement, si, depuis la vente, l'acheteur est tombé en faillite ou en état de déconfiture, en sorte que le vendeur se trouve en danger imminent de perdre le prix, à moins que l'acheteur ne lui donne caution de payer au terme. (*Art.* 1613.)

Règles générales. La vente est une convention (ou verbale, ou) faite par acte authentique, ou par acte sous seing privé, par laquelle l'un s'oblige à livrer une chose, et l'autre à la payer.

Elle est parfaite entre les parties, et la propriété est acquise de droit à l'acheteur à l'égard du vendeur, dès qu'on est convenu de la chose et du prix, quoique la chose n'ait pas encore été livrée, ni le prix payé, le consentement étant la base de tous les contrats.

La vente peut être faite purement et simplement, ou sous une condition, soit suspensive, soit résolutoire.

Elle peut avoir aussi pour objet deux ou plusieurs choses alternatives.

Dans tous les cas, son effet est réglé par les principes généraux des conventions. C'est ce que venaient de dire les articles 1582 à 1584 du Code.

Quelques Dispositions du Code Civil *sur les paiemens*, doivent aussi être reproduites ici, les débitans de boissons ayant besoin de les connaître ou de se les rappeler, s'ils les ont déjà apprises.

Elles les concernent particulièrement sous le rapport de leurs obligations envers leurs vendeurs.

Le paiement doit être fait au créancier ou à quelqu'un ayant pouvoir de lui, ou qui soit autorisé par justice ou par la loi à recevoir pour lui.

Le paiement fait à celui qui n'aurait pas pouvoir de recevoir pour le créancier, est valable, si celui-ci le ratifie, ou s'il en a profité. (*Code Civil*, article 1239)

Le paiement fait au créancier n'est point valable, s'il était incapable de le recevoir, à moins que le débiteur ne prouve que la chose payée a tourné au profit du créancier.

Le paiement fait de bonne foi à celui qui est en possession de la créance est valable, encore que le possesseur en soit par la suite évincé. (*Art.* 1240 *et* 1241.)

Le créancier ne peut être contraint de recevoir une autre chose que celle qui lui est due, quoique la valeur de la chose offerte soit égale ou même plus grande. (*Art.* 1243.)

(L'article 1242 déclare nul à l'égard des créanciers saisissans ou opposans, le paiement qui serait fait par le débiteur à son créancier, au préjudice d'une saisie ou d'une opposition.)

Le débiteur ne peut point forcer le créancier à recevoir en partie le paiement d'une dette, même divisible.

Néanmoins les juges peuvent, en considération de la position du débiteur, et en usant de ce pouvoir avec une grande réserve, accorder des délais modérés pour le paiement, et surseoir l'exécution des poursuites, toutes choses demeurant en état. (*Art.* 1244.)

Le débiteur d'un corps certain et déterminé est libéré par la remise de la chose en l'état où elle se trouve lors de la livraison, pourvu que les détériorations qui y sont survenues ne viennent point de son fait ou de sa faute, ou de celle des personnes dont il est responsable, ou qu'avant ces détériorations il ne fût pas en demeure. (*Art.* 1245.)

Si la dette est d'une chose qui ne soit déterminée que par son espèce, le débiteur n'est pas tenu, pour être libéré, de la donner de la meilleure espèce; mais il ne peut l'offrir de la plus mauvaise. (*Art.* 1246.)

Le paiement doit être exécuté dans le lieu désigné par la convention. Si le lieu n'y est pas désigné, le paiement, lorsqu'il s'agit d'un corps certain et déterminé, doit être fait dans le lieu où était, au temps de l'obligation, la chose qui en fait l'objet.

Hors ces deux cas, le paiement doit être fait au domicile du débiteur. (*Art.* 1247.)

Les frais du paiement sont à la charge du débiteur. (*Art.* 1248.)

Il est utile de voir les articles 1235 à 1238, que nous avons omis comme moins essentiels, concernant le paiement d'une obligation naturelle volontairement acquittée, qui n'est point sujet à répétition, l'acquittement d'une obligation, même par un tiers, qui peut être valablement fait, celle qui ne peut point être acquittée par un tiers, et le paiement d'une somme d'argent ou autre chose qui se consomme par l'usage, qui ne peut être répété contre le créancier qui l'a consommée de bonne foi; ainsi que les articles 1249 à 1252, relatifs *au paiement avec subrogation;* les articles 1253 à 1256, traitant *de l'imputation des paiemens;* et les articles 1257 à 1264, traitant *des offres de paiement et de la consignation.*

Les débitans ont des Droits (1); ils ont des Devoirs

(1) La Cour de Cassation, chambre des requêtes, par arrêt du 19 juillet 1826, rendu dans l'affaire de l'administration de l'octroi de Marseille contre le sieur Lieutaud, a jugé que :

L'article 1384 du Code Civil, qui rend les maîtres et

à remplir ; ils ont des Fautes à éviter sous des peines déterminées : ils les trouveront tracés dans les lois qui ont été faites spécialement *sur les boissons*, et que nous allons rapporter avec les dispositions judiciaires additionnelles.

---

les commettans responsables du dommage causé par leurs préposés dans les fonctions auxquelles ils les ont employés, est applicable aux administrations publiques, et spécialement à l'administration de l'octroi pour le dommage causé par ses agens dans l'exercice de leurs fonctions (la disposition de l'article 1384 du Code Civil étant générale) ;

Que l'administration de l'octroi est civilement responsable du dommage causé par l'un de ses employés, quoique le dommage ait été fait pendant que le préposé agissait dans l'intérêt des contributions indirectes, lorsque d'ailleurs l'administration de l'octroi n'a pas mis en cause l'administration des contributions ;

Qu'il ne faut pas confondre l'action civile dirigée contre l'administration, avec la poursuite criminelle, laquelle ne peut atteindre que la personne du coupable ; qu'ainsi, lorsqu'un préposé de l'octroi a été condamné pour crime à une peine corporelle et à une somme à titre de dommages-intérêts, l'administration de l'octroi ne peut se soustraire à la responsabilité civile de ces dommages, sous le prétexte qu'une administration ne peut être responsable d'un crime pour lequel elle n'a pas donné de mandat ; le mandat donné à un préposé pour des faits civils suffisant pour donner lieu à cette responsabilité. — *Nota.* L'un des préposés de l'octroi avait blessé le sieur Lieutaud, en tirant un coup de fusil sur les marchandises que ce préposé et son compagnon saisissaient, et qu'ils voulaient ainsi mettre en sûreté. — Cet arrêt est rapporté au 11e cahier, page 421 du *Journal des Audiences* de 1826.

DE LA PATENTE QUE DOIVENT PRENDRE LES DÉBITANS DE BOISSONS. (1)

Tous ceux qui exercent ou veulent exercer le commerce, l'industrie, les métiers ou professions non exceptés par la loi, sont tenus de se munir d'une Patente, et de payer les droits fixés pour la classe du tarif à laquelle ils appartiennent, suivant la population de leur commune, ou, sans égard à cette population, pour le commerce, l'industrie, les métiers ou professions mis hors classe dans le tarif. (*Loi du 1er brumaire an* VII sur les Patentes, *art.* 3.) (2)

Les patentes sont prises dans les trois premiers mois de l'année pour l'année entière, sans qu'elles puissent être bornées à une partie de l'année. — Ceux qui entreprennent, dans le courant de l'année, un commerce, une profession, une industrie sujets à patente, ne doivent le droit qu'au *prorata* de l'année calculée par trimestre, et sans qu'un trimestre puisse être divisé. Ils sont tenus de payer le *prorata* dans le premier mois de leur établissement.

Aucune patente n'est délivrée au *prorata* que sur

---

(1) Nous supposons que les Débitans de boissons sont ou majeurs, ou en âge de faire le commerce, s'ils sont mineurs; qu'ils ont dix-huit ans accomplis; qu'ils sont émancipés; qu'ils sont autorisés par leur père ou par leur mère, en cas de décès, d'interdiction ou d'absence du père; ou bien, à défaut du père ou de la mère, par une autorisation du conseil de famille, homologuée en justice, et que l'acte d'autorisation a été enregistré et affiché au tribunal de commerce du lieu où le mineur veut établir son domicile, ainsi que le prescrit l'article 2 du Code de Commerce;

Que si c'est une femme qui est débitante, elle a le consentement de son mari, ainsi que le prescrit l'article 4.

Et qu'ainsi, leurs vendeurs et acheteurs peuvent traiter avec eux en toute sûreté.

(2) Cette loi a été prorogée par de nouvelles dispositions législatives, d'année en année.

le vu du certificat de l'administration municipale (du sous-préfet) du canton, d'après le rapport du maire ou de son adjoint de la commune du requérant. — Ce certificat constate que le requérant n'a point encore exercé aucun état sujet à patente. (*Art. 4 de la même loi.*)

Les droits de patente sont acquittés en entier, suivant le Tarif, entre les mains du receveur de l'enregistrement du domicile du redevable, dans les trois premiers mois de l'année. — Ce délai passé, les redevables en retard sont contraints : ils sont, en conséquence, avertis par les receveurs de l'enregistrement. — Dix jours après l'avertissement, le paiement est poursuivi par la saisie et vente des marchandises et meubles des contribuables en retard. (*Art. 7, ibid.*)

Les patentes sont personnelles, et ne peuvent servir qu'à ceux qui les obtiennent; en conséquence, chaque associé d'une même maison (de banque) de commerce en gros ou en détail, et de toute autre profession et industrie assujetties à la patente, est tenu d'avoir la sienne.

Cette disposition ne s'applique point aux associés en commandite, qui ne sont point assujettis à la patente, ni aux maris et femmes auxquels une seule patente suffit, en prenant celle de la classe supérieure, s'ils font plusieurs états, et payant le droit proportionnel de tous les lieux qu'ils occupent, quand il est exigible, à moins qu'il n'y ait entre eux séparation de biens; auquel cas, chacun d'eux doit avoir sa patente, et payer séparément les droits fixes et proportionnels.

Quand les associés occupent en commun la même maison d'habitation, les mêmes usines, ateliers, magasins et boutiques, il n'est dû qu'un droit proportionnel, qui est payé en entier par l'un d'eux : les autres ne paient que le droit fixe. (*Art. 25, ibid.*)

Si un débitant de boissons patenté change son domicile pendant le courant de l'année, la patente lui sert dans la nouvelle commune qu'il habite, en payant au *prorata* le droit proportionnel des maisons d'habitation (usines), ateliers, magasins et boutiques qu'il y prend, et un supplément aussi au *prorata* du droit fixe, s'il est plus fort pour la même classe dans la nouvelle commune. — S'il y avait changement dans la classe supérieure, le droit fixe serait payé au *prorata*. (*Art.* 28, *ibid.*)

L'article 29 détermine ceux qui ne sont pas assujettis à la patente : les fonctionnaires publics, les laboureurs et cultivateurs, les commis, les ouvriers journaliers et toutes personnes à gages.... ; Ceux qui vendent *en ambulance* dans les rues, les passages et marchés, des fruits, légumes, beurre, œufs, fromage et autres menus comestibles..... — Ceux qui vendent d'autres objets paient la moitié des droits que paient ceux qui vendent en boutique.

Telle est la *Nécessité de la patente* pour le commerçant ou le débitant de boissons, que

Nul ne peut former de demande, ni fournir aucune exception ou défense en justice, ni faire aucun acte ou signification par acte extrajudiciaire, pour tout ce qui serait relatif à son commerce, à sa profession ou à son industrie, sans qu'il soit fait mention, en tête des actes, de la patente prise, avec désignation de la classe, de la date, du numéro et de la commune où elle a été délivrée, à peine d'une *amende de cinq cents francs*, tant contre les particuliers sujets à la patente, que contre les fonctionnaires publics qui auraient fait ou reçu lesdits actes sans mention de la patente.

La condamnation à cette amende est poursuivie au tribunal civil du département, à la requête du procureur du Roi. — Le rapport de la patente ne peut suppléer au défaut de l'énonciation, ni dispenser de l'amende (de cinq cents francs) prononcée ci-dessus. (*Art.* 37, *ibid.*)

Ceux qui se croient fondés à réclamer, soit contre l'insertion de leurs noms au tableau des redevables du droit de patente, soit sur le taux de la taxe, peuvent, ou avant l'avertissement du receveur, ou dans les dix jours de cet avertissement, faire leur réclamation d'abord au *sous préfet*, ensuite au *préfet*. Il y est statué de la manière prescrite pour les réclamations en matière d'imposition. (*Art.* 23, *ibid.*)

Les administrations chargées de la délivrance des patentes (les sous-préfets) sont autorisées à faire descendre dans la classe immédiatement inférieure, ou la suivante, les citoyens (les débitans), qui justifient l'impossibilité où ils sont d'acquitter les droits de leur classe. — L'arrêté pris à ce sujet est motivé et mentionné dans la patente. Il est envoyé au préfet pour être approuvé par lui, s'il y a lieu. (*Article 40, ibid.*)

FORMULE DE RÉCLAMATION RELATIVE A LA PATENTE.

A monsieur le Préfet du département de..... ....

MONSIEUR LE PRÉFET,

N............. (*nom, prénoms, profession et demeure*) a l'honneur de vous exposer qu'il est inscrit au tableau des redevables du droit de patente de l'an....., quoiqu'il soit dans l'une des exceptions portées en la loi du 1er brumaire an VII:

Ou bien, que sa patente de la présente année est taxée à......., tandis que, d'après le tarif, elle ne doit être portée qu'à la somme de...... .

Ou bien encore, qu'il a été imposé, pour droit proportionnel, à la somme de......, quoique sa location ne soit que de *tel* prix, ainsi qu'il en peut justifier par son bail *ou* par ses quittances de loyer, et qu'il ne doive conséquemment payer que la somme de.......

Il vous prie, monsieur le Préfet, d'ordonner qu'il sera rayé du tableau des redevables du droit de patente;

Ou bien, que le prix de sa patente sera réduit à la somme de......, et vous ferez justice.

A........... le... mil-huit-cent-vingt-sept,

(*La signature.*)

DE LA PATENTE DES COMMERÇANS EN VINS DANS LA VILLE DE PARIS.

Cette patente a été réglée par un décret portant *Réglement pour le commerce des vins à Paris*, en date du 15 décembre 1813. (Bulletin des Lois, n° 543.)

Ce décret, que nous allons transcrire en entier, tant à cause des différentes dispositions qu'il contient, qu'à cause d'une *Ordonnance royale* additionnelle, *du 27 septembre* 1826, auquel il a donné lieu,

Après avoir déterminé le prix de la patente à payer par les marchands de vins en gros ou en détail à Paris, et avoir autorisé les traiteurs, restaurateurs et aubergistes à continuer, avec la patente de leur profession, de débiter du vin en bouteille aux personnes auxquelles ils donnent à manger, et sous les obligations déterminées,

Règle les conditions sous lesquelles les marchands de vins peuvent avoir des caves en ville; — Maintient le droit des propriétaires de vendre le vin de leur crû, à charge de déclaration; — Impose l'obligation de la *patente* aux commissionnaires de vins; — Porte des peines contre les falsifications des vins; — Établit des *Courtiers gourmets piqueurs de vins*; — détermine leurs fonctions, les droits à leur payer, la concurrence des courtiers de commerce près la Bourse de Paris avec eux, et les peines qu'ils peuvent encourir s'ils favorisent la fraude.

Voici en quels termes est conçu ce DÉCRET.

SECTION PREMIÈRE.

Du commerce de vins.

ART. 1er. La patente de marchand de vin en gros ou en détail, établi dans notre bonne ville de Paris, est déclarée spéciale, et sera, pour tous les marchands, de cent francs de droit fixe, sans préjudice du droit proportionnel.

2. Néanmoins, les traiteurs, restaurateurs et aubergistes continueront, avec la patente de leur profession, à vendre et débiter du vin en bouteille aux personnes auxquelles ils donnent à manger.

3. Tout individu exerçant actuellement la profession de marchand de vin en gros ou en détail, ou vendant du vin en détail, quoique exerçant une autre profession, est autorisé à continuer la profession de marchand de vin, à la charge,

1°. De se pourvoir, dans six mois, de la patente exigée par l'article 1er ;

2°. De déclarer son intention, dans le même délai de six mois, à la préfecture de police, et d'en retirer certificat ;

3°. De se faire inscrire également chez le syndic des marchands de vin ;

4°. D'avoir à sa principale porte un écriteau indicatif de sa profession de marchand de vin.

4. Tout individu qui voudra à l'avenir exercer la profession de marchand de vin, sera tenu de se faire inscrire comme il est dit à l'article précédent, de faire connaître la rue et la maison où il veut s'établir, et d'en obtenir l'autorisation du préfet de police.

5. Tout marchand de vin déjà établi qui voudra changer de domicile, ou avoir une cave de débit de plus, sera tenu de faire la même déclaration, et d'en obtenir l'autorisation du préfet de police.

6. Nul marchand de vin en détail ne pourra avoir, en vertu de sa patente fixe et spéciale, qu'une seule cave en ville pour le débit en détail, outre son principal établissement. S'il veut avoir une ou plusieurs caves de débit en outre, il paiera pour chacune le droit fixe de patente, sans préjudice du droit proportionnel.

7. Les syndics et adjoints des marchands de vin présenteront un projet de statuts pour la discipline et le régime intérieur de leur commerce : il nous sera soumis, pour être, s'il y a lieu, homologué en notre Conseil d'État, sur le rapport de notre ministre du commerce.

SECTION II.

De la Vente du Vin par les Propriétaires.

8. Il n'est rien innové au droit qu'ont toujours eu les propriétaires de vendre le vin de leur crû, en faisant la déclaration à la préfecture de police.

9. Tout habitant ayant fait entrer du vin dans sa cave, et ayant payé les droits, peut le céder ou le vendre à qui bon lui semble, sans être assujetti à aucun droit ni à aucune déclaration.

Section III.

Des Commissionnaires.

10. Tout individu vendant des vins par commission pour plusieurs propriétaires, est tenu de se pourvoir, à Paris, de la patente de commissionnaire, sans que les patentes prises dans une autre commune puissent y suppléer.

Section IV.

Dispositions prohibitives et pénales.

11. Il est défendu à toutes personnes faisant à Paris le commerce de vins, de fabriquer, altérer ou falsifier les vins; d'avoir dans leurs caves, celliers et autres parties de leur domicile ou magasin, des cidres, bières, poirés, sirops, mélasse, bois de teinture, vins de la pressée, eaux colorées et préparées, et aucune matière quelconque propre à fabriquer, falsifier ou mixtionner les vins; et ce, sous les peines portées aux articles 318, 475 et 476 du Code Pénal (1), et, en outre, sous peine de fermeture de leurs établissemens, par ordonnance du préfet de police.

12. Tous marchands et commissionnaires qui exerceraient le commerce des vins sans patente, ou contreviendraient aux dispositions du présent décret, seront passibles des peines portées aux articles 37 et 38 de la loi du 1er brumaire an VII. (2)

Néanmoins, tout individu qui enverra du vin à l'entrepôt de Paris, et le fera sortir pour l'envoyer

---

(1) Nous avons rapporté les dispositions de ces articles dans le *Préliminaire*.

(2) Ce sont l'amende de 500 francs et la saisie et séquestre, aux frais du vendeur, des objets exposés en vente, jusqu'à la représentation d'une patente valable, qui sont prononcées par les articles 37 et 38 de la loi du 1er brumaire an VII, *sur les Patentes*.

hors de la ville, ne sera pas tenu de prendre patente, pour raison de cet entrepôt, s'il ne fait d'ailleurs le commerce de vins dans Paris.

Section V.

Des Courtiers gourmets Piqueurs de Vins.

13. Il sera nommé des courtiers gourmets piqueurs de vins : leur nombre ne pourra excéder cinquante.

14. Leurs fonctions seront,

1°. De servir, exclusivement à tous autres, dans l'entrepôt, d'intermédiaires, quand ils en seront requis, entre les vendeurs et acheteurs de boissons ;

2°. De déguster, à cet effet, lesdites boissons, et d'en indiquer fidèlement le crû et la qualité ;

3°. De servir aussi, exclusivement à tous autres, d'experts en cas de contestation sur la qualité des vins, et d'allégation contre les voituriers et bateliers arrivant sur les ports ou à l'entrepôt, que les vins ont été altérés ou falsifiés.

15. Ils seront tenus de porter, pour se faire reconnaître dans l'exercice de leurs fonctions, une médaille d'argent aux armes de la ville, et portant pour inscription : *Courtiers gourmets piqueurs de vins*, n°.

16. Ils seront nommés par notre ministre du commerce, sur la présentation du préfet de police, et à la charge de représenter un certificat de capacité des syndics des marchands de vin.

17. Ils fourniront un cautionnement de douze cents francs, qui sera versé à la caisse du Mont-de-Piété, et dont ils recevront un intérêt de 4 pour 100.

18. Ils ne pourront faire aucun achat ou vente pour leur compte ou par commission, sous peine de destitution.

19. Ils prêteront serment devant le tribunal de commerce du département de la Seine, et y feront enregistrer leur commission.

20. Ils ne pourront percevoir, pour leur commission d'achat ou de dégustation comme experts, autre ni plus fort droit que celui de soixante-quinze centi-

mes par pièce de deux hectolitres et demi, payable moitié par le vendeur, moitié par l'acheteur.

21. Le tiers de ce droit sera mis en bourse commune pour être réparti tous les trois mois également entre tous les courtiers; les deux autres tiers appartiendront au courtier qui aura fait la vente. (1)

22. Ils nommeront entre eux, à la pluralité des voix, un syndic et six adjoints, lesquels formeront un comité chargé d'exercer la discipline, de tenir la bourse commune, et d'administrer les affaires de la compagnie, sous la surveillance du préfet de police et l'autorité du ministre du commerce et des manufactures.

23. Tout courtier gourmet piqueur de vins contre lequel il sera porté plainte d'avoir favorisé la fraude à l'entrée des barrières ou à la sortie de l'entrepôt, ou de toute autre manière, sera destitué par notre ministre du commerce, s'il reconnaît, après instruc-

---

(1) Une *Ordonnance du Roi*, du 27 septembre 1826, (*Bulletin des Lois*, n° 125) rendue sur le rapport du Ministre de l'Intérieur, vu le décret du 15 décembre 1813, sur la demande des courtiers gourmets piqueurs de vins près la Halle de Paris, vu les délibérations en assemblée générale des 9 mars et 6 mai 1826, les dispense des versemens dans la bourse commune, en ces termes :

Art. 1er. Les courtiers gourmets piqueurs de vins près la Halle de Paris, sont dispensés des versemens dans la bourse commune, réglés par l'article 21 du décret du 15 décembre 1813.

2. Notre Ministre secrétaire d'Etat de l'intérieur est chargé de l'exécution de la présente ordonnance.

Donné en notre château de Saint-Cloud, le 27 septembre de l'an de grâce 1826, et de notre règne le troisième.

Signé CHARLES.

Par le Roi : le Ministre secrétaire d'État au département de l'intérieur,

Signé Corbière.

tion faite par le préfet de police, que la plainte est fondée.

24. Tout individu exerçant frauduleusement les fonctions desdits courtiers, sera poursuivi conformément aux règles établies à l'égard de ceux qui exercent clandestinement les fonctions de courtiers de commerce.

25. Les courtiers de commerce près la bourse de Paris, continueront toutefois l'exercice de leurs fonctions pour le commerce de vins, et pourront déguster, peser à l'aréomètre et constater la qualité des eaux-de-vie et esprits déposés à l'entrepôt, concurremment avec les courtiers gourmets piqueurs de vins.

Il a été publié *sur le Vin et sur le Commerce des vins*, tant à l'étranger qu'à l'intérieur, des *Observations* que nous croyons nécessaire de rapporter ici, surtout comme devant faciliter l'intelligence des lois qu'on lira ci-après.

Nous les donnons d'autant plus volontiers, que le *vin* est de toutes les boissons celle dont il se fait le plus de consommation.

Le Vin est une liqueur agréable, mais enivrante, qui sert de boisson à l'homme, et qu'on tire par expression du fruit de la vigne, du raisin.

Les différens noms que l'on donne au vin lui viennent ordinairement, ou de la manière de le faire, comme la mère-goutte, le vin de pressurage, le vin bourru, le vin de passe, le vin cuit; — ou de sa qualité, comme de vin doux, de vin sec, de vin brusque et de vin de liqueur; — ou de sa couleur, comme vin blanc, vin clairet, vin gris, vin rouge, vin paillet, etc.; — ou enfin de divers lieux ou terroirs sur lesquels les vins se recueillent, comme, en général, vin de France, vin de Hongrie, vin du Rhin, vin d'Espagne, vin de Canarie; et, en particulier, vin de Bourgogne, vin de Champagne, vin d'Orléans, vin de Languedoc, vin de Tockai, vin de Pulure, et un grand nombre d'autres.

On appelle *mère-goutte* le vin qui coule de lui-même de la canelle de la cuve où l'on met la vendage, avant que le vendangeur y soit entré pour fouler les raisins.

Le *vin de pressurage* est celui qu'on exprime avec le pressoir, après y avoir mis les rafles et les raisins plus qu'à demi écrasés, quand le vin en a été tiré dans la cuve.

Ce qui reste de ces rafles, après qu'elles ont été bien pressurées, s'appelle *le marc;* c'est avec ce marc qu'on fait la boisson ou piquette, en y jetant de l'eau dessus, et en le pressurant de nouveau. (Ce marc est aussi de quelque usage dans la médecine pour la guérison des maux causés par des humeurs froides.)

Le *vin doux* est celui qui n'a point encore bouilli; le *vin bourru*, celui qu'on empêche de bouillir; le *vin cuvé*, celui qu'on a laissé bouillir dans la cuve pour lui donner couleur; le *vin cuit*, celui à qui on a donné une cuisson avant qu'il ait bouilli, et qui, à cause de cela, conserve toujours sa douceur; enfin le *vin de passe*, celui qui se fait en mettant des raisins secs dans de l'eau, qu'on laisse ensuite fermenter d'elle-même.

Les *vins de liqueur* sont des vins naturels, la plupart doux et sucrés, et quelques uns secs et amers. On ne se sert guère en France de ces vins pour la boisson ordinaire; mais on en présente assez souvent à la fin des repas.

La France a plusieurs de ces sortes de vins, entre autres les *vins muscats* de Saint-Laurent et de la Ciotat en Provence; ceux de Frontignan et de Limoux en Languedoc; ceux de Rivesaltes en Roussillon; ceux de Grave près Bordeaux, et les vins blancs de Champagne.

Les *vins de liqueur* étrangers sont les vins d'Espagne et de Madère, dont il y a de plusieurs sortes: les vins de Canarie qui, pour se distinguer, empruntent chacun le nom de celle des îles où ils croissent; les vins de Hongrie, surtout celui de Tokai; plusieurs vins d'Italie, comme de Piémont et de Montferrat ; ceux qu'on nomme la *Verdée* et le *Monte-fiascone*.

L'on met aussi au nombre des *vins de liqueur* toutes les malvoisies de Candie, de Chio, de Lesbos, de Ténédos, et de plusieurs autres îles de l'Archipel, qui appartenaient autrefois aux Grecs, ce qui fait que ces vins sont quelquefois appelés *vins grecs;* quoiqu'on donne aussi ce nom à un *vin* qui se recueille dans le royaume de Naples. — On fait en Provence une espèce de malvoisie, mais qu'il faut mettre parmi les vins cuits, n'étant faits qu'avec des *vins muscats* auxquels on a donné un certain degré de cuisson.

Les *vins communs*, c'est-à-dire qui servent de boisson ordinaire, se distinguent, en général, en *vins nouveaux* et en *vins vieux*. Les vins nouveaux sont ceux qui n'ont pas encore passé leur première année; les vins vieux sont ceux qui en comptent plusieurs.

L'âge des vins se suppute par feuilles. On dit du vin de deux, de quatre, de six feuilles, pour signifier un vin de deux, de quatre et de six années.

La vieillesse des vins était chez les Romains comme le titre de leur bonté. Horace, dans ses odes, se glorifie de boire du vin de Falerne, né, pour ainsi dire, avec lui. Pline parle de quelques vins qui passaient un siècle et qui étaient encore potables.

Les modernes n'ont pas le même goût pour les vins d'une si grande vieillesse. A peine s'en trouve-t-il en Allemagne et en Italie, où l'on en conserve encore assez long-temps, qui aillent au-delà de trente feuilles. — En France, on voit les vins de Bourgogne et d'Orléans usés quand ils vont jusqu'à la cinquième ou sixième feuille. Cependant ceux de Bordeaux et du Quercy n'en sont que meilleurs quand ils sont plus vieux.

Les bonnes qualités du vin consistent en ce qu'il soit sec, clair, sans goût de terroir, sans liqueur, d'une couleur nette et assurée, qu'il ait de la force sans être fumeux, du corps sans être âcre, et qu'il soit de garde sans être dur.

Les mauvaises qualités du vin, au contraire, sont la graisse, le poussé, le goût du fût, l'aigreur, la faiblesse, qu'il soit capiteux, difficile à s'éclaircir, qu'il s'affaiblisse en vieillissant, ou qu'il ne puisse se garder.

On appelle *vin naturel*, du vin tel qu'il vient de la vigne, sans mixtion ni mélange; *vin frelaté*, du vin où l'on a mêlé quelque drogue pour lui donner de la force, du montant, de la douceur, ou quelque autre qualité qu'il n'avait pas; *vin coupé*, celui qui est composé de plusieurs vins; *vin soutiré*, du vin qu'on a tiré clair après qu'il a quelque temps reposé sur la lie.

On nomme *vin passé* celui qui s'est affaibli pour avoir été gardé trop long-temps. Le *vin au bas* est celui qui est tiré bien au-dessous de la barre du tonneau, et qui est près de la lie; le *vin louche*, celui qui n'a pu se bien éclaircir; le *vin soufré*, celui qu'on a mis dans des futailles, où l'on a brûlé du soufre préparé, pour lui faire passer la mer ou le conserver; le *vin collé*, celui où l'on a mis de la colle de poisson pour l'éclaircir; le *vin de teinte*, le gros vin avec lequel on teint les vins qui pèchent en couleur; le *vin qui sent le fût*, celui à qui quelque douve gâtée a donné un mauvais goût; le *vin de copeau*, celui qu'on a fait passer, pour l'éclaircir ou l'adoucir, sur des copeaux de bois de hêtre; et enfin le *vin de râpe* est celui qu'on jette sur un râpé de raisin. (1)

---

(1) Un *râpé* est un tonneau rempli à demi de raisins en grains, triés et choisis, sur lesquels on passe les vins usés et affaiblis, pour leur donner de la force et les mettre en état d'être bus et vendus.

Un *râpé de copeau* est un tonneau entièrement rempli de copeaux neufs, de bois de hêtre bien séchés, bien propres, et bien imbibés auparavant d'excellent vin, sur lesquels on passe le vin qu'on veut éclaircir promptement, et conserver toujours clair, quelque vin qu'on jette dessus. Il était défendu, par l'ordonnance de 1680, à tous ceux qui vendaient du *vin en détail*, de se servir d'aucun

La *lie de vin* est le sédiment épais qui reste au fond du tonneau, lorsque le vin, après avoir été quelque temps en repos, est entièrement tiré. La *baissière* est le vin un peu au-dessus de la lie, qui s'aigrit et s'évente, et qui n'est plus potable. — Ce sont les *vinaigriers* qui font le négoce des baissières et des lies de vin, qui les pressent pour en faire du vinaigre, et qui les réduisent en pains pour les vendre. — Les cabaretiers, marchands de vin et autres qui font le commerce de vin en détail, sont tenus, aux termes des ordonnances, de vendre leur lie aux vinaigriers, sans en pouvoir faire des eaux-de-vie.

On appelle *bran-de-vin*, de l'eau-de-vie commune, et *esprit de vin* de l'eau-de-vie rectifiée.

Il a été fait aussi *sur le Commerce des vins*, surtout de ceux de France avec les étrangers, quelques observations que les marchands peuvent avoir besoin de connaître, et que nous croyons nécessaire de rapporter ici.

Il n'y a guère de vins de France, surtout des meilleures qualités, que les vaisseaux français ne transportent dans les pays étrangers, même les plus éloignés, ou que les vaisseaux étrangers ne viennent eux-mêmes charger dans plusieurs ports du royaume.

Les lieux où les vaisseaux français vont le plus ordinairement porter leurs vins, sont, entre autres, les villes de la mer Baltique et du Nord, les îles Antilles françaises, et les autres colonies que la France possède; les côtes d'Italie, Tunis, Alger, quelques

---

râpé de copeau, en quelque manière que ce fût, sous peine de confiscation et de 100 livres d'amende.

La même ordonnance réglait la quantité de *râpé de raisins* que ces marchands pouvaient tenir dans leurs caves; à un *râpé de demi-muid*, s'ils avaient vingt muids de vin, et à un *râpé d'un muid* s'ils avaient quarante muids de vin et au-dessus; mais ils ne pouvaient excéder ce taux, à peine de confiscation des râpés excédant, et de 100 livres d'amende.

autres endroits de la Méditerranée et des côtes d'Afrique.

Les négocians français qui entreprennent le commerce de la mer Baltique, du Nord et de l'Amérique, font le plus souvent l'armement de la cargaison de leurs navires à Bordeaux, à La Rochelle, à Nantes et à Rouen; les Provençaux qui font leur négoce sur la Méditerranée chargent à Marseille et à Toulon, et dans quelques petits ports de leur ci-devant province.

Les vins qui se portent aux îles françaises, y sont envoyés pour la plupart par les marchands de Bordeaux, de La Rochelle et de Nantes; les marchands de Normandie et de la Flandre s'adonnent plus volontiers au commerce du Nord.

Quoique ces transports et ces envois de *vins de France* que font les marchands français par les vaisseaux de la nation, soient très considérables, ils n'approchent pas de la quantité que les étrangers viennent eux-mêmes en enlever tous les ans.

Les Anglais, les Écossais, les Irlandais, les Hollandais, les Flamands, les Hambourgeois et les Prussiens, sont, dans le temps de paix, les nations qui envoient le plus de vaisseaux enlever des vins français; mais, quand la guerre est déclarée entre la France, l'Angleterre et la Hollande (les Pays-Bas aujourd'hui), les Danois et les Suédois, s'ils sont restés neutres, ont coutume de se joindre aux Hambourgeois pour faire ce négoce, soit pour eux, soit pour les peuples que l'interruption du commerce empêche d'être reçus dans les ports de France.

C'est ordinairement à Bordeaux (1), à La Rochelle, à Nantes et à Rouen, que les étrangers viennent charger les vins de France.

Les vins de la rivière de Nantes n'étant guère bons qu'à brûler, la plus grande quantité de ceux qu'on y charge pour l'Angleterre, l'Écosse, l'Irlande,

(1) On appelle *vins de haut pays* les vins de toutes sortes de crûs qui se recueillent hors la ci-devant sénéchaussée de Bordeaux, qu'on appelle *vins de ville*.

la Hollande (aujourd'hui les Pays-bas), la Flandre, la mer Baltique, le Nord, les îles françaises, se tirent, par la rivière de Loire, de Touraine, d'Anjou, de Vauvray, du pays Blaisois et d'Orléans. On y charge aussi des vins de l'île de Rhé.

Les Anglais tirent des vins de la Basse-Navarre et du Béarn, particulièrement de ceux de la sénéchaussée de Morlaas, qu'ils ne trouvent pas moins bons que les meilleurs qu'ils prennent à Bordeaux, Nantes et La Rochelle.

Les autres vins de France propres aux Anglais, et qui se recueillent dans le cœur du royaume, sont ceux de Mantes, de Bourgogne et de Champagne, qu'ils chargent à Rouen, à Dunkerque et à Calais. Toutes ces qualités de vins qui conviennent aux Anglais, conviennent aux Hollandais, et ceux-ci en enlèvent incomparablement davantage.

Des vins que les Anglais et les Hollandais viennent charger en France, il n'y en a qu'une partie qui se consomme chez eux; le reste sert à leur commerce du Nord et de la mer Baltique, et à transporter dans leurs colonies et dans les îles de l'Amérique.

Le commerce des vins qui *s'envoient à l'étranger par terre*, quoique moins considérable que le commerce des vins qui s'y envoient par mer, ne laisse pas cependant de l'être beaucoup. C'est par terre que la Flandre en tire quantité de Champagne et du Soissonnais, et que les Suisses en tirent beaucoup de Bourgogne et de Languedoc. Enfin, c'est également par terre que l'on conduit en Allemagne quantité de ces derniers, comme en Savoie et en Piémont beaucoup de ceux de Provence.

On peut aussi mettre au nombre des *vins français* dont le commerce est considérable avec les étrangers, ceux du Barrois et de la Lorraine, desquels les Liégeois, les Luxembourgeois et les marchands de vin des Pays-Bas, enlèvent, année commune, jusqu'à trente mille pièces.

Nous allons rapporter aussi quelque chose du *Commerce des vins étrangers*, que nous croyons que les négocians ont encore intérêt de connaître.

La plupart des vins étrangers dont les Français font commerce, sont des *vins de liqueur*, à la réserve de ceux du Rhin et de la Moselle, qui sont des vins *secs*.

Les vins d'Espagne, qui tiennent le premier rang entre ces vins, sont de deux sortes, de blancs et de clairets, presque tous excellens. Il y en a aussi de très couverts, comme ceux d'Alicante; mais on se sert plus volontiers de ces derniers comme d'un remède contre les faiblesses d'estomac et les indigestions.

Les lieux d'Espagne d'où l'on tire le plus de vins, sont Malaga, Alicante, Sainte-Marie, Porto-Réal, San-Lucar et Rom, les uns sur la Méditerranée, les autres sur l'Océan : on en charge aussi à Cadix.

L'on peut mettre au nombre des vins d'Espagne ceux des Canaries, autant parce que ces îles d'Afrique appartiennent aux Espagnols, que parce qu'une grande partie de ces vins s'apportent dans plusieurs ports d'Espagne où les Européens les vont charger.

Quoique toutes les îles Canaries produisent d'excellens vins, on donne néanmoins la préférence à ceux de l'île de Palme et de Fano. Les Hollandais et les Anglais sont ceux qui en font le plus grand commerce le plus souvent en droiture. Ces derniers en enlèvent par an jusqu'à seize mille tonneaux, tant pour leur consommation que pour celle du Nord.

Les vins de Portugal sont d'une qualité bien inférieure à celle des vins d'Espagne : ils ont même, outre un goût peu agréable auquel les étrangers s'accoutument malaisément, une qualité nuisible à la santé de ceux qui n'y sont pas faits.

Madère, île d'Afrique dépendant du Portugal, a des vins délicieux, mais qui sont meilleurs de deux ou trois feuilles que dans la première année, à cause du goût âcre et ardent qui ne se dissipe qu'avec le temps, pour se changer en douceur et en force. On en tire, année commune, trente mille siares, mesure d'Italie qui pèse environ cent quarante livres chacune. Le plan des vignes qui le produisent y fut apporté de Candie.

Ce vin s'enlève par les Européens, principalement par les Anglais et les Hollandais, qui quelquefois le tirent en droiture de Madère, mais plus souvent le chargent en Portugal; et partie se porte par les Portugais mêmes sur les côtes d'Afrique, où ils ont de grands établissemens, et au Brésil.—Le vin de Madère paie au Brésil plus de huit pistoles par pipe de droits d'entrée, ce qui fait qu'il y est très cher.

Les vins du Rhin et de la Moselle ne font pas une partie du commerce des vins étrangers : il en passe un peu en France; mais la plus grande partie, outre ce qui s'en consomme dans le pays, est pour les Hollandais qui en tiennent leurs plus grands magasins à Dordrecht; ils les tirent ordinairement de Cologne, qui en est proprement l'étape.

Vienne en Autriche, les pays héréditaires de l'empereur et les contrées d'Allemagne qui sont proches du Danube, se servent assez communément des vins de Hongrie; il s'en conduit même jusqu'en Lorraine, d'où il en passe quelque peu en France.—C'est aussi des vins de Hongrie que presque toute la Pologne se fournit. Ces vins, pour la majeure partie, sont vigoureux, mais fumeux, à peu près de la qualité des plus forts vins de la rivière de Bordeaux. Il faut néanmoins en excepter les vins de Tokai, qui approchent davantage de ceux de Canarie avec qui même ils disputent d'excellence : ce sont de ceux-ci que l'on voit à Paris.

Quant aux vins d'Italie, il ne s'en fait pas un grand commerce au dehors. Les meilleurs sont ceux de Gensane, d'Albano, et de Castel-Gandolfe aux environs de Rome; le vin grec de Naples et le Lacryma-Christi; la Verdée, la Moscadelle et le Montefiascone de Florence; enfin ceux de Piémont et de Montferrat. — Les Italiens font plutôt des présens de ces vins aux étrangers, qu'ils n'en font un vrai négoce avec eux. — Dans quelques endroits d'Italie, les tonneaux où l'on conserve ces vins, sont larges et courts comme des fromages de Hollande ; et dans d'autres leur longueur a sept de leur diamètre.

DE L'ENTREPÔT DES VINS ÉTABLI A PARIS.

Le grand commerce de vins qui se fait à Paris, et les grands approvisionnemens qu'il nécessite, ont donné lieu à l'établissement de l'ENTREPÔT.

Un décret du 5 décembre 1813 (Bulletin des Lois, n° 541) règle les droits à percevoir pour l'admission des vins à l'entrepôt, celui pour la sortie de l'entrepôt, l'époque où ces droits doivent être payés ; fixe le droit de magasinage, le lieu où doit être fait le remplage ou remplissage des boissons, détermine le nombre des bateaux qui peuvent arriver à la fois sur la rivière vis-à-vis du quai de l'entrepôt, le temps pendant lequel peut rester sur le port le vin déchargé ayant une destination particulière, et autorise les marchands et commissionnaires ayant des vins à l'entrepôt, à établir dans l'intérieur de l'entrepôt des cabinets ou baraques de bois portatifs, dont la forme doit être réglée par l'administration.

Voici ses dispositions :

ART. 1er. Le droit de vingt-cinq centimes pour l'admission, et de vingt-cinq centimes pour la sortie de l'entrepôt, établi par l'article 7 du décret du 11 avril 1813 (1), formant ensemble cinquante centimes par hectolitre, sera payé en entier à la sortie de l'entrepôt.

2. On paiera également à la sortie le droit de magasinage, fixé à vingt-cinq centimes par mois et par

(1) Il faut que ce décret n'ait point été inséré au *Bulletin des Lois*. Nous l'y avons cherché avec la plus scrupuleuse attention, dans le dessein de le transcrire ici, nous n'avons pu l'y trouver.

D'ailleurs, il n'est point le seul décret auquel il ait été fait des additions pour son exécution, et qui n'ait point été inséré au *Bulletin des Lois*.

hectolitre par le paragraphe 2 du même article 7, le tout sur une seule et même quittance.

3. Pour la perception du droit de magasinage, les boissons introduites à l'entrepôt pendant la première quinzaine du mois seront considérées comme entrées le 1er du mois, et celles introduites dans la seconde quinzaine seront considérées comme entrées le 16 du mois.

4. Le remplage des boissons sera fait sur le quai Saint-Bernard, pour les boissons à destination particulière, en présence des employés, qui en dresseront acte, et par des tonneliers de l'entrepôt : l'acte de remplage servira de base pour la perception.

5. Le remplage des boissons à destination de l'entrepôt sera fait dans l'entrepôt, et de la même manière énoncée en l'article précédent.

6. La faculté de remplage sur le quai Saint-Bernard et à l'entrepôt, ne dispense pas de faire, à l'arrivée à la *Râpée*, les déclarations et soumissions relatives à la perception des droits d'octroi et des droits réunis, et, en général, de remplir les formalités prescrites par les lois et réglemens.

7. Le remplage des boissons arrivant par terre et à destination pour Paris, continuera d'avoir lieu comme par le passé, avant l'arrivée des voitures à la barrière.

Les conducteurs qui ne pourront faire ce remplage avant l'entrée, seront admis à l'opérer dans l'entrepôt, en exemption de tout droit d'entrepôt, en se conformant aux formalités prescrites et notamment à celles sur le transit.

8. Toutefois, il ne pourra descendre sur la rivière, vis-à-vis du quai, pour y être déchargés, plus de dix à quinze bateaux à la fois ; à l'effet de quoi, les inspecteurs et employés de la navigation seront tenus de donner les ordres et de prendre les précautions nécessaires.

9. Le vin déchargé, et ayant une destination particulière, ne pourra rester sur le port plus de trois jours.

10. Les marchands et commissionnaires ayant des

vins à l'entrepôt, pourront avoir, dans l'intérieur dudit entrepôt, des cabinets ou baraques en bois portatifs, pour y tenir leurs livres et y faire leurs écritures.

Ils seront tenus d'en obtenir préalablement la permission du directeur de l'octroi; et cette faculté leur sera retirée, s'ils sont surpris pratiquant aucune espèce de fraude.

Les cabinets ne pourront être placés dans les carrés où sont déposés les eaux-de-vie et esprits de vin.

On ne pourra y apporter ni y faire du feu d'aucune manière.

Les lumières y seront placées dans des cylindres de verre, pour prévenir tout accident du feu.

La forme de la construction sera réglée par l'administration, d'une manière uniforme.

11. Le réglement général pour l'entrepôt nous sera présenté incessamment, pour être arrêté par nous en notre Conseil, et mis à exécution au premier janvier prochain, conformément à l'article 11 de notre dit décret du 11 avril dernier.

12. Les heures d'ouverture et de clôture de l'entrepôt seront fixées par l'administration de l'octroi.

DES LIVRES QUE DOIVENT TENIR LES DÉBITANS DE BOISSONS.

Les débitans de boissons sont des commerçans.

Comme tels, ils sont tenus d'avoir un livre *journal* qui *présente*, jour par jour, leurs dettes actives et passives; les opérations de leur commerce, leurs négociations, acceptations ou endossemens d'effets, et généralement tout ce qu'ils reçoivent et paient, à quelque titre que ce soit, et qui *énonce*, mois par mois, les sommes employées à la dépense de leur maison; le tout indépendamment des autres livres usités dans le commerce (1), mais qui ne sont pas indispensables.

(1) Les livres usités dans le commerce sont 1°. le livre

Ils sont tenus de mettre en liasse les lettres missives qu'ils reçoivent, et de copier sur un *registre* celles qu'ils envoient. (*Code du Commerce*, *art.* 8.)

Ils sont tenus de faire, tous les ans, sous seing privé, un inventaire de leurs effets mobiliers et immobiliers, et de leurs dettes actives et passives, et de le copier, année par année, sur un *registre* spécial à ce destiné. (*Art.* 9, *ibid.*)

Le livre journal et le livre des inventaires doivent être paraphés et visés une fois par année.

Le livre de copie de lettres n'est pas soumis à cette formalité. — Tous sont tenus par ordre de dates, sans blancs, lacunes, ni transports en marge. (*Art.* 10.)

Les livres dont la tenue est ordonnée par les articles 8 et 9 ci-dessus, doivent être cotés, paraphés et visés, soit par un des juges des tribunaux de commerce, soit par le maire ou un adjoint, dans la forme ordinaire et sans frais. Les commerçans (les débitans) de boissons, sont tenus de conserver ces livres pendant dix ans. (*Art.* 11.)

Les livres de commerce, régulièrement tenus, peuvent être admis par le juge pour faire preuve entre commerçans pour faits de commerce. (*Art.* 12.)

Les livres que les individus faisant le commerce (les débitans de boissons) sont obligés de tenir, et pour lesquels ils n'ont pas observé les formalités ci-dessus prescrites, ne peuvent être représentés ni faire foi en justice, au profit de ceux qui les auront tenus,

---

des achats, ventes, lettres de change, billets tirés et fournis, et des paiemens : il se tient par ordre de dates et en forme de journal ; —2°. Le livre de débit et de crédit, appelé *grand-livre* ou *livre de raison*, qui se tient, non par ordre de dates, mais par article de marchandises ou de personnes avec qui l'on négocie ; — 3°. Le livre où l'on écrit toute la dépense qui se fait dans la maison et hors le commerce : le Code l'exige pour le livre journal ; — 4°. Le *livre de caisse*, où le commerçant écrit d'un côté tout l'argent qu'il reçoit, et de l'autre tout ce qu'il paie : il faut aussi que cela soit écrit sur le livre journal, d'après la disposition du Code.

sans préjudice de ce qui est réglé au livre *Des Faillites et Banqueroutes* (1). (*Art.* 13.)

La communication des livres des inventaires ne peut être ordonnée en justice que dans les affaires de succession, communauté, partage de société, et en cas de faillite. (*Art.* 14.)

Dans le cours d'une contestation, la représentation des livres peut être ordonnée par le juge même d'office, à l'effet d'en extraire ce qui concerne le différend. (*Art.* 15.)

En cas que les livres dont la représentation est offerte, requise ou ordonnée, soient dans les lieux éloignés du tribunal saisi de l'affaire, les juges peuvent adresser une commission rogatoire au tribunal de commerce du lieu, ou déléguer un juge de paix pour en prendre connaissance, dresser un procès-verbal du contenu, et l'envoyer au tribunal saisi de l'affaire. (*Art.* 16.)

Si la partie aux livres de laquelle on offre d'ajouter foi, refuse de les représenter, le juge peut déférer le serment à l'autre partie. (*Art.* 17.)

DES MESURES QUE DOIVENT EMPLOYER LES DÉBITANS DE BOISSONS.

L'extrait de l'ordonnance du Roi, qui va suivre, fait connaître que les débitans de boissons ne doivent faire usage que des mesures établies par les lois en vigueur.

---

(1) Peut être poursuivi comme banqueroutier *simple*, celui qui présente des livres irrégulièrement tenus, sans néanmoins que les irrégularités indiquent de fraude, ou qui ne les présente pas tous.

Peut être poursuivi comme banqueroutier *frauduleux*, et être déclaré tel, le failli qui n'a pas tenu de livres, ou dont les livres ne présentent pas sa véritable situation active et passive. (*Art.* 587 *et* 594 *du Code.*)

Extrait de l'Ordonnance du Roi, du 18 décembre 1825, (Bulletin, n° 69), relative aux Poids et Mesures, en ce qui concerne les Boissons.

Charles, par la grâce de Dieu, roi de France et de Navarre;

Sur le rapport de notre Ministre Secrétaire-d'État au département de l'intérieur;

Vu les lois des 24 août 1790 et 22 juillet 1791, la loi du 23 septembre 1795 (1er vendémiaire an IV), et l'arrêté du 18 juin 1801 (29 prairial an IX);

Notre Conseil d'État entendu, nous avons ordonné et ordonnons ce qui suit :

TITRE PREMIER.

Des Attributions générales.

Art. 1er. Les préfets et les sous-préfets continueront à exercer leur surveillance sur l'uniformité et la légalité des poids et mesures répandus dans le commerce; l'inspection en sera faite sous leurs ordres par des vérificateurs préposés par les préfets.

2. Les maires, adjoints, commissaires et officiers de police, prêteront toute assistance aux vérificateurs dans l'exercice des fonctions qui leur sont déléguées. Ils constateront et poursuivront devant les tribunaux de simple police, soit d'office, soit à la réquisition des vérificateurs, les contraventions commises par les marchands et fabricans qui emploieraient à l'usage de leur commerce, ou conserveraient dans leurs dépôts, boutiques et magasins, des mesures et poids différens de ceux qui sont établis par les lois en vigueur.

Les vérificateurs sont tenus de leur faire connaître les infidélités dans l'emploi et l'usage des poids et mesures que leurs fonctions leur feraient découvrir.

TITRE II.

Inspection sur l'Uniformité des Poids et Mesures.

. . . .

TITRE III.

De l'Inspection sur le Débit des Marchandises au poids et à la mesure.

25. Conformément à la loi du 23 septembre 1795, les maires, adjoints et officiers de police, sont chargés de faire, dans leurs arrondissemens respectifs, et plusieurs fois dans l'année, des visites dans les boutiques et magasins, dans les places publiques, foires et marchés, à l'effet de s'assurer de l'exactitude et du fidèle usage des poids et mesures. ..

28. Les vases ou futailles servant de récipient aux boissons, liquides ou autres matières, ne seront pas réputés mesures de capacité ou de pesanteur. La police municipale veillera à ce que, dans le débit en détail, les boissons et autres liquides ne soient pas vendus à raison d'une certaine mesure présumée, sans avoir été mesurés effectivement.

29. Il n'est apporté aucun changement dans l'usage de vendre à la pièce, et sans rapport avec les mesures légales, les liqueurs ou les vins venant de l'étranger, ou de crûs particuliers, d'un prix supérieur à celui des vins de vente courante.

TITRE IV.

Dispositions générales.

30. Le prix vénal des denrées et marchandises pourra être établi sur tout multiple et fraction décimale d'unité du système métrique de poids et mesures, sans préjudice de l'usage, dans la vente en détail des mesures dites *usuelles*, permises en vertu du décret du 12 février 1812. (1)

---

(1) Ce décret du 12 février 1812 dispose :

Il ne sera fait aucun changement aux unités des poids et mesures, telles qu'elles ont été fixées par la loi du 19 frimaire au VIII. (*Art.* 1er.)

Notre ministre de l'intérieur fera confectionner, pour l'usage du commerce, des instrumens de pesage et mesu-

31. En matière de poids et mesures, les arrêtés pris par les préfets, et les ordonnances de police rendues par les maires, ne seront exécutoires qu'après avoir reçu l'approbation de notre Ministre de l'intérieur.

32. Toutes les contraventions auxdits réglemens et arrêtés, de la compétence des tribunaux de simple police, seront poursuivies, conformément aux articles du Code Pénal (1) relatifs à l'usage des poids et mesures, et à l'article 606 de la loi du 24 octobre 1794 (du 3 brumaire an IV), sur les contraventions aux réglemens de police en général.

33. Les dispositions de l'arrêté du 18 juin 1801, non modifiées par la présente ordonnance, continueront à être exécutées....

---

rage, qui présentent soit les fractions, soit les multiples desdites unités le plus en usage dans le commerce, et accommodés aux besoins du peuple. (*Art.* 2.)

Ces instrumens porteront sur leurs diverses faces, la comparaison des divisions et des dénominations établies par les lois avec celles anciennement en usage. (*Art.* 3.)

Nous nous réservons de nous faire rendre compte, après un délai de dix années, des résultats qu'aura fournis l'expérience sur les perfectionnemens que le système des poids et mesures serait susceptible de recevoir. (*Art.* 4.)

En attendant, le système légal continuera à être enseigné dans toutes les écoles du royaume, y compris les écoles primaires, et à être seul employé dans toutes les administrations publiques, comme aussi dans les marchés, halles, et dans toutes les transactions commerciales et autres. (*Art.* 5.)

Les ministres sont chargés de l'exécution du présent décret.

Le ministre de l'intérieur a pris un arrêté, le 28 mars 1812, et le préfet de police de Paris a rendu une ordonnance, le 18 juillet suivant, pour l'exécution de ce décret.

(1) Art. 423, 479, n° 5, n° 6; 480, n° 3; 481, n° 1, et 482.

Est joint à cette ordonnance le *Tarif des rétributions à percevoir pour la vérification des poids et mesures....*

POIDS ET MESURES USUELS. (Décret du 12 février 1812.)

Mesures de capacité pour les liquides.

Double décalitre........................	50 cent.
Décalitre..........................	50 (1)
Demi-décalitre........................	50
Double litre..........................	20
Litre............................	15
Demi-litre..........................	10
Double décilitre........................	10
Décilitre..........................	10
Demi-décilitre et au-dessous..........	10
Demi-litre..........................	10
Quart de litre..........................	10
Huitième de litre........................	10
Seizième de litre et au-dessous..........	10

Une autre *Ordonnance du Roi*, du 7 juin 1826 (Bulletin, n° 99), relative à la vérification périodique des poids et mesures prescrite par l'ordonnance royale du 18 décembre 1825, porte :

ART. 1er. La vérification périodique des poids et mesures, prescrite au domicile des assujettis, par l'art. 19 (2) de notre ordonnance du 18 décembre 1825,

---

(1) Le décalitre est une mesure contenant dix litres, ou une *velte*, équivalant à dix décimètres cubes.

L'hectolitre est une mesure contenant cent litres. — Le demi-hectolitre diffère peu du minot de quatre boisseaux. Il excède d'environ un tiers le minot à blé.

Les capacités du demi-hectolitre, de l'hectolitre et du double hectolitre, sont celles qu'il est à propos d'adopter pour les futailles destinées au commerce des vins.

(2) Cet article 19 dispose :

« Le vérificateur sera tenu, à peine de responsabilité et de destitution, d'accomplir la visite qui lui aura été

pourra être faite aux chefs-lieux et aux siéges des mairies, dans les localités où notre Ministre Secrétaire-d'État de l'Intérieur, sur la proposition des préfets, jugerait ce mode d'une plus facile exécution, sans préjudice du droit d'exercice à domicile, si l'autorité locale le reconnaît nécessaire.

2. Notre Ministre Secrétaire-d'État de l'Intérieur est chargé de l'exécution de la présente ordonnance, insérée au Bulletin des Lois sus-mentionné.

Signé CHARLES.

Par le Roi : le Ministre Secrétaire d'État au département de l'Intérieur,

Signé *Corbière*.

Les arrêtés par lesquels un préfet ordonne à ceux dont le commerce ou la profession exige l'emploi des poids et mesures, de les présenter, chaque année, à une époque déterminée, au bureau de vérification pour y être poinçonnés, sont obligatoires. — L'infraction à ces arrêtés constitue une contravention de police. — Ceux dans les boutiques ou les magasins desquels ont été trouvés, soit des poids et mesures dépourvus de la marque de vérification, soit des poids et mesures anciens, soit enfin des fractions décimales de poids et mesures métriques prohibées, doivent être également réputés contrevenans, encore qu'il ne soit pas constaté qu'ils se sont servis de ces poids et mesures. *Arrêt de la Cour de Cassation*

---

assignée pour chaque année, et de se transporter au domicile de chacun de ceux qui sont portés au rôle, dont copie lui aura été délivrée. Il sera accompagné par le maire, l'adjoint, ou un commissaire, ou officier de police; il vérifiera et poinçonnera les instrumens qui lui seront exhibés, tant ceux qui composent l'assortiment obligatoire au *minimum*, que ceux que le commerçant posséderait de surplus. Il fera note du tout sur un registre portatif qu'il fera émarger par la partie, si elle sait ou veut signer : à défaut, le vérificateur fera certifier ses opérations par l'officier de police. »

(*section criminelle*) *du* 10 *septembre* 1819, *affaire du commissaire de police de Toulouse, contre les sieurs Hériot et consorts*, rendu vu les articles 1, 2, 3 et 5, Titre XI de la loi du 24 août 1790, et autres lois de juillet 1791, 3 brumaire an IV. — 10e cahier, p. 598 du Journal des Audiences de 1819.

Aux termes de l'article 7 de l'arrêté du Ministre de l'Intérieur, pris le 28 mars 1822, en conséquence du décret du 12 février 1812, rapporté à la note première ci-dessus,

Pour la vente en détail du vin, de l'eau-de-vie, et autres boissons ou liqueurs, on peut employer des mesures d'un quart, d'un huitième et d'un seizième de litre.

Ces trois mesures sont construites, comme les autres mesures de liquides, en étain, au titre fixé; leur forme est cylindrique, et elles ont la hauteur double du diamètre.

Chacune desdites mesures porte son nom indicatif de son rapport avec le litre.

Les mesures sus-mentionnées ne peuvent être mises dans le commerce qu'après avoir été vérifiées dans les bureaux établis à cet effet, et marquées du poinçon déterminé : pour cette vérification, il est payé le droit fixé par le tarif annexé à l'arrêté du 29 prairial an IX, pour les mesures et les poids le plus analogues, porte l'article 9 dudit arrêté.

Afin de faciliter et régulariser la fabrication des mesures et des poids dont l'usage est permis par le présent arrêté, il en a été adressé des modèles à messieurs les préfets des départemens, qui les ont fait déposer dans les bureaux de vérification, pour être communiqués aux fabricans qui voudraient en prendre connaissance, et servir ensuite, comme étalons, à la vérification des mesures et des poids qui seraient mis dans le commerce. — Les frais de la fabrication et de l'envoi de ces modèles ont dû être acquittés comme dépenses départementales, suivant l'art. 10 dudit arrêté.

Les préfets ont dû fixer l'époque de l'exécution

du décret et du présent arrêté, ainsi que le prescrit l'article 2.

Les articles 12 et 13 sont ainsi conçus :

« A compter de la même époque, toute demande de marchandise qui sera faite en mesure ou en poids anciennement en usage sous quelque dénomination que ce soit, sera censée faite en poids ou en mesures analogues dont l'usage est permis par le présent arrêté ; et, conséquemment, tout marchand qui, sous le prétexte de satisfaire au désir de l'acheteur, emploierait des combinaisons de mesures ou de poids décimaux ou autres, pour former le poids ou la mesure ancienne dont l'emploi est prohibé, sera poursuivi conformément aux articles 424, 479, 480 et 481 du Code Pénal, comme ayant fait usage de poids et de mesures autres que ceux voulus par la loi. (*Art.* 12.)

« Les dispositions du décret du 12 février et du présent arrêté n'étant relatives qu'à l'emploi des mesures et des poids dans le commerce de détail et dans les usages journaliers, les mesures légales continueront à être seules employées exclusivement dans tous les travaux publics, dans le commerce en gros et dans toutes les transactions commerciales et autres.

« En conséquence, les plans, devis, mémoires d'ouvrages d'art ; les descriptions de lieux ou de choses dans les procès-verbaux ou autres écrits ; les marchés, factures, annonces de prix courans, états de situation d'approvisionnemens, inventaires de magasins ; les mercuriales ; les lettres de voiture et chargement ; les livres de commerce ; les annonces de journaux, et généralement toutes les écritures, soit publiques, soit privées, contiendront l'énonciation des quantités en mesures légales, et non en mesures simplement tolérées.... »

L'ordonnance du préfet de police de Paris, du 2 juillet 1812, a prescrit l'exécution du décret du 12 février précédent, et de l'arrêté qu'on vient de lire ; a fixé au 20 août suivant l'émission des nouveaux poids et des nouvelles mesures de détail, et a enjoint aux marchands d'en être pourvus pour le 1er novembre.

DISPOSITIONS LÉGISLATIVES SUR LES BOISSONS.

Nous ne rapporterons pas toutes les dispositions législatives qui ont été rendues *sur les boissons;* nous nous bornerons à donner celles qui peuvent être encore consultées utilement, et surtout celles qui sont suivies aujourd'hui.

La loi du 24 avril 1806, Titre VI, §. 2 et 3, articles 25 et suivans, 33 et suivans, réglait les droits à percevoir au profit du trésor public, à chaque vente et revente en gros des vins, cidres, poirés, bières, eaux-de-vie, esprits, ou liqueurs composées d'eau-de-vie ou d'esprit, et obligeait le propriétaire, le vendeur ou l'acheteur, à faire la déclaration des boissons avant leur enlèvement ou transport. La même obligation était imposée par cette loi à ceux qui vendaient les boissons en détail.

Un décret du 5 mai de la même année 1806, contenant *Réglement sur les Boissons*, a disposé :

Art. 1er. Il n'est délivré de passavant ou congé que sur des déclarations contenant les quantités et qualités des boissons, les lieux de l'enlèvement et de la destination, les noms, surnoms, demeures et professions des expéditeurs, voituriers, acheteurs et destinataires, et, en cas de vente, le prix de la vente.

2. Les préposés des droits réunis, des douanes, des octrois, des communes ou de navigation, peuvent exiger la représentation des congés et passavans, et en cas de fraude ou de contravention, ils saisissent et rapportent procès-verbal.

Une grande partie des articles suivans ont été rapportés par le *Décret concernant les Boissons,* du 21 décembre 1808, lequel porte :

Art. 1er. L'article 1er du Réglement du 5 mai 1806, continuera à être exécuté, sauf la déclaration du prix de la vente, qui ne sera pas exigée.

2. L'obligation de déclarer l'enlèvement des boissons et de prendre des congés ou passavans, n'est point applicable aux transports de vendanges ou de fruits.

3. Le propriétaire ou le négociant qui fait transporter des boissons de l'une de ses caves dans une autre, située dans l'étendue du même canton, jouit de l'exemption de droit accordée par l'article 16 de la loi du 25 novembre 1808. (1)

Il en est de même à l'égard des transports effectués par le propriétaire ou le négociant, de l'une de ses caves dans une autre, dans l'étendue d'une même commune, lors même qu'elle serait divisée en plusieurs cantons de justice de paix.

4. Les boissons doivent être conduites sans interruption à la destination déclarée. Lorsqu'un changement de moyens de transport, ou toute autre cause, nécessite un séjour de plus de vingt-quatre heures, le conducteur est tenu d'en faire la déclaration, dans ce délai, au plus prochain bureau de la régie, avec indication du jour où le transport sera repris : dans ce cas, le congé est soumis au visa des employés, sans qu'il y ait ouverture à un nouveau droit de mouvement.

5. Lorsqu'un transport de boisson est interrompu par une force majeure, telle que glaces, inondation ou autre cause de ce genre, sans qu'il soit possible de déclarer le jour où il pourra être repris, il en est fait déclaration, conformément à l'article précédent, et le congé est déposé au bureau, pour n'être visé et remis qu'au moment du départ.

6. Les boissons dont le transport éprouve quelque

---

(1) Le propriétaire qui fera enlever des boissons du pressoir pour être conduites chez lui, ou qui les fera transporter d'une de ses caves dans une autre, ne sera point assujetti au droit de mouvement établi par l'article 15, et n'acquittera que le timbre de 5 centimes, pourvu que le transport ait lieu dans l'étendue du même canton. *Dicto articulo* 16.

retard dans les cas prévus par les articles précédens, sont représentées aux employés, à toute réquisition, afin qu'ils puissent vérifier s'il n'en a point été enlevé sans déclaration.

7. Les *droits d'entrée*, établis par l'article 18 de la loi du 25 novembre 1808 (1), ne sont perçus que dans les lieux dont la population agglomérée est de deux mille âmes au moins, non compris celle éparse dans les hameaux ou villages dépendans de la commune.

8. En cas de difficulté sur la question de savoir si, par la population, une ville ou un bourg doit être sujet au droit d'entrée, ou s'il doit être rangé sous telle ou telle autre des classes déterminées par la loi du 25 novembre 1808, la réclamation de la commune est soumise au préfet, et sur son avis, il est statué par le Ministre des Finances, dont la décision est exécutée provisoirement, sauf le recours au Conseil d'État en définitif.

9. Tout conducteur de boissons destinées à la consommation d'un lieu sujet aux droits d'entrée, est tenu, avant de les y introduire, de représenter le congé, et d'acquitter les droits d'entrée, dont il lui est délivré quittance.

10. Les boissons passant debout dans les lieux sujets aux droits d'entrée, ne sont pas soumises à ces droits; mais le conducteur est tenu de représenter le congé, de le faire viser aux bureaux d'entrée et de sortie. — En cas de séjour, il en est fait déclaration, conformément aux articles 4 et 5.

11. Tout propriétaire ou négociant qui fait conduire des boissons dans un lieu sujet aux droits d'entrée, pour n'y être qu'entreposées jusqu'à leur sortie ultérieure, est tenu d'en faire la déclaration avant l'enlèvement, de désigner les maisons, caves ou celliers où il entend les déposer, et de faire viser le congé au bureau d'entrée.

Il est tenu d'avoir un registre coté et paraphé, sur lequel sont portées les quantités introduites, et

(1) Relative au Budget de l'État pour l'année 1809. Elle est rapportée au *Bulletin des Lois*, n° 215.

celles enlevées successivement pour des destinations extérieures.

Il est sujet aux visites et aux exercices des commis dans ses magasins, caves et celliers, et soumis au paiement des droits d'entrée pour toutes les boissons manquantes à ses charges, et qu'il ne justifie pas avoir fait sortir de la commune.

(12. Les boissons existantes au 1er janvier 1809 dans les entrepôts d'octroi, et dans les magasins, caves ou celliers des dénommés en l'article 31 de la loi du 24 avril 1806, ont été considérées comme pouvant avoir une destination extérieure, et soumises aux dispositions de l'article 11 précédent.)

13. Les dispositions du même article 11 sont également applicables aux personnes qui introduisent dans les lieux qui sont sujets aux droits d'entrée, des vendanges ou fruits, et qui destinent les boissons en provenant à être transportées hors de la commune.

14. Toutes les fois qu'il existe dans une ville un entrepôt général, les propriétaires et négocians sont tenus d'y déposer les boissons pour lesquelles ils veulent jouir de l'entrepôt.

15. Les boissons conduites à un marché, dans un lieu où les droits d'entrée sont perçus, ne sont soumises au paiement de ces droits, qu'autant que la sortie ultérieure n'en serait pas justifiée.

16. Les boissons introduites dans les lieux sujets aux droits d'entrée, pour y être converties en eau-de-vie ou esprit, ne sont pas soumises à ces droits, pourvu que la déclaration en ait été préalablement faite, conformément aux dispositions de l'article 11 ci-dessus.

Le produit de la distillation, constaté par l'exercice des commis chez les bouilleurs et distillateurs, est considéré comme pouvant avoir une destination extérieure, et n'est soumis aux droits d'entrée que dans le cas déterminé par le même article.

Il en est de même du produit des distillations de grains et autres substances farineuses.

17. Les *vendans en détail* ne peuvent établir le

débit des vins et eaux-de-vie sur des vaisseaux d'une contenance supérieure à cinq hectolitres.

18. Ils ne peuvent jamais mettre en vente ni avoir en perce plus de trois pièces à la fois.

19. Les débitans sont tenus de représenter aux employés, lors de leurs exercices, les quittances des droits de mouvement et d'entrée des boissons qu'ils auraient reçues ; et ceux-ci les relatent dans leurs actes de charge.

20. Dans aucun cas les pièces vides ne peuvent être enlevées des caves qu'elles n'aient été préalablement démarquées par les employés.

21. S'il est reconnu par les employés de la régie, que la déclaration du prix de la vente en détail soit frauduleuse, la régie peut prendre les boissons pour son compte au prix déclaré, déduction faite du droit de détail : dans ce cas, la futaille est payée au débitant d'après la valeur courante.

22. Tous ceux qui, ayant fait la profession de vendans en détail, ont déclaré cesser leur débit, sont, pendant les trois mois suivans, soumis aux exercices et au paiement du droit de détail des boissons consommées.

23. Toutes les fois qu'un habitant occupant un appartement commun avec un vendant en détail de profession, ou ayant seulement ses portes ou escaliers communs, il y a impossibilité d'interdire sa communication, conformément à l'art. 25 du réglement du 5 mai 1806, cet habitant est soumis aux exercices des commis et au paiement du droit de détail pour toutes les boissons qu'il loge.

24. Toute personne qui débite des boissons, de quelque espèce que ce soit, est sujette aux visites des employés de la régie.

25. En conséquence de l'augmentation du droit à la vente en détail, les abonnemens consentis par la régie avec ces débitans, et qui ne sont point expirés au 1er janvier 1809, subissent l'accroissement proportionnel, si mieux n'aiment les débitans demander la résolution desdits abonnemens.

26. (*Dispositions générales.*) Les personnes voya-

geant à pied, à cheval, ou en voitures particulières suspendues, ne sont pas assujetties aux visites des commis.

27. Les commis peuvent néanmoins, en cas de soupçon de fraude, et en requérant l'assistance d'un officier de police, faire les visites qu'ils jugent nécessaires.

28. Les voyageurs ne sont pas tenus de se munir de congés pour les boissons destinées à leur usage pendant le voyage, pourvu qu'ils ne transportent pas au-delà de trois bouteilles de vin par personne.

29. Toute contravention aux dispositions du présent décret, est punie conformément à l'art. 37 de la loi du 24 avril 1806.

30. Toutes dispositions contraires, et notamment celles des art. 3, 4, 7, 8, 9, 10, 13, 31, 32, 38, 39, 40, 41 et 42 du réglement du 5 mai 1806, sont rapportées.

31. Le ministre des finances est chargé de l'exécution du présent décret.

Le DÉCRET relatif aux EAUX-DE-VIE, ESPRITS OU LIQUEURS, du 3 février 1810, est conçu dans les termes qui suivent.

ART. 1er. On ne pourra introduire dans Paris, ni transporter dans un rayon de six myriamètres (douze lieues communes) de cette ville, les eaux-de-vie, esprits ou liqueurs, qu'avec des acquits-à-caution, expédiés dans la même forme que ceux qui sont délivrés par les droits réunis.

2. Les eaux-de-vie, esprits ou liqueurs, qui ont été ou qui seront pris en charge par les droits réunis, chez les marchands en gros, courtiers, facteurs ou commissionnaires placés dans un rayon de trois myriamètres de Paris, et qui seront reconnus manquant auxdites charges, paieront le droit de l'octroi de Paris, sous la déduction du mouillage et coulage.

3. Les eaux-de-vie, esprits ou liqueurs vendus en détail dans la partie du département de la Seine comprise dans le rayon de trois myriamètres de Paris, paieront à l'octroi de Paris dix pour cent de leur va-

leur en sus du droit actuel perçu pour le compte des droits réunis.

4. Les particuliers non sujets aux exercices, qui feront venir au-delà de quatre hectolitres d'eau-de-vie, esprit ou liqueur dans l'année, deviendront dès lors sujets à exercice.

5. Dans les deux mois après la publication du présent décret, les eaux-de-vie, esprits ou liqueurs, ne pourront rester ou être emmagasinés dans les trois myriamètres du rayon de Paris; dans ce délai, ces liquides pourront être expédiés, soit pour la consommation de Paris, soit pour l'entrepôt qui sera organisé dans cette ville, soit avec des acquits-à-caution, hors du rayon de trois myriamètres de Paris.

6. Les propriétaires qui voudront brûler ou faire brûler leurs vins dans le rayon de trois myriamètres de Paris, se pourvoiront devant le préfet de leur département, qui leur indiquera les formalités à suivre.

7. Les contraventions au présent décret seront punies de l'amende de cent francs et de la confiscation des objets de la fraude.

8. Nos ministres des finances et de l'intérieur sont chargés de l'exécution du présent décret (inséré au Bulletin des Lois, n° 293).

Monsieur, en qualité de *Lieutenant-général du royaume*, a rendu, le 27 avril 1814, une ORDONNANCE insérée au Bulletin des Lois, n° 7, relative à la perception des Droits réunis (1), par laquelle il a aboli le décime de guerre additionnel aux taxes à percevoir par la régie; il a modifié le mode de ces taxes relativement au droit de mouvement pour *les boissons*; il a accordé une déduction pour le coulage de route; il a remplacé le droit de détail des entrées par une taxe additionnelle aux droits d'entrée; il a autorisé les abonnemens des *débitans* pour les droits à payer; il a diminué le droit de fabrication de la bière, ainsi que les droits de timbre des expéditions ou quittances à délivrer par la régie, et il a soumis les rede-

(1) Réglés notamment par le Décret du 1er germinal an XIII (Bulletin, n° 38).

vables à acquitter tous les droits constatés à leur charge jusqu'au jour de la notification des nouveaux tarifs.

Voici en quels termes est conçue cette ORDONNANCE.

NOUS, CHARLES-PHILIPPE DE FRANCE, FILS DE FRANCE, MONSIEUR, FRÈRE DU ROI, LIEUTENANT-GÉNÉRAL DU ROYAUME,

Ne voulant pas préjuger ce que le Roi notre frère, du consentement de la nation, pourra apporter de modifications à la perception des droits réunis ; mais connaissant ses intentions paternelles pour le soulagement de son peuple, nous avons cru devoir retrancher tout ce que cet impôt a de plus vexatoire, et le rendre, autant qu'il est en nous, supportable au peuple ;

Sur le rapport du commissaire provisoire au département des finances ;

Le Conseil d'Etat provisoire entendu,

AVONS ORDONNÉ ET ORDONNONS ce qui suit :

ART. 1er. Le décime de guerre imposé par addition aux taxes dont la perception est confiée à la régie des droits réunis, cessera d'être perçu à dater de la publication du présent.

Le mode de perception de ces taxes subira en outre les modifications suivantes.

2. Il ne sera jamais exigé qu'un seul droit de mouvement pour un même transport de boissons, à moins qu'il n'y ait changement de destination.

3. Il sera accordé, à l'arrivée des boissons, une déduction pour coulage de route, laquelle sera déterminée d'après la distance parcourue, l'espèce de boisson, les moyens employés pour le transport, sa durée, et la saison dans laquelle il aura été effectué.

La régie se conformera, à cet égard, aux règles adoptées par les tribunaux de commerce.

4. Dans les villes ou communes où il est perçu aux entrées, des droits au profit du trésor, ou des droits d'octroi, les exercices seront supprimés, ainsi que le droit de mouvement pour les transports opérés dans l'enceinte de la commune, moyennant la perception, en remplacement du droit de détail, d'une taxe addi-

tionnelle aux droits d'entrée, laquelle sera calculée de manière à assurer au trésor l'équivalent du droit remplacé, sauf la déduction des frais de perception.

Les tarifs de cette taxe pour les villes ou communes de chaque département seront soumis à notre approbation, dans le plus bref délai, par M. le commissaire au département des finances.

5. Les conseils municipaux des villes et communes qui ne voudront pas profiter du bénéfice de l'article précédent, seront tenus de le déclarer au préfet dans la huitaine qui suivra la notification qui leur aura été faite du tarif adopté.

Dans ce cas, la perception du droit de détail y sera continuée par la voie des exercices.

6. Dans les lieux où le mode de perception autorisé par l'article 4 sera établi, le compte des boissons reçues ou expédiées par les négocians qui réclameront la faculté de l'entrepôt, sera tenu au bureau de la régie; et les employés feront seulement, chaque trimestre, les vérifications nécessaires pour reconnaître les boissons restantes en magasin, et établir le décompte des droits dus sur celles vendues à l'intérieur.

7. Dans les lieux qui demeureront soumis à l'exercice, le droit à la vente en détail des vins, cidres, poirés, eaux-de-vie, esprits et liqueurs, au lieu d'être perçu d'après la déclaration du prix de vente, sera réglé par les départemens, sur la valeur moyenne de chaque espèce de boisson, conformément au tarif qui sera, sans délai, soumis à notre approbation par le commissaire au département des finances.

Il sera, au surplus, contracté des abonnemens avec tous ceux des débitans qui offriront de payer l'équivalent des droits dont ils pourront être redevables.

8. Le droit de fabrication des bières sera perçu à raison de deux francs par hectolitre, au lieu de trois francs.

9. La déduction accordée aux brasseurs pour ouillage, coulage et autres accidens, est portée à vingt pour cent de la contenance brute de la chau-

dière, quels que soient l'espèce de bière fabriquée et le temps de l'ébullition.

10. Le droit de timbre des expéditions délivrées par la régie ne sera plus perçu qu'à raison de cinq centimes au lieu de dix par chaque expédition ou quittance.

11. Les redevables seront tenus d'acquitter tous les droits constatés à leur charge, jusqu'au jour de la notification des nouveaux tarifs.

12. Le commissaire des finances est chargé de l'exécution du présent. (1)

Le Roi, pour accélérer l'effet des dispositions de l'ordonnance de MONSIEUR, a rendu, le 1er juin 1814, CELLE QUI SUIT, insérée au Bulletin des Lois, no 12.

LOUIS, pas la grâce de Dieu, roi de France et de Navarre, à tous ceux qui ces présentes verront, salut.

Vu les articles 2 et 5 de l'*ordonnance* rendue en notre nom, le 27 avril, par notre bien-aimé frère Monsieur, lieutenant-général du royaume, lesquels ont pour objet de faire jouir les villes de l'affranchissement des exercices chez les *débitans de boissons*, moyennant la perception aux portes, en remplacement du droit de détail, d'une taxe additionnelle aux droits d'entrée et d'octroi, calculée de manière à assurer au trésor l'équivalent du droit remplacé;

Voulant accélérer l'effet de cette disposition en faveur des communes auxquelles elle peut être applicable, en mettant les conseils municipaux à même d'émettre leur vœu dès à présent, et prévenir cependant toute interruption dans le recouvrement des droits dus à notre trésor, pendant le temps nécessaire à l'examen de ces demandes et à la discussion des tarifs;

Ouï le rapport de notre ministre des finances,

---

(1) Ce n'était point un *édit*, ce n'était point un *décret*. Le roi l'a qualifié d'*ordonnance* par la sienne qui suit.

Notre Conseil d'Etat entendu,

Nous avons ordonné et ordonnons ce qui suit :

ART. 1er. Nos préfets sont autorisés à réunir immédiatement les conseils municipaux des communes où la perception du droit en remplacement peut être établie. Les délibérations de ces conseils sur cet objet seront communiquées aux directeurs de la régie pour avoir leurs observations, et transmises ensuite par les préfets, avec leur avis, à notre directeur-général des impositions indirectes, sur le rapport duquel notre ministre des finances prononcera s'il y a lieu ou non à accueillir la demande.

2. Jusqu'à ce que cette décision soit notifiée aux communes, les exercices seront continués et les droits perçus dans l'intérieur des villes, conformément aux réglemens actuellement en vigueur.

3. Notre ministre des finances est chargé de l'exécution de la présente.

LOI *sur les boissons, du* 8 *décembre* 1814. (Bulletin des Lois, no 60.) (1)

Cette loi règle le droit à percevoir à la circulation des boissons, celles sur lequel le droit ne doit point être perçu ; le droit à percevoir au profit du trésor public à l'entrée des villes et communes d'une popu-

(1) Quoique cette loi du 8 décembre 1814 ait été remplacée presque en totalité par la loi du 28 avril 1816 pour laquelle la majeure partie de ses dispositions ont été prises, et quoique ce soit cette loi du 28 avril 1816 qui soit exécutoire aujourd'hui, nous ne faisons pas de difficulté de transcrire ici celle du 8 décembre 1814, parce qu'il est possible que les débitans de boissons aient encore des droits qui ont été ouverts sous l'empire de la loi, et qu'ils aient le plus grand intérêt à en avoir les dispositions sous les yeux.

D'ailleurs cette loi a été suivie d'une *ordonnance du Roi*, du lendemain 9 décembre 1814, en exécution de son article 121, et relative aux *octrois de commune*, qu'il nous est indispensable de rapporter.

lation agglomérée de deux mille âmes et au-dessus; les exceptions en faveur des voyageurs; — Les passe-debout, transit et entrepôt; — Le droit à percevoir à la vente en détail, la déclaration à faire par les débitans de boissons, le registre qu'ils doivent avoir à cause des exercices des préposés de la régie, ce qui est relatif auxdits exercices. — Elle autorise les abonnemens des débitans; — Elle accorde une remise aux propriétaires qui veulent vendre en détail les boissons de leur crû; — Elle établit une perception de droit à la vente en détail sur les eaux-de-vie et liqueurs composées; — Ne laisse d'exercices dans Paris que sur les bières; — Porte les peines contre ceux qui feraient le commerce des boissons en détail sans déclaration préalable. — Elle statue sur le commerce des boissons en gros; — Sur les brasseries; — Sur les distilleries; — Sur le droit de licence; — Sur les octrois, — Et sur les exercices des employés de la régie.

Suivent ses dispositions littérales :

Louis, par la grâce de Dieu, roi de France et de Navarre, à tous présens et à venir, salut.

Nous avons proposé, les Chambres ont adopté, NOUS AVONS ORDONNÉ et ORDONNONS ce qui suit :

TITRE PREMIER.

Droit à la Circulation des Boissons.

Art. 1er. Aucun enlèvement ni transport de boissons ne pourra être effectué sans déclaration préalable de la part du propriétaire, du vendeur ou de l'acheteur. Le conducteur sera tenu de se munir d'un congé, d'un passavant ou d'un acquit-à-caution. Il suffira d'une seule de ces expéditions pour plusieurs voitures ayant la même destination et marchant ensemble. (1)

2. Il ne sera délivré de passavant, congé ou acquit-à-caution, que sur des déclarations énonçant

(1) Voyez l'article 6 de la loi du 28 avril 1816.

les quantités, espèces et qualités des boissons, les lieux de l'enlèvement et de la destination, les noms, prénoms, demeures et professions des expéditeurs, voituriers et destinataires. (1)

3. Les voituriers, bateliers et autres conducteurs de boissons seront tenus de représenter, à toute réquisition des employés, les congés, acquits-à-caution ou passavans dont ils doivent être porteurs.

4. Tous les préposés des impôts directs et des octrois pourront exiger la représentation des congés, passavans ou acquits-à-caution : en cas de fraude ou de contravention, ils saisiront le chargement, les voitures, chevaux et autres objets servant au transport. Les marchandises faisant partie du chargement, qui ne seront pas en fraude, seront rendues aux propriétaires.

5. L'obligation de déclarer l'enlèvement des boissons et de prendre des expéditions n'est pas applicable aux transports de vendanges ou de fruits. (2)

6. Les délais, pour effectuer le transport des boissons, seront fixés d'après les distances à parcourir et les voies et moyens de transport.

Ces délais seront prolongés en cas de séjour des boissons pendant le cours du transport.

7. Il ne sera perçu aucun droit sur les vins, cidres, poirés ou eaux-de-vie au-dessous de vingt-huit degrés, qui seront enlevés de chez un propriétaire, colon partiaire ou fermier, pourvu qu'ils proviennent de sa récolte, quels que soient le lieu de la destination et la qualité du destinataire. Dans ce cas, l'expéditeur sera tenu de se munir, pour les vins, cidres ou poirés, d'un passavant, et, pour les eaux-de-vie, d'un acquit-à-caution. Le coût des passavans ou acquits-à-caution sera de vingt-cinq centimes par expédition, le droit de timbre compris. (3)

8. La même exemption sera accordée aux négo-

(1) Voyez l'article 10 de la loi du 28 avril 1816.
(2) Voyez l'article 11 de la même loi.
(3) Voyez les articles 7 et 8 de la même loi *in fine*.

cians, marchands en gros, courtiers, facteurs, commissionnaires, distillateurs, débitans et autres, pour les boissons qu'ils feront transporter de l'une de leurs caves dans une autre, située dans l'étendue du même département. (1)

9. Il ne sera délivré de passavant ou d'acquit-à-caution, dans le cas prévu par l'article 7, que sur des déclarations dans lesquelles il sera fait mention que l'expéditeur est réellement propriétaire, fermier ou colon partiaire, récoltant, et non marchand en gros ni débitant, et que les boissons expédiées proviennent de sa récolte.

10. Il sera perçu à l'enlèvement des vins, cidres, poirés et eaux-de-vie au-dessous de vingt-huit degrés, dans tous les cas autres que ceux désignés dans les articles 7 et 8, un droit à la circulation, conformément au tarif annexé à la présente loi; et il sera délivré un congé pour les vins, cidres ou poirés, et un acquit-à-caution pour les eaux-de-vie.

11. Le droit à la circulation sera perçu dans tous les cas sur les eaux-de-vie de vingt-huit degrés, et au-dessus, ainsi que sur les esprits et liqueurs composées d'eau-de-vie ou d'esprit, suivant le tarif annexé à la présente loi, et il sera délivré un acquit-à-caution.

12. Le droit à la circulation sera payé à l'enlèvement, et ne pourra être exigé qu'une seule fois jusqu'à la destination déclarée, quelle que soit la durée du transport, lors même qu'il y aurait séjour en route ou changement de voie et de moyens de transport. (2)

13. Les boissons devront être conduites à la destination déclarée. Lorsqu'un transport de boissons sera interrompu par une cause quelconque, le conducteur sera tenu de faire, dans les vingt-quatre heures, et avant le déchargement des boissons, une déclaration de transit, et de déposer les congés au

---

(1) Voyez l'article 4 de la loi du 28 avril 1816.

(2) Voyez l'article 2 de la même loi.

bureau de la régie, pour n'être visés et remis qu'au moment de la reprise du transport, et après vérification des boissons, qui devront être représentées aux employés à toute réquisition.

14. Les opérations que la conservation des boissons exige en route, telles que les transvasions, le rabatage des pièces et l'ouillage, seront permises pour les boissons déclarées en transit. Ces opérations ne pourront être faites qu'en présence des employés, qui devront en faire mention au dos des congés, passavans ou acquits-à-caution. Si les employés étaient absens, le buraliste pourrait les suppléer. Dans le cas où un accident de force majeure nécessiterait le prompt déchargement d'une voiture ou d'un bateau, ou la transvasion immédiate des boissons, ces opérations pourront avoir lieu sans déclaration préalable, moyennant que le conducteur fasse constater l'événement par les employés de la régie, ou, à défaut, par le maire ou l'adjoint de la commune la plus voisine.

15. Les réclamations en déduction pour coulage de route seront reglées d'après les distances parcourues, l'espèce de boisson, les moyens employés pour le transport, sa durée, la saison dans laquelle il aura été effectué, et les accidens légalement constatés. La régie se conformera, à cet égard, aux usages du commerce.

16. Les eaux-de-vie, esprits et liqueurs, ne pourront circuler qu'accompagnés d'acquits-à-caution, lorsqu'ils seront destinés à des marchands en gros, débitans et autres redevables.

Lorsque ces mêmes boissons seront adressées à un simple consommateur, il sera délivré un congé, et les droits à la circulation et à la vente en détail seront perçus au lieu de l'enlèvement, à moins que l'expéditeur ne réclame un acquit-à-caution.

17. Le renvoi des acquits-à-caution, dûment déchargés, sera fait par les employés de la régie : les expéditeurs et les cautions ne seront pas responsables du retard ni de la perte desdits acquits, si les destinataires ont eu soin de déclarer l'arrivée des boissons,

ou d'acquitter les droits, et de remettre au bureau de la régie les acquits-à-caution dont il leur sera donné acte de dépôt.

18. Le droit à la circulation ne sera pas perçu sur les boissons exportées à l'étranger : seulement l'expéditeur sera tenu de prendre un acquit-à-caution, qui sera déposé au bureau de sortie, revêtu du certificat de décharge, et renvoyé au receveur du lieu d'enlèvement.

19. Les voyageurs ne seront pas tenus de se munir d'expéditions pour les vins destinés à leur usage pendant le voyage, pourvu qu'ils n'en transportent pas au-delà de trois bouteilles par personne.

20. Les contraventions aux dispositions du présent Titre seront punies de la confiscation des boissons saisies, et d'une amende de cent à six cents francs, suivant la gravité des cas.

TITRE II.

Droit d'Entrée.

---

§. Ier. *De la Perception.*

21. Il sera perçu, au profit du trésor public, dans les villes et bourgs d'une population agglomérée de deux mille âmes et au-dessus, non compris celle éparse dans les hameaux et villages dépendans de la commune, un droit d'entrée sur les boissons spécifiées dans les articles 10 et 11 : ce droit sera perçu suivant le tarif annexé à la présente loi.

Les classemens des départemens, fixés par les tarifs annexés à la présente loi, contre lesquels il s'élevera des réclamations, pourront être rectifiés par le ministre secrétaire d'état des finances, sur l'avis du directeur général des impôts indirects, lorsqu'il sera reconnu qu'il y a eu erreur dans les calculs ou les bases qui ont déterminé la classification. (1)

---

(1) Voyez l'article 20 de la loi du 28 avril 1816.

22. Ce droit sera perçu dans les faubourgs des lieux sujets à ce droit; mais les dépendances rurales entièrement détachées du lieu principal, en seront affranchies. (1)

23. S'il s'élève des difficultés sur la question de savoir si, par sa population, une ville ou un bourg doit être sujet au droit d'entrée, s'il doit, en raison de sa population, changer de classe, et sur les limites à fixer à l'extrémité des faubourgs, la réclamation de la commune sera soumise au préfet, qui, après avoir pris l'avis du sous-préfet, la transmettra, avec ses observations, au directeur général des impositions indirectes; et le ministre des finances statuera sur l'avis de ce dernier. (2)

24. Les vendanges et fruits à cidre ou poiré seront soumis au même droit, à raison de trois hectolitres de vendanges pour deux hectolitres de vin, et de cinq hectolitres de pommes ou de poires, pour deux hectolitres de cidre ou de poiré. (3)

25. Le conducteur des boissons destinées à la consommation d'un lieu sujet au droit d'entrée, sera tenu, avant de les y introduire, de représenter, aux employés établis aux portes, les congés, passavans, ou acquits-à-caution, et de payer les droits d'entrée, dont il lui sera délivré quittance. (4)

26. Dans les villes où la perception est faite à bureau central, les conducteurs ne pourront décharger les voitures, ni introduire les boissons au domicile du destinataire, avant d'avoir acquitté les droits audit bureau. (5)

27. Les boissons destinées pour un lieu sujet au droit d'entrée ne pourront y être introduites avant cinq heures du matin ou après dix heures du soir. (6)

---

(1) Voyez l'article 21 de la loi du 28 avril 1816.
(2) Voyez l'article 22 de la même loi.
(3) Voyez l'article 23 de la même loi.
(4) Voyez l'article 24 de la même loi.
(5) Voyez l'article 25 de la même loi.
(6) Voyez l'article 27 de la même loi, plus développé et plus circonstanciel.

§. II. *Du Passe-debout.*

28. Le conducteur d'un chargement de boissons qui voudra traverser seulement un lieu sujet au droit d'entrée, ou y séjourner moins de vingt-quatre heures, sera tenu de se munir d'un permis de passe-debout, qui sera délivré sur le cautionnement ou la consignation des droits.

La restitution des sommes consignées, ainsi que la libération de la caution, s'opéreront au bureau de la sortie.

Lorsqu'il sera possible de faire escorter les chargemens de boissons, le conducteur sera dispensé de consigner ou de faire cautionner les droits. (1)

29. Les boissons conduites à un marché dans un lieu où il est perçu des droits d'entrée, ne seront soumises au paiement de ces droits qu'autant que la sortie ultérieure ne serait pas justifiée. (2)

§. III. *Du Transit.*

30. En cas de séjour des boissons au-delà de vingt-quatre heures, le transit sera déclaré conformément à ce qui est prescrit par l'article 13 de la présente; mais la consignation ou le cautionnement des droits d'entrée subsisteront pendant toute la durée du séjour. (3)

§. IV. *De l'Entrepôt.*

31. Tout négociant ou propriétaire qui réclamera l'entrepôt à domicile, ne pourra l'obtenir qu'en entreposant au moins neuf hectolitres de vin ou de cidre, ou quatre hectolitres d'eau-de-vie. Il sera soumis au droit d'entrée pour toutes les boissons manquantes à ses charges, et qu'il ne justifiera pas avoir fait sortir de la commune. La durée de l'entrepôt sera illimitée. (4)

---

(1) Voyez l'article 28 de la loi du 28 avril 1816.
(2) Voyez l'article 29 de la même loi.
(3) Voyez l'article 30 de la même loi.
(4) Voyez l'article 31 de la même loi.

32. Tout propriétaire ou négociant qui fera conduire des boissons dans un lieu sujet au droit d'entrée pour n'y être qu'entreposées jusqu'à leur sortie ultérieure, sera tenu d'en faire la déclaration au bureau de la régie, de prendre un bulletin d'entrepôt, de désigner les caves, celliers ou magasins où il voudra déposer les boissons.

Les employés sont autorisés à faire les vérifications nécessaires dans les caves, celliers et magasins des entrepositaires. Les dispositions de l'article 88 du Titre IV de la présente loi leur sont applicables.

33. La faculté d'entreposer les boissons sera aussi accordée aux personnes qui introduiront dans les lieux sujets au droit d'entrée des vendanges et fruits, et qui destineront les boissons en provenant à être transportées hors de la commune. (1)

34. Cette même faculté pourra être accordée à des particuliers qui auraient reçu des boissons pour être conduites, peu de temps après leur arrivée, soit à la campagne, soit dans une autre résidence. Dans l'un ou l'autre de ces cas, la déclaration devra en être faite au moment de l'arrivée des boissons. (2)

35. Les boissons introduites dans les lieux sujets au droit d'entrée, pour y être converties en eaux-de-vie ou esprits, ne seront pas soumises à ce droit, pourvu que l'entrepôt ait été réclamé.

36. Le produit de la distillation, constaté par l'exercice des commis chez les bouilleurs et distillateurs, sera considéré comme pouvant avoir une destination extérieure, et ne sera soumis au droit d'entrée que dans le cas où les eaux-de-vie seraient livrées à la consommation intérieure.

Il en sera de même du produit des distillations de grains, marcs, lies, fruits et autres substances.

37. L'entrepôt à domicile pourra être accordé même dans les villes où il existe un entrepôt public (Paris excepté). (3)

---

(1) Voyez l'article 33 de la loi du 28 avril 1816.
(2) Voyez l'article 34 de la même loi.
(3) Voyez l'article 39 de la même loi.

38. Il sera accordé, pour ouillage et coulage, aux propriétaires qui jouiront de l'entrepôt pour les boissons de leur récolte, la même déduction que celle allouée aux marchands en gros par l'article 90 de la présente loi.

39. La totalité des manquans reconnus sera passée en décharge, lorsque les boissons seront placées dans les entrepôts réels, sous la clef de la régie.

40. Dans les villes ouvertes où la perception des droits d'entrée sur les vendanges, pommes ou poires, ne peut être opérée au moment de l'introduction, la régie pourra accorder l'entrepôt général, et sera autorisée à faire faire, après la récolte, chez les propriétaires récoltans, un recensement pour constater les quantités de vin ou de cidre fabriquées; il en sera de même à l'égard des vendanges et fruits récoltés dans l'intérieur d'un lieu sujet.

41. Les employés de la régie se borneront, chaque année, à faire deux recensemens chez les propriétaires qui n'entreposent que les seuls produits de leur crû, l'un avant, l'autre après la récolte.

42. Les piquettes, aussi appelées demi-vins, fabriquées par les propriétaires récoltans, avec de l'eau jetée sur des marcs, ne seront pas prises en charge à leur compte, et seront conséquemment exemptes du droit. (1)

43. Dans les lieux sujets au droit d'entrée, où le mode de remplacement du droit à la vente en détail, autorisé par l'article 81, sera établi, le compte des boissons reçues ou expédiées par les négocians qui réclameront la faculté de l'entrepôt, sera tenu au bureau de la régie. Les employés feront seulement, chaque trimestre, et en présence du propriétaire, les vérifications nécessaires pour reconnaître les boissons restant en magasin, et établir le décompte des droits sur celles vendues à l'intérieur. (2)

---

(1) Voyez l'article 42 de la loi du 28 avril 1816, et la note.

(2) Voyez l'article 43 de la même loi.

44. Le droit d'entrée sera constaté et perçu sur les boissons manquant aux charges des entrepositaires, après déduction des quantités accordées pour ouillage et coulage, s'ils ne justifient pas les avoir fait sortir de la commune, ou avoir acquitté le droit à mesure des enlèvemens pour l'intérieur, comme ils y sont obligés.

§. V. *Dispositions particulières.*

45. Les personnes voyageant à pied, à cheval ou en voitures particulières et suspendues, ne seront pas assujetties aux visites des commis à l'entrée des villes sujettes aux droits d'entrée. (1)

46. Les courriers ne pourront être arrêtés à leur passage sous prétexte de la perception : mais ils seront obligés d'acquitter les droits dus sur les objets qui y seront sujets. A cet effet, les employés pourront assister à l'arrivée des courriers et à la remise des paquets.

Tout courrier pris en contravention sera poursuivi comme fraudeur, et sa destitution sera en outre prononcée par l'autorité compétente. (2)

47. Les contraventions aux dispositions du présent titre seront punies d'une amende de cent francs à deux cents francs, et de la confiscation des objets saisis. (3)

TITRE III.

DROIT A LA VENTE EN DÉTAIL.

---

§. Ier. *De la Perception.*

48. Il sera perçu, lors de la vente en détail des vins, cidres, poirés, eaux-de-vie, esprits et liqueurs

---

(1) Voyez l'article 44 de la loi du 28 avril 1816.
(2) Voyez l'article 45 de la même loi.
(3) Voyez l'article 46 de la même loi.

composées d'eau-de-vie ou d'esprit, un droit de quinze pour cent du prix de ladite vente. (1)

49. Les vendans en détail seront tenus de déclarer aux commis le prix de leurs ventes, chaque fois qu'ils en seront requis; lesdits prix seront inscrits, tant sur les portatifs et registres que sur une affiche apposée par le débitant, dans le lieu le plus apparent de son domicile.

50. En cas de contestation entre les employés et les débitans, relativement à l'exactitude de la déclaration des prix de vente, il en sera référé au maire de la commune, lequel prononcera sur le différend, sauf le recours, de part et d'autre, au préfet en conseil de préfecture, qui statuera définitivement dans la huitaine, après avoir pris l'avis du sous-préfet et du directeur des impositions indirectes.

Le droit sera provisoirement perçu d'après la décision du maire, sauf rappel ou restitution.

§. II. *Des Débitans.*

51. Les cabaretiers, aubergistes, traiteurs, restaurateurs, maîtres d'hôtels garnis, cafetiers, liquoristes, buvetiers, débitans d'eau-de-vie, concierges et autres, donnant à manger au jour, au mois ou à l'année, ainsi que tous autres qui voudront se livrer à la vente en détail des boissons spécifiées en l'article 48, seront tenus de faire leur déclaration au plus prochain bureau de la régie, et de désigner les espèces et quantités de boissons qu'ils auront en leur possession, dans les caves ou celliers de leur demeure ou autres, ainsi que le lieu de la vente, comme aussi d'indiquer, par une enseigne ou bouchon, leur qualité de débitant. (2)

---

(1) Sur le présent article et sur les 2 suivans, voyez les articles 47, 48 et 49 de la loi du 28 avril 1816.

(2) Sur cet article et sur les 52e, 53e, 54e, 55e, 56e et 57e, voyez les articles 50 à 56 de la même loi, et les notes.

52. Les cantiniers des troupes seront tenus de se conformer aux dispositions de l'article précédent, à l'exception de ceux établis dans les camps, forts et citadelles, pourvu qu'ils ne reçoivent que des militaires, et qu'ils aient une commission de cantinier du ministre de la guerre.

53. Toute personne qui vend en détail des boissons de quelque espèce que ce soit, est sujette aux visites et exercices des employés de la régie.

54. Toutes les boissons qui arriveront pendant le cours du débit, ne pourront être introduites dans le domicile des débitans, leurs caves ou celliers, qu'en vertu de congés, passavans ou acquits-à-caution, qui seront représentés aux employés lors de leurs visites et exercices, et seront relatés dans les actes de charge.

Les débitans domiciliés dans les lieux sujets au droit d'entrée seront tenus, en outre, de représenter aux employés les quittances de ces droits pour les boissons qu'ils auront reçues.

55. Les boissons seront prises en charge aux registres portatifs des commis, les futailles seront comptées, jaugées et marquées, les boissons dégustées, et le degré des eaux-de-vie vérifié.

56. Les débitans seront tenus d'avoir un registre sur papier libre, coté et paraphé par le juge de paix, et les commis d'y consigner le résultat de leurs exercices, ou de mentionner dans leurs actes, sur le portatif, le refus qu'aura fait le débitant de représenter ledit registre.

57. Le débit de chaque pièce sera suivi par diminution. Les manquans, à mesure des ventes, seront constatés comme les charges par des actes réguliers, qui devront être signés de deux commis, inscrits aux registres portatifs, et relatés à ceux des débitans.

58. Les vendans en détail ne pourront établir le débit des vins et eaux-de-vie sur des vaisseaux d'une contenance supérieure à cinq hectolitres, ni en avoir chez eux d'une contenance inférieure à un hectolitre.

59. Ils ne pourront jamais mettre en vente, ni avoir en perce à la fois, plus de trois pièces de boissons de chaque nature.

60. Il est défendu aux vendans en détail de faire aucun remplissage sur les tonneaux, soit marqués, soit démarqués, hors la présence des commis. (1)

61. Les débitans ne pourront avoir qu'un seul râpé raisin de trois hectolitres au plus, pourvu qu'ils aient au moins trente hectolitres de vin dans la cave de leur débit.

Ils ne pourront y verser du vin hors la présence des commis.

62. Les pièces vides ne pourront être enlevées qu'elles n'aient été préalablement démarquées.

63. La mise des boissons en bouteilles est permise aux débitans. Les bouteilles seront cachetées du cachet de la régie. Le débitant fournira la cire et le feu.

64. Les débitans de boissons ne pourront vendre en gros qu'en futailles contenant au moins un hectolitre : dans ce cas, il sera fait acte de décharge aux portatifs, sur la présentation des congés; mais les boissons ainsi vendues ne pourront être enlevées que les vaisseaux n'aient été démarqués par les commis, sous peine de payer le double du droit à la vente en détail.

Le compte des débitans sera également déchargé des quantités de boissons gâtées ou perdues, lorsque la perte sera dûment justifiée.

65. Il sera accordé aux débitans, pour tout déchet et consommation de famille, trois pour cent sur le produit des droits qu'ils auront à payer.

66. Il est défendu aux vendans en détail de recéler des boissons dans leurs maisons ou ailleurs, et à tous propriétaires ou principaux locataires, de laisser entrer chez eux des boissons appartenant aux débitans, sans qu'il y ait bail par acte authentique pour

---

(1) Sur cet article et sur le suivant, voyez les articles 59 et 60 de la loi du 28 avril 1816.

les caves, celliers, magasins et autres lieux où seront placées lesdites boissons. Toutes communications intérieures entre les maisons des débitans et les maisons voisines sont interdites : les commis sont en conséquence autorisés à exiger qu'elles soient scellées. (1)

67. Lorsqu'il y aura impossibilité d'interdire les communications, le voisin du débitant pourra être soumis aux exercices des commis et au paiement du droit à la vente en détail, lorsque la consommation apparente sera évidemment supérieure à ses facultés et à la consommation réelle de sa famille, d'après les habitudes du pays. (2)

68. Dans le cas prévu par l'article précédent, et avant de procéder à aucune opération, les employés feront, par écrit, un rapport à leur directeur, qui autorisera l'exercice, s'il y a lieu, chez le voisin du débitant, mais seulement pour mémoire, et fera part de cet ordre au préfet. Les employés ne pourront procéder à cet exercice sans exhiber l'ordre qu'ils en ont de leur directeur. (3)

69. Si le résultat de cet exercice fait reconnaître une consommation apparente évidemment supérieure à la consommation réelle de la maison de l'individu exercé, le directeur des impositions indirectes en référera au préfet, qui, sur son rapport, et après avoir pris l'avis du sous-préfet et du maire, déterminera, chaque trimestre, la quantité qui sera allouée pour consommation, et celle qui sera assujettie au paiement du droit. (4)

70. Les débitans qui auront refusé de souffrir les exercices des employés, seront contraints, nonobstant les suites à donner aux procès-verbaux de refus, d'acquitter le droit à la vente en détail pendant tout le temps que les exercices auront été suspendus, sur

(1) Voyez l'article 61 de la loi du 28 avril 1816, et la note.

(2) Voyez l'article 62 de la même loi.

(3) Voyez l'article 63 de la même loi.

(4) Voyez l'article 64 de la même loi.

le pied de la somme payée par eux pendant le plus fort trimestre de l'année précédente.

A l'égard des débitans qui n'auraient pas été soumis aux exercices de l'année précédente, ils pourront être obligés d'acquitter le même droit que celui payé par le débitant le plus imposé de la commune où ils résident.

Les procès-verbaux rapportés pour refus d'exercice seront présentés dans les vingt-quatre heures au maire de la commune, qui sera tenu de viser l'original. (1)

71. La vente en détail des boissons ne pourra être faite par les bouilleurs et distillateurs pendant le temps que durera leur fabrication : cette vente pourra toutefois être autorisée, si le lieu du débit est totalement séparé de l'atelier de distillation. (2)

72. Les débitans de boissons d'achat, qui auront déclaré cesser leur débit, seront tenus de retirer leur enseigne ou bouchon, et resteront soumis, pendant les trois mois suivans, aux exercices des commis.

En cas de contravention, ils seront contraints, pour tout le temps écoulé depuis la cessation du débit, au paiement des droits, proportionnellement aux sommes constatées à leur charge pendant le trimestre précédent.

§. III. *Abonnement des Débitans.*

73. Il pourra, selon les localités, être consenti, de gré à gré, des abonnemens avec les débitans qui offriront de payer l'équivalent des droits dont ils seront passibles. (3)

74. Le prix des abonnemens consentis par la régie sera payé par trimestre et d'avance. Ces abonnemens seront faits par écrit ; ils ne seront définitifs qu'après

---

(1) Voyez l'article 68 de la loi du 28 avril 1816, et la note.

(2) Voyez l'article 69 de la même loi.

(3) Sur cet article et le suivant, voyez les articles 70, 71 et 72 de la même loi.

l'approbation de la régie : ils ne pourront attribuer à l'abonné le privilége de vendre par exclusion à tout autre débitant qui voudrait s'établir dans la même commune. Ces actes seront révoqués de plein droit, en cas de fraude dûment constatée.

§. IV. *Propriétaires vendant en détail les Boissons de leur crû.*

75. Les propriétaires qui voudront faire la vente en détail des boissons de leur crû, jouiront d'une remise de vingt-cinq pour cent sur les droits qu'ils auront à payer : ils devront, dans la déclaration préalable à laquelle ils seront tenus, indiquer la quantité de boissons de leur crû qu'ils auront en leur possession, et celle dont ils entendent faire la vente en détail, et se soumettre en outre à ne vendre aucune autre boisson que celle de leur crû. Ils devront faire leurs ventes par eux-mêmes ou par des domestiques à leurs gages, dans des maisons à eux appartenant, ou qu'ils auront louées par bail authentique. (1)

76. Ils ne pourront fournir aux buveurs que les boissons déclarées avec des bancs et tables, et seront libres d'établir leur vente en détail sur des vaisseaux d'une contenance supérieure à cinq hectolitres. Ils seront assujettis à toutes les obligations imposées aux autres vendans en détail. Néanmoins les exercices des commis n'auront pas lieu dans l'intérieur de leur domicile; pourvu que le local où leurs boissons seront vendues en détail, en soit séparé.

§. V. *Perception du Droit à la vente en détail sur les Eaux-de-vie.*

77. Il sera perçu un droit général de consommation, égal à celui de détail fixé par l'article 48, sur toutes les quantités d'eau-de-vie, d'esprit, ou de liqueurs composées d'eau-de-vie ou d'esprit, qui se-

(1) Sur cet article et le suivant, voyez les articles 85 et 86 de la loi du 28 avril 1816.

ront adressées à des personnes autres que celles assujetties aux exercices des employés de la régie.

Si ce droit n'a pas été perçu au lieu de l'enlèvement, il le sera à l'arrivée des boissons, d'après les prix courans de la vente en détail au lieu de la destination, et les acquits-à-caution seront immédiatement déchargés. (1)

78. Le droit à la vente en détail ne sera point perçu sur les eaux-de-vie, esprits et liqueurs exportés à l'étranger.

79. Le même droit ne sera point exigé des personnes non soumises aux exercices en cas de transport d'eau-de-vie, d'esprit ou de liqueurs, de l'une de leurs maisons dans une autre, ou dans un nouveau domicile, en justifiant toutefois aux employés appelés à décharger les acquits-à-caution, de leurs droits à cette exemption. (2)

80. Les eaux-de-vie versées sur les vins seront également affranchies du droit à la vente en détail, pourvu que la quantité employée n'excède pas un vingtième de la quantité de vin soumise à cette opération, qui ne pourra se faire qu'en présence des employés de la régie. La même exemption sera accordée pour les eaux-de-vie et esprits employés par des fabricans ou manufacturiers dans leurs établissemens, à charge par eux de les dénaturer en présence desdits employés, de manière à ce qu'ils ne puissent plus être livrés à la consommation.

§. VI. *Dispositions particulières.*

81. Dans les villes murées ou reconnues fermées, sur la demande des conseils municipaux, les exercices chez les débitans de boissons pourront être supprimés, ainsi que le paiement du droit à la circula-

(1) Sur cet article et le suivant, voyez les articles 87 et 88 de la loi du 28 avril 1816.

(2) Sur cet article et le suivant, voyez les articles 90 et 91 de la même loi.

tion pour les transports opérés dans l'intérieur, moyennant la perception aux portes, en remplacement du droit de vente en détail, d'une taxe additionnelle aux droits d'entrée, laquelle sera calculée de manière à assurer au trésor public l'équivalent du droit remplacé.

82. La taxe en remplacement aux entrées ne pourra être mise à exécution par la régie qu'après l'approbation du ministre des finances.

83. Il n'y aura pas, dans l'intérieur de la ville de Paris, d'exercices sur les boissons autres que les bières. Les droits établis par la présente y seront remplacés par une taxe établie aux entrées, à raison de

Par hectolitre de vin en cercles.........	8 fr.
Par hectolitre de vin en bouteilles.......	10
Par hectolitre de cidre ou poiré.........	4
Par hectolitre d'eau-de-vie simple au-dessous de vingt-deux degrés.............	15
Par hectolitre d'eau-de-vie rectifiée à vingt-deux degrés et au-dessus et d'esprit, d'eau-de-vie de toute espèce en bouteilles, et de liqueurs composées d'eau-de-vie ou d'esprit, tant en cercles qu'en bouteilles....	30. (1)

84. Les personnes convaincues de faire le commerce des boissons en détail, sans déclaration préalable, seront condamnées à une amende de trois cents francs à mille francs; les boissons trouvées en leur possession seront saisies et confisquées : elles pourront en obtenir la main-levée en payant une somme de mille francs, indépendamment de l'amende prononcée par le tribunal.

Toute autre contravention aux dispositions du présent titre sera punie de la confiscation des objets saisis, et d'une amende qui ne pourra être moindre de cinquante francs ni supérieure à trois cents francs,

(1) Voyez l'article 92 de la loi du 28 avril 1816.

et qui sera toujours de cinq cents francs en cas de récidive. (1)

TITRE IV.

Des Marchands en gros.

85. Les négocians, les marchands en gros, courtiers, facteurs, commissionnaires, dépositaires, distillateurs, bouilleurs de profession et autres, qui voudront faire le commerce des boissons en gros (qu'ils jouissent ou non de l'entrepôt) seront tenus de déclarer les quantités, espèces et qualités des boissons qu'ils possèdent, tant dans le lieu de leur domicile qu'ailleurs. (2)

86. Sera considéré comme marchand en gros tout particulier qui recevra et expédiera, soit pour son compte, soit pour le compte d'autrui, des boissons en futailles, d'un hectolitre au moins, ou en caisses et paniers de vingt-cinq bouteilles et au-dessus.

Ne seront pas considérés comme marchands en gros les particuliers recevant accidentellement une pièce, une caisse ou un panier de vin, pour le partager avec d'autres personnes, pourvu que, dans sa déclaration, l'expéditeur ait énoncé, outre le nom et le domicile du destinataire, ceux des copartageans et la quantité destinée à chacun d'eux.

La même exception sera applicable aux personnes qui, dans le cas de changement de domicile, vendront les boissons qu'elles auront reçues pour leur consommation.

Elle le sera également aux personnes qui vendraient immédiatement après le décès de celle à qui elles auraient succédé, les boissons dépendantes de sa succession et provenant de sa récolte ou de l'approvisionnement de sa famille, pourvu qu'elle ne

---

(1) Sur cet article, voyez les 95e et 96e de la loi du 28 avril 1816, et la note sur le 95e.

(2) Sur cet article et sur les suivans jusqu'au 88e, voyez les articles 97 à 101 de la même loi, et la note sur l'article 98.

fût ni marchand en gros, ni débitant en détail, ou fabricant de boissons.

87. Les redevables dénommés dans l'article 85 pourront transvaser, mélanger et couper leurs boissons, hors la présence des employés; les pièces ne seront pas marquées à l'arrivée, ni démarquées à la sortie : il sera tenu, seulement pour les boissons en leur possession, un compte d'entrée et de sortie, dont les charges seront établies sur les congés, qu'ils seront tenus de représenter, et les décharges sur les quittances du droit à la circulation.

Les eaux-de-vie et esprits en la possession de ces mêmes redevables, seront suivis par degrés; les charges seront accrues, lors du réglement de compte, en proportion de l'affaiblissement du degré des quantités expédiées ou restant en magasin.

88. Les employés pourront faire toutes les vérifications nécessaires à l'effet de constater les quantités de boissons restantes en magasin, et le degré des eaux-de-vie et esprits. Indépendamment de ces vérifications, ils pourront également faire, dans le cours du trimestre, tout celles qui seront nécessaires pour connaître si les boissons reçues ou expédiées ont été soumises au paiement du droit à la circulation, et aux autres droits dont elles pourraient être passibles.

Ces vérifications n'auront lieu que dans les magasins, caves, celliers, et seulement depuis le lever jusqu'au coucher du soleil.

89. Les ventes de vin, cidre, poiré, eau-de-vie, esprit et liqueurs, faites accidentellement par les dénommés en l'art. 85, seront assujetties à la taxe à la vente en détail, lorsque la quantité expédiée sera inférieure à un hectolitre, si elle est en cercles, ou à vingt-cinq litres, si elle est en bouteilles. Les vins en bouteilles expédiés en la quantité de vingt-cinq litres et au-dessus, devront être contenus dans des caisses ou paniers fermés et emballés, suivant les usages du commerce.

90. Il sera accordé aux marchands en gros, pour ouillage et coulage, une déduction de quatre pour cent

par an, sur les eaux-de-vie au-dessous de vingt-huit degrés ;

Cinq pour cent par an, sur les eaux-de-vie rectifiées et esprits, de vingt-huit degrés et au-dessus;

Quatre pour cent par an, sur les vins, cidres et poirés.

Le décompte de cette déduction sera établi à la fin de chaque trimestre, en raison de la durée du séjour des boissons en magasin.

La régie pourra accorder une plus forte déduction pour les vins qui éprouvent un déchet supérieur à la remise ci-dessus fixée. (1)

91. Les quantités de boissons manquant aux charges des dénommés en l'article 85 de la présente, après la déduction accordée pour ouillage et coulage, seront tirées en produit et passibles de la taxe à la vente en détail, d'après les bases fixées par l'article 77.

92. Toute personne qui fera le commerce des boissons en gros, sans déclaration préalable, ou qui, ayant fait une déclaration de marchand en gros, exercera réellement le commerce des boissons en détail, sera punie d'une amende de cinq cents francs à deux mille francs, sans préjudice de la saisie et de la confiscation des boissons en sa possession : elle pourra en obtenir la main-levée, en payant une somme de deux mille francs, indépendamment de l'amende prononcée par le tribunal.

Toute autre contravention aux dispositions du présent titre sera punie de la confiscation des objets saisis, et d'une amende qui ne pourra être moindre de cinquante francs, ni supérieure à trois cents francs, et qui sera toujours de cinq cents francs en cas de récidive. (2)

---

(1) Voyez l'article 103 de la loi du 28 avril 1816.

(2) Voyez l'article 106 de la même loi.

TITRE V.

Des Brasseries.

93. Il sera perçu, à la fabrication des bières, un droit d'un franc cinquante centimes par hectolitre de bière forte, et de soixante-quinze centimes par hectolitre de petite bière. (1)

94. Il n'y aura lieu à faire l'application de la taxe de soixante-quinze centimes que lorsqu'il sera fabriqué plusieurs brassins avec la même drêche et avec des métiers résultant de trempes entièrement distinctes. Un seul brassin jouira de cette faveur; et elle ne sera appliquée qu'à celui qui aura été fabriqué dans la plus petite chaudière, s'il n'a pas été employé pour tous des chaudières de même capacité.

95. La quantité des bières passibles du droit sera évaluée, pour les bières avec ébullition, d'après la contenance de la chaudière, et, pour les bières par

---

(1) Sur cet article et le suivant, voyez les articles 107 et 108 de la loi du 28 avril 1816.

Bière (la) est une liqueur faite de grains d'orge et de froment, ainsi que de houblon; on met germer le blé, et on le réduit ensuite en farine.

On brasse de diverses sortes de bière, de la rouge, de la blanche, de la petite, de la forte, de la double. Ces différences ne consistent guère que dans la manière de les brasser, ou de leur donner plus ou moins de cuisson. Il en est à peu près comme du vin, qui est blanc, paillet, rouge ou couvert, suivant qu'on le laisse plus ou moins cuver.

On brasse de la bière en toute sorte de saison; mais celle qui est brassée dans le mois de *mars* est estimée excellente et de meilleure garde.

On appelle *blanquette* une espèce de bière très faible. En Flandre et en Hollande, on l'appelle de la *molle*.

On appelle aussi de ce nom, une espèce de vin blanc qui vient de Gascogne.

infusion, d'après la contenance de la cuve qui sert à réunir les trempes pour les faire fermenter.

On comptera pour chaque brassin, la contenance de la chaudière ou de la cuve, quand même elle ne serait pas entièrement pleine : il sera seulement déduit vingt pour cent pour tenir lieu de tous déchets de fabrication, d'ouillage, de coulage et autres accidens. (1)

96. Les employés auront la faculté de vérifier dans les bacs et cuves, ou à l'entonnement, le produit de la fabrication de chaque brassin : il ne devra, dans aucun cas, excéder la contenance de la chaudière ou de la cuve sur laquelle le droit sera assis. Tout excédant à cette contenance sera saisi et confisqué; et s'il est de plus d'un dixième, il supposera la fabrication d'un brassin non déclaré, et le droit sera perçu en conséquence, indépendamment des amendes et saisies encourues.

Les quantités reconnues aux bacs refroidissoires pourront être soumises au droit, sous la déduction de dix pour cent, et celles constatées dans la cuve guilloire ou à l'entonnement, sous la déduction de cinq pour cent, si le résultat de ces vérifications donne un excédant aux quantités passibles du droit d'après l'article précédent.

L'entonnement de la bière ne pourra avoir lieu que pendant le jour. (2)

97. Il ne pourra être fait, d'un même brassin, qu'une seule espèce de bière. Le brassin sera retiré de la chaudière et mis aux bacs refroidissoires sans interruption : les décharges partielles sont en conséquence défendues.

98. La petite bière fabriquée sans ébullition, sur des marcs qui auront déjà servi à la confection de plusieurs brassins, sera exempte de tous droits, pourvu qu'elle ne soit que le produit d'eau froide

---

(1) Voyez les art. 109 et 110 de la loi du 28 avril 1816.

(2) Sur cet article et sur les suivans, jusqu'au 100e, voyez les articles 111 à 116 de la même loi.

versée dans la cuve-matière sur ces marcs, qu'elle ne soit fabriquée que de jour, qu'elle n'excède pas en quantité le huitième des bières assujetties au droit pour un des brassins précédens, et qu'en sortant de la cuve-matière, elle soit livrée de suite à la consommation, sans être mélangée d'aucune autre espèce de bière.

A défaut d'une de ces conditions, toute la petite bière fabriquée sera soumise au droit de soixante-quinze centimes par hectolitre, indépendamment des peines encourues pour fasse déclaration, s'il y a lieu.

99. Les bières destinées à être converties en vinaigre sont assujetties aux mêmes droits de fabrication que les autres bières.

Les excédans aux quantités imposables, reconnus dans les bacs et cuves, ou à l'entonnement, ne seront point passibles des droits : il sera déduit, dans tous les cas, vingt pour cent sur la contenance de la chaudière ou de la cuve, pour tous déchets de fabrication, d'ouillage, de coulage, d'évaporation et autres accidens.

100. Il est défendu de se servir, pour la fabrication de la bière, de chaudières qui ne seraient pas fixées à demeure et maçonnées.

Les brasseries ambulantes sont interdites.

A dater du 1er janvier 1815, il ne pourra être fait usage que de chaudières de six hectolitres et au-dessus.

101. Tout brasseur devra, avant de pouvoir brasser, déclarer par écrit le nombre et la contenance de ses chaudières, cuves, bacs et reverdoirs.

Les employés procéderont, par empotement, à la vérification des contenances, et dresseront procès-verbal de leurs opérations en présence du brasseur, lequel fournira l'eau et les ouvriers nécessaires pour faire l'épalement.

Chaque vaisseau portera un numéro, et l'indication de sa contenance en hectolitres. (1)

---

(1) Sur cet article et sur les deux suivans, voyez les articles 117, 118 et 119 de la loi du 28 avril 1816.

102. Il est défendu de changer, modifier ou altérer la contenance des chaudières, cuves, bacs et reverdoirs, ou d'en établir de nouveaux, sans en avoir fait la déclaration par écrit, vingt-quatre heures d'avance : cette déclaration contiendra la soumission du brasseur de ne faire usage desdits ustensiles qu'après que leur contenance aura été déclarée et vérifiée conformément à l'article précédent.

103. Le feu ne pourra être allumé sous les chaudières, dans les brasseries, que pour la fabrication de la bière.

104. Tout brasseur sera tenu, chaque fois qu'il voudra mettre le feu sous ses chaudières, de déclarer, au moins quatre heures d'avance dans les villes, et douze heures dans les campagnes,

1°. Le numéro et la contenance des chaudières qu'il emploiera, et l'heure de la mise de feu sous chacune ;

2°. Le nombre des brassins qu'il devra fabriquer avec la même drêche ;

3°. L'heure de l'entonnement de chaque brassin ;

4°. Le moment où l'eau sera versée sur les marcs pour fabriquer la petite bière sans ébullition, exempte du droit, et celui où elle sortira de la brasserie ;

5°. Si le brassin se fait par infusion, la contenance de la cuve où seront réunies les trempes pour fermenter.

Le préposé qui aura reçu la déclaration, en remettra une ampliation, signée par lui, au brasseur, lequel sera tenu de la représenter à toute réquisition des employés pendant la durée de la fabrication. (1)

105. La mise de feu sous une chaudière supplémentaire pourra être autorisée sans donner ouverture au paiement du droit de fabrication, si elle ne sert qu'à chauffer les eaux nécessaires à la confection de la bière et au lavage des ustensiles de la brasserie.

Le feu sera éteint sous la chaudière supplémen-

---

(1) Sur cet article, voyez l'article 126 de la loi du 28 avril 1816, et la note.

faire, et elle sera vidée aussitôt que l'eau destinée à la dernière trempe en aura été retirée. (1)

106. Les brasseurs sont autorisés à se servir de hausses mobiles, qui ne seront point comprises dans l'épalement des chaudières, pourvu qu'elles n'aient pas plus d'un décimètre de hauteur (environ quatre pouces), qu'elles ne soient placées sur les chaudières qu'au moment de l'ébullition de la bière, et qu'on ne se serve point de mastic ou autres matières pour les soutenir ou pour les augmenter.

107. Toutes constructions ou charpente, maçonnerie ou autrement, qui seront fixées à demeure sur les chaudières, et qui s'étendront sur plus de la moitié de leur contour, seront comprises dans l'épalement. Les brasseurs devront, en conséquence, faire les dispositions convenables pour qu'elles puissent être épalées, ou les détruire.

108. Toute brasserie en activité portera une enseigne sur laquelle sera inscrit le mot *Brasserie*.

Les brasseurs de profession apposeront sur leurs tonneaux une marque particulière, dont une empreinte sera par eux déposée au bureau de la régie, au moment où ils feront la déclaration prescrite par l'article 101.

109. Les brasseurs seront soumis aux visites et vérifications des employés, et tenus de leur ouvrir, à toute réquisition, leurs maisons, brasseries, ateliers, magasins, caves et celliers, ainsi que de leur représenter les bières qu'ils auront en leur possession. Ces visites ne pourront avoir lieu dans les maisons non contiguës aux brasseries, ou non enclavées dans la même enceinte. (2)

110. Ils sont également tenus de faire sceller toute communication des brasseries avec les maisons voisines autres que leur maison d'habitation.

---

(1) Sur cet article et sur les trois suivans, voyez les articles 121 à 124 de la loi du 28 avril 1816.

(2) Sur cet article et sur les quatre suivans, voyez les articles 125 à 128 de la même loi.

111. Les brasseurs pourront avoir un registre en papier libre, coté et paraphé par le juge de paix, sur lequel les employés consigneront le résultat des actes inscrits à leurs portatifs.

112. La régie aura avec les brasseurs des comptes ouverts, qui seront réglés et soldés à la fin de chaque mois.

Le paiement des sommes dues pourra être effectué en obligations dûment cautionnées, à trois, six ou neuf mois de date, pourvu que chaque obligation soit au moins de trois cents francs.

113. Les particuliers qui ne brassent que pour leur consommation, les colléges, maisons d'instruction et autres établissemens publics, sont assujettis aux mêmes taxes que les brasseurs de profession, et tenus aux mêmes obligations, excepté au paiement de la licence établie par l'art. 119 du Titre VII.

TITRE VI.

Des Distilleries.

114. Les distillateurs et bouilleurs de profession seront tenus de faire, par écrit, avant de commencer à distiller, toutes les déclarations nécessaires, pour que les employés puissent surveiller leur fabrication, en constater les résultats, et les prendre en charge sur leurs portatifs.

Il leur sera délivré des ampliations de leurs déclarations, qu'ils devront représenter à toute réquisition des employés pendant la durée de la fabrication. (1)

§. Ier. *Des Distilleries de Grains, Pommes de terre et autres Substances farineuses.*

115. La déclaration à faire par les distillateurs de profession, en conformité de l'article précédent, aura

(1) Voyez l'article 138 de la loi du 28 avril 1816, et la note.

lieu au moins quatre heures d'avance dans les villes, et douze heures dans les campagnes : elle énoncera,

1°. Le numéro et la contenance des chaudières et cuves de macération qui devront être mises en activité ;

2°. Le nombre des jours de travail ;

3°. Le moment où le feu sera allumé et éteint chaque jour sous les chaudières ;

4°. L'heure du chargement des cuves de macération ;

5°. La quantité de farine qui sera employée ;

6°. Enfin, et par approximation, la quantité et le degré de l'eau-de-vie qui devra être fabriquée.

116. Les dispositions des articles 101, 102 et 109 du Titre V, relatives à la déclaration des vaisseaux en usage dans les brasseries, et aux vérifications que les brasseurs sont obligés de souffrir dans leurs ateliers et dépendances, sont applicables aux distillateurs de profession. (1)

§. II. *Des Distilleries de Vins, Cidres, Poirés, Marcs, Lies et Fruits.*

117. La déclaration à faire par les bouilleurs de profession, en conformité de l'article 114, aura lieu au moins quatre heures d'avance dans les villes, et douze heures dans les campagnes : elle énoncera,

1°. Le nombre des jours de travail ;

2°. La quantité de vins, cidres, poirés, marcs, lies ou fruits qui seront mis en distillation ;

3°. Par approximation, la quantité et le degré de l'eau-de-vie qui devra être fabriquée. (2)

---

(1) Sur cet article et sur le précédent, voyez les articles 139 et 140 de la loi du 28 avril 1816.

(2) Sur cet article et le suivant, voyez les articles 141 et 142 de la même loi.

Cidre (le) est le jus exprimé des pommes par le pressoir. C'est de Normandie que Paris tire presque tous les cidres qui s'y consomment. — On fait de l'eau-de-vie de cidre, qui se consomme la plupart en Normandie, où il

118. Les directeurs de la régie sont autorisés à convenir, de gré à gré, avec les bouilleurs de profession, d'une base d'évaluation pour la conversion des vins, cidres, poirés, lies, marcs ou fruits, en eaux-de-vie ou esprits.

TITRE VII.

Des Droits de Licence.

119. Nul brasseur, distillateur ou bouilleur de crû ou de profession, ne pourra commencer sa fabrication qu'après avoir obtenu une licence, qui ne sera valable que pour un seul établissement, et pour l'année où elle aura été délivrée.

Il sera payé comptant, pour droit de licence, une somme de dix francs, à quelque époque de l'année que soit faite la déclaration. (1)

120. Toute contravention aux dispositions des Titres V, VI et VII, relatives aux brasseries, aux distilleries et au droit de licence, sera punie d'une amende de trois cents francs, laquelle, en cas de fraude, sera augmentée du quadruple des droits fraudés.

Les bières et eaux-de-vie trouvées en fraude seront en outre saisies et confisquées, ainsi que les chau-

---

s'en distille le plus. Il s'en fait quelque commerce dans les provinces et avec les étrangers; mais il a été défendu, autrefois, sous le prétexte de sa mauvaise qualité, d'en faire entrer à Paris.

Loi *du* 11 *mars* 1827 (Bulletin des Lois, n° 146) *relative à la Réduction du Droit de Circulation sur le cidre, le poiré et l'hydromel.*

Article unique. « A partir de la publication de la « présente loi, le droit de circulation sur le cidre, le poiré « et l'hydromel, sera perçu à raison de soixante centimes « (douze sous) par hectolitre. »

(1) Voyez l'article 144 de la loi du 28 avril 1816.

dières qui ne seraient pas fixées à demeure et maçonnées. (1)

TITRE VIII.

Des Octrois. (2)

121. L'administration directe et la perception des octrois, à compter du 1er janvier 1815, rentreront dans les attributions des maires, sous la surveillance immédiate des sous-préfets et sous l'autorité du gouvernement. Dans aucun cas, et jusqu'à ce qu'il ait été statué par une loi sur le mode d'administration des revenus des communes, les octrois ne seront affermés ni confiés à des régies intéressées. (3)

---

(1) Voyez les art. 129 et 143 de la loi du 28 avril 1816.

(2) Le Titre *Des Octrois* de la loi du 28 avril 1816, est différent de celui-ci.

Les Octrois municipaux et de bienfaisance ont été établis par Décret du 17 mai 1809, inséré au Bulletin des Lois, n° 239.

Ils sont destinés à subvenir aux dépenses qui sont à la charge des communes;

Ils doivent être délibérés par les conseils municipaux.

La surveillance immédiate de la perception des Octrois appartient aux maires, sous l'autorité de l'administration supérieure, portent les trois premiers articles de ce Décret.

Les tarifs ne peuvent porter que sur les boissons et liquides, les comestibles, combustibles, fourrages et matériaux, porte son article 16.

Y sont définis le passe-debout, le transit, l'entrepôt, soit réel, soit fictif.

Le *passe-debout* est le passage non interrompu par une commune, en exemption de droits.

Le *transit* est la faculté de passer dans une commune, et d'y séjourner suivant les besoins des circonstances, mais seulement pendant un délai qui ne peut excéder trois jours, sauf les cas de prorogation dont l'administration de l'octroi est juge; etc., etc.

(3) L'administration des droits réunis avait, par un De

..

122. Les maires pourront, avec l'autorisation du ministre des finances, traiter de gré à gré avec la régie des impositions indirectes, pour qu'elle se charge de la perception de leurs octrois.

123. Les communes qui voudront supprimer leurs octrois, en feront la demande, par l'intermédiaire des sous-préfets et des préfets, au ministre de l'intérieur, qui autorisera la suppression, s'il y a lieu.

124. Les moyens que les communes proposeront, en remplacement des octrois, ne pourront être admis qu'en vertu d'une autorisation formelle et nécessaire du ministre des finances.

125. Les réglemens d'octrois ne devront contenir aucune disposition contraire à celles relatives à la perception du droit d'entrée.

Les préposés des octrois seront tenus, sous peine de révocation immédiate, de percevoir le droit d'entrée pour le compte du trésor public.

126. Le prélèvement de dix pour cent, autorisé par l'article 75 de la loi du 24 avril 1806, sur le produit net des octrois, continuera d'avoir lieu.

127. Les lois, décrets et réglemens généraux concernant les octrois, continueront à être exécutés en ce qui n'est pas contraire aux dispositions de la présente.

TITRE IX.

Dispositions générales.

128. La régie établira un bureau de déclaration dans toutes les communes qui en demanderont, et qui indiqueront en même temps un habitant solvable qui consente à remplir les fonctions de buraliste. Ces

---

cret du 8 février 1812 (Bulletin, n° 420) été chargée de la perception des octrois; mais la loi les fait rentrer, à partir du 1er janvier 1815, dans les attributions des maires.

Voyez ci-après l'ordonnance du Roi, du 9 décembre 1814, portant *Réglement pour l'Administration et la Perception des Octrois.*

receveurs jouiront d'une indemnité de cinquante francs par an, au moins, qui sera complétée par la commune, lorsque la rétribution de vingt-cinq centimes, accordée pour la délivrance des passavans, ne s'élevera pas à cette somme. (1)

129. Les buralistes chargés de recevoir les déclarations et de délivrer les passavans, congés et acquits-à-caution, seront tenus de résider dans leur bureau depuis le lever jusqu'au coucher du soleil, les jours ouvrables seulement.

130. La régie pourra exiger le paiement des sommes dues à l'époque de la cessation du commerce d'un redevable, à la fin de chaque mois, ou même, à l'égard des habitans, au fur et à mesure de la vente, ou quand des boissons auront été mises en vente dans les foires, marchés ou assemblées. Dans tous les cas, le compte de chaque redevable sera arrêté à la fin de chaque trimestre.

131. Les exercices et vérifications que les employés sont autorisés à faire chez les contribuables, ne pourront avoir lieu que pendant le jour. Cependant ils pourront aussi être faits la nuit dans les brasseries et distilleries, lorsqu'il résultera des déclarations que ces établissemens sont en activité; et chez les débitans, pendant tout le temps que les cabarets seront ouverts au public. (2)

132. Les visites et vérifications des employés qui doivent être faites pendant le jour, ne pourront avoir lieu que dans l'intervalle de temps ci-après fixé, savoir :

Pendant les mois de mai, juin, juillet et août, depuis cinq heures du matin jusqu'à huit heures du soir;

Pendant les mois de mars, avril, septembre et octobre, depuis six heures du matin jusqu'à sept heures du soir ;

---

(1) Sur cet article et sur le suivant, voyez les articles 233 et 234 de la loi du 28 avril 1816.

(2) Voyez l'article 235 de la même loi, et la note.

Et pendant les mois de janvier, février, novembre et décembre, depuis sept heures du matin jusqu'à cinq heures du soir. (1)

133. Les employés pourront procéder à leurs exercices, même les dimanches et jours de fêtes, excepté pendant les heures du service divin.

134. En cas de suspicion de fraude dans l'intérieur de l'habitation des particuliers, les employés pourront faire des visites, en se faisant assister du juge de paix, ou du maire ou de son adjoint, qui seront tenus de déférer à la réquisition par écrit qui leur en sera faite, et qui sera transcrite en tête du procès-verbal. Ces visites ne pourront avoir lieu que d'après l'ordre d'un employé supérieur, du grade de contrôleur au moins, qui rendra compte des motifs au directeur de son département. (2)

135. Les rébellions ou voies de fait contre les employés seront poursuivies devant les tribunaux, qui ordonneront l'application des peines prononcées par le Code Pénal, indépendamment des amendes ou confiscations qui pourraient être encourues par les contrevenans.

Quand les rébellions ou voies de fait auront été commises par un débitant, le tribunal ordonnera en outre la clôture du débit pendant un délai de trois mois au moins, et de six mois au plus. (3)

136. A défaut de paiement des droits, il sera décerné, contre les redevables, des contraintes qui seront exécutoires, nonobstant opposition, et sans y préjudicier.

137. Les employés n'auront aucun droit au partage du produit net des amendes et confiscations. Un tiers de ce produit appartiendra à la caisse des retraites; les deux autres tiers feront partie des recettes ordinaires de la régie.

---

(1) Voyez les articles 26 et 236 de la loi du 28 avril 1816, et la note.

(2) Voyez l'article 237 de la même loi, et la note.

(3) Sur cet article et les deux suivans, voyez les articles 238, 239 et 240 de la même loi.

138. Les registres portatifs tenus par les employés de la régie seront cotés et paraphés par les juges de paix : les registres de perception ou de déclaration, et tous autres pouvant servir à établir les droits du trésor, et ceux des redevables, seront côtés et paraphés dans chaque arrondissement de sous-préfecture, par un des fonctionnaires publics que les sous-préfets désigneront à cet effet. (1)

139. Les actes faits par les employés dans le cours de leurs exercices pour assurer la perception des droits, auront foi en justice jusqu'à inscription de faux. Il en sera de même des procès-verbaux en ce qui concernera des fraudes ou contraventions; et quant aux faits de rébellion, injures ou mauvais traitemens, ces actes n'auront foi que jusqu'à preuve contraire.

140. Les expéditions et quittances délivrées par les employés seront marquées d'un timbre spécial, dont le prix est fixé à cinq centimes : ces expéditions et quittances seront détachées des registres à souches.

141. Les bouteilles seront comptées chacune pour un litre; les demi-bouteilles, chacune pour un demi-litre; et les droits perçus en raison de ces contenances

142. Tout ce qui concerne les acquits-à-caution délivrés par la régie, sera réglé suivant les dispositions de la loi du 22 août 1791.

143. S'il s'élève quelque contestation sur la contenance des vaisseaux, les redevables auront la faculté de requérir qu'il soit fait un nouveau jaugeage, en présence d'un officier public, par un expert nommé par le juge de paix du canton, qui recevra son serment. En cas de réclamation de la régie, l'opération de cet expert pourra être vérifiée par un autre expert nommé par le président du tribunal d'arron-

(1) Sur cet article et les deux suivans, voyez les articles 241, 242 et 243 de la loi du 28 avril 1816, et la note sur l'article 242.

dissement, sur la présentation en nombre triple, du directeur des impositions indirectes. Les frais de l'une et de l'autre vérification seront à la charge de la partie qui aura élevé une mauvaise contestation.

144. Les préposés ou employés de la régie, prévenus de crimes ou délits commis dans l'exercice de leurs fonctions, seront poursuivis et traduits, dans les formes communes à tous les autres citoyens, devant les tribunaux compétens, sans autorisation préalable de la régie. Seulement, le juge instructeur, lorsqu'il aura décerné un mandat d'arrêt, sera tenu d'en informer le directeur des impositions indirectes du département de l'employé poursuivi. (1)

145. Les autorités civiles et militaires, et la force publique prêteront aide et assistance aux employés, pour l'exercice de leurs fonctions, toutes les fois qu'elles en seront requises. (2)

146. Toutes les instances concernant la perception des impositions indirectes, à l'exception de celles relatives aux douanes, seront poursuivies ou terminées, soit par jugement, soit par transaction, conformément aux lois, décrets et réglemens actuellement en vigueur, jusqu'à la prochaine session, où il sera présenté un projet de loi sur cet objet, en cas de prorogation de l'impôt.

147. Des réglemens d'administration publique, contre-signés par le ministre des finances, et publiés dans la forme ordinaire, détermineront, sous les peines portées par les lois, les mesures nécessaires à l'exécution de la présente.

148. L'exécution de la présente loi commencera au 1er janvier 1815 : elle n'aura d'effet que jusqu'au 1er janvier 1816. (3)

149. Les dispositions des lois antérieures et contraires à la présente, relatives à la perception, pour le compte du trésor public, des droits sur les boissons, sont rapportées.

---

(1) Voyez l'article 244 de la loi du 28 avril 1816.

(2) Voyez l'article 245 de la même loi.

(3) Voyez l'article 248 de la même loi.

N° Ier. *Tarif des Droits à percevoir par hectolitre, à la Circulation des Boissons.* (1)

	VINS, EN CERCLES, transportés dans l'intérieur d'un département, ou dans ceux limitrophes.	VINS, EN CERCLES, transportés hors de ces limites.	VINS en bouteilles.	Cidres et Poirés.	Eaux-de-vie en cercles, au-dessous de 20 degrés.	Eaux-de-vie en cercles, de 20 degrés jusqu'à 28 de é exclusivement.	Eaux-de-vie et esprits, de 28 degrés et au-dessus.	Eaux-de-vie et esprits de toute espèce, en bouteilles, et liqueurs composées d'eaux-de-vie ou d'esprits, tant en cercles qu'en bouteilles.
	fr. c.	fr. c.	fr. c.	fr. c.	fr. c.	fr. c.	fr. c.	fr. c.
Dans les départemens de 1re classe.	» 40	» 60	5 »	» 20	1 80	2 50	3 20	8 »
Id. de 2e classe.	» 50	» 75						
Id. de 3e classe.	» 60	» 90						
Id. de 4e classe.	1 »	1 20						

(1) Voyez le 1er tarif joint à la loi du 28 avril 1816.

N° II. *Tarif des Droits d'entrée à percevoir sur les Boissons, dans les Villes et Communes de 2,000 âmes de population agglomérée et au-dessus.* (1)

POPULATION des COMMUNES.	PAR HECTOLITRE DE VIN EN CERCLES, dans les départemens de 1re classe.	dans les départemens de 2e classe.	dans les départemens de 3e classe.	dans les départemens de 4e classe.	Par hectolitre de vin en bouteilles ou de vin de liqueur tant en cercles qu'en bouteilles.	Par hectolitre de cidre et poiré.	Par hectolitre d'eau-de-vie en cercles au-dessous de 20 deg.	Par hectolitre d'eau-de-vie en cercles de 20 degrés jusqu'à 28 degrés exclusivement.	Par hectolitre d'eau-de-vie rectifiée à 28 degrés et au-dessus, d'eau-de-vie de toute espèce en bouteilles, d'eau de senteur et de liqueurs, composées d'eau-de-vie et d'esprit, tant en cercles qu'en bouteilles.
	fr. c.	fr. c.	fr. c.	fr. c.	fr. c.	fr. c.	fr. c.	fr. c.	fr. c.
De 2,000 à 4,000 âmes.	» 40	» 50	» 60	» 70	» 80	» 25	1 »	1 50	2 »
De 4,000 à 6,000.....	» 60	» 70	» 80	» 90	1 20	» 30	1 50	2 25	3 »
De 6,000 à 10,000....	» 80	» 95	1 10	1 25	1 60	» 45	1 80	2 70	3 60
De 10,000 à 15,000...	1 »	1 20	1 40	1 60	2 »	» 60	2 40	3 60	4 80
De 15,000 à 20,000...	1 40	1 60	1 75	2 »	2 80	» 80	3 50	5 25	7 »
De 20,000 à 30,000...	2 »	2 20	2 40	2 70	4 »	1 10	5 »	7 50	10 »
De 30,000 à 50,000...	2 60	2 90	3 20	3 60	5 20	1 50	6 60	9 90	13 20
De 50,000 et au-dessus.	3 30	3 60	4 »	4 50	6 60	2 »	8 40	12 60	16 80

(1) Voyez le 2e tarif joint à la loi du 28 avril 1818.

N° III. *Tableau des Départemens du Royaume, divisés en quatre classes.* (1)

1re CLASSE.	2e CLASSE.	3e CLASSE.	4e CLASSE.
Var.	Drôme.	Alpes (H.).	Rhin (B.).
Alpes (Basses).	Ardèche.	Isère.	Rhin (H.).
Vaucluse.	Aveyron.	Mont-Blanc	Vosges.
Bouches - du -	Puy-de-Dôme.	Ain.	Nord.
Rhône.	Allier.	Jura.	Pas-de-Ca-
Gard.	Cher.	Doubs.	lais.
Hérault.	Indre.	Saône (H.).	Somme.
Aude.	Vienne.	Saône - et -	Ardennes.
Pyrénées -	Sèvres (Deux).	Loire.	Aisne.
Orientales.	Vendée.	Nièvre.	Oise.
Tarn.	Loire-Infér.	Rhône.	Seine-Inf.
Garonne (H.).	Maine-et-Loire.	Loire	Eure.
Ariége.	Indre-et-Loire.	Sarthe.	Calvados.
Lot.	Loir-et-Cher.	Seine.	Orne.
Tarn - et - Ga-	Loiret.	Seine - et -	Manche.
ronne.	Yonne.	Oise.	Mayenne.
Gers.	Côte-d'Or.	Seine - et -	
Pyrénées (H.).	Aube	Marne.	
Dordogne.	Marne (Haute).	Eure - et -	
Lot-et-Garonne.	Marne.	Loir.	
Charente-Infér.	Meuse.	Creuse.	
Charente.	Meurthe.	Vienne (H.).	
Gironde.	Moselle.	Corrèze.	
Landes.	Ille-et-Vilaine.	Cantal.	
Pyrénées (B.).	Côtes-du-Nord.	Loire (H.).	
	Morbihan.	Lozère.	
	Finistère.		

Certifié conforme :

Le ministre secrétaire d'état des finances,

Signé LE BARON LOUIS.

(1) V. un tableau pareil joint à la loi du 28 avril 1816.

L'article 121 de la loi du 8 décembre 1814, portait: « L'administration directe et la perception des oc- « trois, à compter du 1er mars 1815, rentreront « dans les attributions des maires, sous la surveil- « lance immédiate des sous-préfets, et sous l'au- « torité du gouvernement. Dans aucun cas, et jus- « qu'à ce qu'il ait été statué par une loi sur le « mode d'administration des revenus des communes, « les octrois ne seront affermés ni confiés à des ré- « gies intéressées. »

Pour l'exécution de cette disposition, le Roi a rendu une *Ordonnance*, le 9 décembre 1814 (insérée au Bulletin des Lois, n° 66), portant *Réglement pour l'Administration de la perception des Octrois.* Elle donne les motifs de l'établissement des octrois, et dit par qui ils doivent être délibérés. Elle détermine les matières qui peuvent être soumises aux droits d'octroi, y compris les *boissons* et liquides; fixe les limites dans lesquelles doivent être perçus les droits d'octroi (dont sont affranchies les *dépendances rurales* entièrement détachées du lieu principal); soumet à des déclarations aux préposés de l'octroi tout porteur ou conducteur d'objets qui sont assujettis à l'octroi; détermine les voitures sujettes aux visites des préposés, et dit quelles personnes et quelles voitures en sont affranchies; statue sur les passe-debout, transit et entrepôt; définit l'entrepôt (art. 41); statue aussi sur la nomination des préposés de l'octroi (Titre *Du Personnel*), sur les écritures et la comptabilité de l'octroi, sur le contentieux en cas de saisie d'objets soumis à l'octroi; — sur les demandes en suppression ou en remplacement d'octroi. — Elle attribue à la Régie des impositions indirectes, la surveillance de la perception des octrois, pour l'exercer sous l'autorité du ministre des finances; autorise les traités des communes avec la régie pour la perception des octrois; et soumet à l'approbation du Roi tous les tarifs et réglemens d'octroi. Elle charge le ministre des finances de présenter à cette approbation (avant le 1er janvier suivant) un réglement particulier d'organisation pour l'octroi et l'entrepôt de Paris

Suivent les dispositions littérales de cette ordonnance :

Louis, par la grâce de Dieu, Roi de France et de Navarre,

Sur le rapport de notre ministre secrétaire d'état au département des finances, nous avons ordonné et ordonnons ce qui suit :

TITRE PREMIER.

Dispositions transitoires.

Art. 1er. En exécution de l'article 121 de la loi du 8 décembre 1814, le service des octrois sera remis aux maires, le 1er janvier 1815, par la régie des impositions indirectes. Cette remise, et celle des maisons, ustensiles, effets de bureau et autres, servant à la perception des octrois, seront constatées par un procès-verbal rédigé en quadruple expédition; lequel sera signé par le maire et le préposé en chef de la régie dans chaque résidence, ou par des commissaires délégués à cet effet, de part et d'autre, dans les villes où cela sera jugé nécessaire. Un des procès-verbaux sera déposé à la mairie; un autre sera remis au directeur des impositions indirectes dans le département; le troisième sera adressé au péfet; et le quatrième à la régie des impositions indirectes.

2. Dans les communes où le maire voudra traiter de gré à gré avec cette régie pour la perception de l'octroi, conformément à l'article 122 de la loi précitée, la remise du service n'aura pas lieu, moyennant que le maire souscrive une déclaration formelle de cette intention, et que, dans le mois de janvier pour tout délai, il adresse sa demande au préfet, ainsi qu'il sera statué par l'article 94. jusqu'à ce que ce traité ait été conclu, les frais de l'administration et de perception seront payés à la régie au prorata de ce qu'ils auront été en 1814.

3. La régie des impositions indirectes fera rendre aux communes, par ses receveurs, dans le premier trimestre de 1815, le compte des perceptions de 1814,

et verser immédiatement les sommes dont ils seront reliquataires. En cas d'avance de la part de la régie ou de ses préposés, pour quelque cause que ce soit, elle exercera son recours contre le receveur de la commune par toutes les voies de droit, même par forme de contrainte.

4. Les registres, bordereaux et autres pièces relatives à l'administration ou à la perception des octrois, resteront déposés chez les contrôleurs principaux des impositions indirectes. Les maires ou leurs délégués pourront en prendre communication, toutes les fois qu'ils le jugeront convenable, mais sans déplacement.

TITRE II.

De l'Établissement des Octrois.

5. Les octrois sont établis pour subvenir aux dépenses qui sont à la charge des communes : ils doivent être délibérés d'office par les conseils municipaux. Cette délibération peut aussi être provoquée par le préfet, lorsqu'à l'examen du budjet d'une commune, il reconnaît l'insuffisance de ses revenus ordinaires, soit pour couvrir les dépenses annuelles, soit pour acquitter les dettes arriérées, ou pourvoir aux besoins extraordinaires de la commune. (1)

Le Décret du 17 mai 1809 (Bulletin, n° 239), portant *Réglement sur les Octrois*, contient, entre autres dispositions, celles qui suivent :

Art. 1er. Les octrois sont établis pour subvenir aux dépenses qui sont à la charge des communes.

2. Ils continueront d'être délibérés par les conseils municipaux.

3. La surveillance immédiate de la perception des octrois appartient aux maires, sous l'autorité de l'administration supérieure.

4. Les préfets qui, à l'examen du budjet d'une commune, reconnaîtront l'insuffisance de ses revenus ordinaires, pourront provoquer le conseil municipal à délibérer l'établissement d'un octroi, après avoir reçu l'auto-

6. Les délibérations portant établissement d'un octroi sont adressées par le maire au sous-préfet, et renvoyées par celui-ci, avec ses observations, au préfet, qui les transmet également, avec son avis, à notre ministre de l'intérieur, lequel permet, s'il y a lieu, l'établissement de l'octroi demandé, et autorise le conseil municipal à délibérer les tarifs et réglemens.

7. Les projets de réglement et de tarif délibérés par les conseils municipaux, en vertu de l'autorisation de notre ministre de l'intérieur, parviennent de même aux préfets avec l'avis des maires et sous-préfets. Les préfets les transmettent à notre directeur général des impositions indirectes, pour être soumis à notre ministre des finances, sur le rapport duquel nous accordons notre approbation, s'il y a lieu.

8. Les changemens proposés par les maires ou les conseils municipaux, aux tarifs ou réglemens en vigueur, et ceux jugés nécessaires par l'autorité supérieure, ne peuvent être exécutés qu'ils n'aient été délibérés et approuvés de la manière prescrite par les articles précédens.

9. Si les conseils municipaux refusent ou négligent de délibérer sur l'établissement d'un octroi reconnu nécessaire, ou sur les changemens à rapporter aux tarifs et réglemens, il nous en sera rendu compte, dans le premier cas, par notre ministre de l'intérieur, et, dans le deuxième, par notre ministre des finances; sur les rapports desquels nous statuerons ce qu'il appartiendra.

10. Les frais de premier établissement, de régie et de perception des octrois des villes sujettes au droit d'entrée, seront proposés par le conseil municipal, et soumis, par la régie des impositions indirectes, à l'approbation de notre ministre des finances: dans les autres communes, ces frais seront réglés par les pré-

risation du ministre de l'intérieur, pour les communes dont les revenus sont au dessus de vingt mille francs.

fets. Dans aucun cas, et sous aucun prétexte, les maires ne pourront excéder les frais alloués, sous peine d'en répondre personnellement.

TITRE III.

Des Matières qui peuvent être soumises au Droit d'Octroi.

11. Aucun tarif d'octroi ne pourra porter que sur des objets destinés à la consommation des habitans du lieu sujet. Ces objets seront toujours compris dans les cinq divisions suivantes;

Savoir : 1°. Boissons et liquides;
2°. Comestibles;
3°. Combustibles;
4°. Fourrages;
5°. Matériaux. (1)

12. Sont compris dans la première division : les vins, vinaigres, cidres, poirés, bières, hydromels, eaux-de-vie, esprits, liqueurs et eaux spiritueuses.

Les droits d'octroi sur les vins, cidres, poirés, eaux-de-vie et liqueurs, ne pourront excéder ceux perçus aux entrées des villes sur les mêmes boissons pour le compte du trésor public (Paris excepté).

Les vendanges ou fruits à cidre ou à poiré seront assujettis aux droits, à raison de trois hectolitres de vendange pour deux hectolitres de vin, et de cinq hectolitres de pommes ou de poires pour deux hectolitres de cidre ou de poiré.

13. Les eaux-de-vie et esprits doivent être divisés, pour la perception, d'après les degrés, conformément au tarif des droits d'entrée.

Les eaux dites de Cologne, de la reine de Hongrie,

---

(1) Aux termes de l'art. 16 du Décret du 17 mai 1809, aucun tarif ne peut peser que sur les boissons et les liquides, les comestibles, les combustibles, les fourrages et les matériaux.

de mélisse et autres dont la base est l'alcool, doivent être tarifées comme les liqueurs.

14. Dans les pays où la bière est la boisson habituelle et générale, celle importée, quelle que soit sa qualité, ne pourra être, au plus, taxée qu'au quart en sus du droit sur la bière fabriquée dans l'intérieur.

15. Les huiles peuvent aussi, suivant les localités, être imposées : la taxe en est déterminée suivant leur qualité ou leur emploi.

16. Sont compris dans la deuxième division les objets servant habituellement à la nourriture des hommes, à l'exception toutefois des grains et farines, fruits, beurre, lait, légumes et autres menues denrées.

17. Ne sont point compris dans ces exceptions les fruits secs et confits, les pâtes, les oranges, les limons et citrons; lorsque ces objets sont introduits dans les villes en caisses, tonneaux, barils, paniers ou sacs; ni le beurre et les fromages venant de l'étranger.

18. Les bêtes vivantes doivent être taxées par tête. Les bestiaux abattus au-dehors et introduits par quartiers paieront au *prorata* de la taxe par tête. A l'égard des viandes dépecées, fraîches ou salées, elles sont imposées au poids.

19. Les coquillages, le poisson de mer frais, sec ou salé de toute espèce, et celui d'eau douce, peuvent être assujettis aux droits d'octroi, suivant les usages locaux, soit à raison de leur valeur vénale, soit à raison du nombre ou du poids, soit par paniers, barils, ou tonneaux.

20. Sont compris dans la troisième division, 1°. toute espèce de bois à brûler, les charbons de bois et de terre, la houille, la tourbe, et généralement toutes les matières propres au chauffage; 2°. les suifs, cires et huiles à brûler.

21. La quatrième division comprend les pailles, foins et tous les fourrages verts ou secs, de quelque nature, espèce ou qualité qu'ils soient. Le droit doit être réglé par botte ou au poids.

22. Sont compris dans la cinquième division, les bois, soit en grume, soit équarris, façonnés ou non, propres aux charpentes, constructions, menuiserie, ébénisterie, tour, tonnellerie, vannerie et charronnage.

Y sont également compris les pierres de taille, moellons, pavés, ardoises, tuiles de toute espèce, briques, craies et plâtre.

23. Pour toutes les matières désignées au présent titre, les droits doivent être imposés par hectolitre, kilogramme, mètre cube ou carré, ou stère, ou par fractions de ces mesures. Cependant, lorsque les localités ou la nature des objets l'exigent, le droit peut être fixé au cent ou au millier, ou par voiture, charge ou bateau.

24. Les objets récoltés, préparés ou fabriqués dans l'intérieur d'un lieu soumis à l'octroi, ainsi que les bestiaux qui y sont abattus, seront toujours assujettis par le tarif au même droit que ceux introduits de l'extérieur.

TITRE IV.

De la Perception.

25. Les réglemens d'octroi doivent déterminer les limites de la perception, les bureaux où elle doit être opérée, et les obligations et formalités particulières à remplir par les redevables ou les employés en raison des localités; sans toutefois que ces règles particulières puissent déroger aux dispositions de la présente ordonnance.

26. Les droits des octrois seront toujours perçus dans les faubourgs des lieux sujets; mais les dépendances rurales, entièrement détachées du lieu principal, en seront affranchies. Les limites du territoire auquel la perception s'étendra, seront indiquées par des poteaux, sur lesquels seront inscrits ces mots, *Octroi de.....*

27. Il ne pourra être introduit d'objets assujettis à l'octroi que par les barrières ou bureaux désignés à cet effet. Les tarifs et réglemens seront affichés dans

l'intérieur et à l'extérieur de chaque bureau, lequel sera indiqué par un tableau portant ces mots, *Bureau de l'octroi.*

28. Tout porteur ou conducteur d'objets assujettis à l'octroi sera tenu, avant de les introduire, d'en faire la déclaration au bureau, d'exhiber aux préposés de l'octroi les lettres de voiture, connaissemens, chartes-parties, acquits-à-caution, congés, passavans et toutes autres expéditions délivrées par la régie des impositions indirectes, et d'acquitter les droits, sous peine d'une amende égale à la valeur de l'objet soumis au droit. A cet effet, les préposés pourront, après interpellation, faire sur les bateaux, voitures et autres moyens de transport, toutes les visites, recherches et perquisitions nécessaires, soit pour s'assurer qu'il n'y reste rien qui soit sujet aux droits, soit pour reconnaître l'exactitude des déclarations.

Les conducteurs seront tenus de faciliter toutes les opérations nécessaires auxdites vérifications.

La déclaration relative aux objets arrivant par eau contiendra la désignation du lieu de déchargement, lequel ne pourra s'effectuer que les droits n'aient été acquittés, ou au moins valablement soumissionnés.

29. Tout objet sujet à l'octroi, qui, nonobstant l'interpellation faite par les préposés, serait introduit sans avoir été déclaré, ou sur une déclaration fausse ou inexacte, sera saisi.

30. Les personnes voyageant à pied, à cheval ou en voiture particulière suspendue, ne pourront être arrêtées, questionnées ou visitées sur leurs personnes ou en raison de leurs malles ou effets. Tout acte contraire à la présente disposition sera réputé acte de violence; et les préposés qui s'en rendront coupables, seront poursuivis correctionnellement, et punis des peines prononcées par les lois.

31. Tout individu soupçonné de faire la fraude à la faveur de l'exception ordonnée par l'article précédent, pourra être conduit devant un officier de

police, ou devant le maire, pour y être interrogé; et la visite de ses effets autorisée, s'il y a lieu.

32. Les diligences, fourgons, fiacres, cabriolets et autres voitures de louage sont soumis aux visites des préposés de l'octroi.

33. Les courriers ne pourront être arrêtés à leur passage, sous prétexte de la perception; mais ils seront obligés d'acquitter les droits sur les objets soumis à l'octroi qu'ils introduiront dans un lieu sujet. A cet effet, des préposés de l'octroi seront autorisés à assister au déchargement des malles.

Tout courrier, tout employé des postes, ou de toute autre administration publique, qui serait convaincu d'avoir fait ou favorisé la fraude, outre les peines résultant de la contravention, sera destitué par l'autorité compétente.

34. Dans les communes où la perception ne pourra être opérée à l'entrée, il sera établi au centre, suivant les localités, un ou plusieurs bureaux. Dans ce cas, les conducteurs ne pourront décharger les voitures ni introduire au domicile des destinataires les objets soumis à l'octroi, avant d'avoir acquitté les droits auxdits bureaux.

35. Il est défendu aux employés, sous peine de destitution et de tous dommages et intérêts, de faire usage de la sonde dans la visite des caisses, malles et ballots annoncés contenir des effets susceptibles d'être endommagés : dans ce cas, comme dans tous ceux où le contenu des caisses ou ballots sera inconnu ou ne pourrait être vérifié immédiatement, la vérification en sera faite, soit à domicile, soit dans les emplacemens à ce destinés.

36. Toute personne qui récolte, prépare ou fabrique, dans l'intérieur d'un lieu sujet, des objets compris au tarif, est tenue, sous peine de l'amende prononcée par l'article 28, d'en faire la déclaration et d'acquitter immédiatement le droit, si elle ne réclame la faculté de l'entrepôt.

Les préposés de l'octroi peuvent reconnaître à domicile les quantités récoltées, préparées ou fabriquées, et faire toutes les vérifications nécessaires pour prévenir la fraude. A défaut de paiement du droit, il est décerné contre les redevables, des contraintes qui sont exécutoires, nonobstant oppositions et sans y préjudicier.

TITRE V.

Du Passe-debout et du Transit.

37. Le conducteur d'objets soumis à l'octroi, qui voudra traverser seulement un lieu sujet, ou y séjourner moins de vingt-quatre heures, sera tenu d'en faire la déclaration au bureau d'entrée, conformément à ce qui est prescrit par l'article 28, et de se munir d'un permis de passe-debout, qui sera délivré sur le cautionnement ou la consignation des droits. La restitution des sommes consignées, ainsi que la libération de la caution, s'opéreront au bureau de la sortie.

Lorsqu'il sera possible de faire escorter les chargemens, le conducteur sera dispensé de consigner ou de faire cautionner les droits.

38. En cas de séjour au-delà de vingt-quatre heures, dans un lieu sujet à l'octroi, d'objets introduits sur une déclaration de passe-debout, le conducteur sera tenu de faire, dans ce délai et avant le déchargement, une déclaration de transit, avec indication du lieu où lesdits objets seront déposés, lesquels devront être représentés aux employés à toute réquisition. La consignation ou le cautionnement du droit subsisteront pendant toute la durée du séjour.

39. Les réglemens locaux d'octroi pourront désigner des lieux où les conducteurs d'objets en passe-debout ou en transit seront tenus de les déposer pendant la durée du séjour, ainsi que des ports ou quais où les navires, bateaux, coches, barques et diligences devront stationner.

40. Les voitures et transports militaires chargés d'objets assujettis aux droits, sont soumis aux règles prescrites par les articles précédens, relativement au transit et au passe-debout.

TITRE VI.

De l'Entrepôt.

41. L'entrepôt est la faculté donnée à un propriétaire ou à un commerçant, de recevoir et d'emmagasiner dans un lieu sujet à l'octroi, sans acquittement du droit, des marchandises qui y sont assujetties et auxquelles il réserve une destination extérieure.

L'entrepôt peut être réel, ou fictif, c'est-à-dire à domicile : il est toujours illimité. Les réglemens locaux doivent déterminer les objets pour lesquels l'entrepôt est accordé, ainsi que les quantités au-dessous desquelles on ne peut l'obtenir.

42. Toute personne qui fait conduire dans un lieu sujet à l'octroi, des marchandises comprises au tarif, pour y être entreposées, soit réellement, soit fictivement, est tenue, sous peine de l'amende prononcée par l'article 28, d'en faire la déclaration préalable au bureau de l'octroi, de s'engager à acquitter le droit sur les quantités qu'elle ne justifierait pas avoir fait sortir de la commune, de se munir d'un bulletin d'entrepôt, et en outre, si l'entrepôt est fictif, de désigner les magasins, chantiers, caves, celliers ou autres emplacemens où elle veut déposer lesdites marchandises.

43. L'entrepositaire sera tenu de faire une déclaration au bureau de l'octroi, des objets entreposés qu'il veut expédier au-dehors, et de les représenter aux préposés des portes ou barrières, lesquels, après vérification des quantités et espèces, délivrent un certificat de sortie.

44. Les préposés de l'octroi tiennent un compte d'entrée et de sortie des marchandises entreposées : à cet effet, ils peuvent faire à domicile, dans les magasins, chantiers, caves, celliers des entrepositaires, toutes les vérifications nécessaires pour reconnaître les objets entreposés, constater les quantités restantes, et établir le décompte des droits dus sur celles pour lesquelles il n'est pas représenté de certi-

ficat de sortie. Ces droits doivent être acquittés immédiatement par les entrepositaires; et, à défaut, il est décerné contre eux des contraintes, qui sont exécutoires nonobstant exécution et sans y préjudicier.

45. Lors du réglement de compte des entrepositaires, il leur est accordé une déduction sur les marchandises entreposées dont le poids ou la quantité est susceptible de diminuer. Cette déduction, pour les boissons, est la même que celle fixée par l'article 38 de la loi du 8 décembre 1814, relativement aux droits d'entrée. La quotité doit en être déterminée, pour les autres objets, par les réglemens locaux.

46. Dans les communes où la perception des droits sur les vendanges, pommes ou poires, ne peut être opérée au moment de l'introduction, l'administration de l'octroi accordera l'entrepôt à tous les récoltans, et sera autorisée à faire faire un recensement général pour constater les quantités de vin, de cidre ou de poiré fabriquées. Les préposés de l'octroi se borneront, dans ce cas, à faire chaque année deux vérifications à domicile chez les propriétaires qui n'entreposent que les seuls produits de leur crû, l'une avant, l'autre après la récolte.

47. Dans les cas d'entrepôt réel, les marchandises pour lesquels il est réclamé, sont placées dans un magasin public, sous la garde d'un conservateur ou sous la garantie de l'administration de l'octroi, laquelle est responsable des altérations ou avaries qui proviennent du fait de ses préposés.

48. Les objets reçus dans un entrepôt réel sont, après vérification, marqués ou rouannés, et inscrits par le conservateur, sur un registre à souche, et avec indication de l'espèce, qualité et quantité de l'objet entreposé, des marques et numéros des futailles ou colis, et des noms et demeures du propriétaire : un récépissé détaché de la souche, contenant les mêmes indications, et signé par le conservateur, est remis à l'entrepositaire.

49. Pour retirer de l'entrepôt les marchandises qui y ont été admises, l'entrepositaire est tenu de repré-

senter le récépissé d'admission, de déclarer les objets qu'il veut enlever, et de signer sa déclaration pour opérer la décharge du conservateur : il est tenu, en outre, d'acquitter les droits pour les objets qu'il fait entrer dans la consommation de la commune, de se munir d'une expédition pour ceux destinés à l'extérieur, et de rapporter au dos un certificat de sortie délivré par les préposés aux portes.

50. Les cessions de marchandises pourront avoir lieu dans l'entrepôt, moyennant une déclaration de la part du vendeur et la remise du récépissé d'admission : il en sera délivré un autre à l'acheteur, dans la forme prescrite par l'article 48.

51. L'entrepôt réel sera ouvert en tout temps aux entrepositaires, tant pour y soigner leurs marchandises que pour y conduire les acheteurs.

52. Les rouliers ou conducteurs qui déposeront à l'entrepôt réel, des marchandises refusées par les destinataires, pourront obtenir de l'administration de l'octroi le paiement des frais de transport et des déboursés dûment justifiés.

53. A défaut, par le propriétaire d'objets entreposés, de veiller à leur conservation, le conservateur se fera autoriser par le maire à y pourvoir. Les frais d'entretien et de conservation seront remboursés à l'administration de l'octroi, sur les mémoires et états réglés par le maire.

54. Les propriétaires d'objets entreposés sont tenus d'acquitter, tous les mois, les frais de magasinage, lesquels doivent être déterminés par le réglement général de l'octroi, ou par un réglement particulier, approuvé de notre ministre des finances.

55. Si, par suite de dépérissement d'objets entreposés, ou par toute autre cause, leur valeur, au dire d'experts appelés d'office par l'administration de l'octroi, n'excède pas moitié en sus des sommes qui peuvent être dues pour frais d'entretien, frais de transport, ou magasinage, il sera fait sommation au propriétaire ou à son représentant, de retirer lesdits objets : et à défaut, ils seront vendus publiquement par ministère d'huissier. Le produit net de la vente,

déduction des sommes dues, avec intérêt à raison de cinq pour cent par an, sera déposé dans la caisse municipale, et tenu à la disposition du propriétaire.

TITRE VII.

Du Personnel.

56. Conformément à l'article 4 de la loi du 27 frimaire an VIII, la nomination des préposés d'octroi sera faite de la manière suivante :

Notre directeur général des impositions indirectes est autorisé à établir et à commissionner, lorsqu'il le jugera nécessaire, un préposé en chef auprès de chaque octroi.

Notre ministre des finances est également autorisé à nommer et commissionner, sur la proposition du directeur général des impositions indirectes, un directeur et deux régisseurs pour l'octroi et l'entrepôt de Paris.

Les autres préposés d'octroi sont nommés par les préfets, sur une liste triple présentée par le maire.

57. Les préfets sont tenus de révoquer immédiatement, sur la demande de notre directeur général des impositions indirectes, tout préposé d'octroi signalé comme prévaricateur dans l'exercice de ses fonctions, ou comme ne les remplissant pas convenablement.

58. Les préposés de l'octroi doivent être âgés au moins de vingt et un ans accomplis. Ils sont tenus de prêter serment devant le tribunal civil de la ville dans laquelle ils exerceront, et, dans les lieux où il n'y a pas de tribunal, devant le juge de paix. Ce serment est enregistré au greffe, sans qu'il soit nécessaire d'employer le ministère d'avoué.

Il est dû seulement un droit fixe d'enregistrement de trois francs.

59. Le cas de changement de résidence d'un préposé arrivant, il n'y a pas lieu à une nouvelle prestation de serment, il lui suffit de faire viser sa commis-

sion, sans frais, par le juge de paix ou le président du tribunal civil du lieu où il doit exercer.

60. Les préposés d'octroi doivent toujours être porteurs de leur commission, et sont tenus de la représenter lorsqu'ils en sont requis.

Le port d'armes est accordé aux préposés d'octroi dans l'exercice de leurs fonctions, comme aux employés des impositions indirectes.

61. Les créanciers des préposés d'octroi ne pourront saisir, sur les appointemens et remises de ces derniers, que les sommes fixes déterminées par la loi du 21 ventose an IX.

62. Tous les préposés comptables des octrois sont tenus de fournir un cautionnement en numéraire ou en cinq pour cent consolidés, dont la quotité est déterminée par le réglement, et qui ne peut être au-dessous de mille francs. Lorsque ces préposés font en même temps des perceptions pour le compte du trésor public, leur cautionnement est fixé par notre ministre des finances. Ces cautionnemens sont versés à la caisse d'amortissement, qui en paie l'intérêt au taux fixé pour les employés des impositions indirectes.

63. Il est défendu à tous les préposés d'octroi, indistinctement, de faire le commerce des objets compris au tarif.

Tout préposé qui favorisera la fraude, soit en recevant des présens, soit de toute autre manière, sera mis en jugement, et condamné aux peines portées par le Code Pénal contre les fonctionnaires publics prévaricateurs.

64. Tout préposé destitué ou démissionnaire sera tenu, sous peine d'y être contraint par corps, de remettre immédiatement sa commission, ainsi que les registres et autres effets dont il aura été chargé, et, s'il est receveur, de rendre ses comptes.

65. Les préposés de l'octroi sont placés sous la protection de l'autorité publique. Il est défendu de les injurier, maltraiter, et même de les troubler dans l'exercice de leurs fonctions, sous les peines de droit.

La force armée est tenue de leur prêter secours et assistance, toutes les fois qu'elle en est requise.

TITRE VIII.

Des Écritures et de la Comptabilité des Octrois.

66. Tous les registres employés à la perception ou au service de l'octroi seront à souche. Les perceptions ou déclarations y seront inscrites sans interruption ni lacunes. Les quittances ou expéditions qui en seront détachées, continueront à n'être marquées que du timbre de la régie des impositions indirectes, dont le prix, fixé par la loi à cinq centimes, sera acquitté par les redevables, et son produit versé dans les caisses de la régie.

67. Les recettes de l'octroi seront versées à la caisse municipale tous les cinq jours au moins, et plus souvent même dans les villes où les perceptions seront importantes.

68. La régie des impositions indirectes déterminera le mode de comptabilité des octrois, ainsi que la forme et le modèle des registres, expéditions, bordereaux, comptes et autres écritures relatives au service des octrois : elle fera faire la fourniture de toutes les impressions nécessaires, sur la demande des maires.

69. Tous les registres servant à la perception des droits d'entrée sur les vins, cidres, poirés, esprits et liqueurs, aux déclarations de passe-debout, de transit, d'entrepôt et de sortie pour les mêmes boissons; ceux employés pour recevoir les déclarations de mise de feu de la part des brasseurs et distillateurs, enfin les registres portatifs tenus pour l'exercice des redevables soumis en même temps aux droits d'octroi et à ceux dus au trésor, seront communs aux deux services. La moitié des dépenses relatives à ces registres sera supportée par l'octroi, et payée sur les mémoires dressés par la régie des impositions indirectes, approuvés par notre ministre des finances.

70. Les registres autres que ceux dont l'usage est commun aux octroi et aux droits d'entrée, seront

cotés et paraphés par le maire : ils seront arrêtés par lui le dernier jour de chaque année, déposés à l'administration municipale, et renouvelés tous les ans. A l'égard des autres registres, les maires pourront en prendre communication sans déplacement, et en faire faire des extraits pour ce qui concerne les recettes des octrois.

71. Les états et bordereaux de recettes et de dépenses des octrois seront dressés aux époques qui auront été déterminées par la régie des impositions indirectes. Un double de ces états et bordereaux, signé du maire, sera adressé au préposé supérieur de cette régie, pour être transmis au directeur du département, et par celui-ci à son administration.

72. Les comptes des octrois seront rendus par les receveurs aux maires, et arrêtés par ces derniers dans les trois mois qui suivront l'expiration de chaque année.

73. Le montant des dix pour cent du produit net des octrois revenant au trésor royal, conformément à l'article 126 de la loi du 8 décembre 1814, sera établi sur les recettes brutes de toute nature, déduction faite des frais de perception et autres prélèvemens autorisés. Les dix pour cent ne seront pas prélevés sur la partie des produits de l'octroi à verser au trésor, en remplacement de la contribution mobilière.

74. Le recouvrement des dix pour cent se poursuivra par la saisie des deniers de l'octroi, et même par voie de contrainte à l'égard du receveur municipal.

TITRE IX.

Du Contentieux.

75. Toutes contraventions aux droits d'octroi seront constatées par des procès-verbaux, lesquels pourront être rédigés par un seul préposé et auront foi en justice. Ils énonceront la date du jour où ils sont rédigés, la nature de la contravention, et, en cas de saisie, la déclaration qui en aura été faite au prévenu; les noms, qualités et résidence de l'em-

ployé verbalisant et de la personne chargée des poursuites; l'espèce, poids ou mesure des objets saisis; leur évaluation approximative, la présence de la partie à la description, ou la sommation qui lui aura été faite d'y assister; le nom, la qualité et l'acceptation du gardien, le lieu de la rédaction du procès-verbal et l'heure de la clôture.

76. Dans le cas où le motif de la saisie portera sur le faux ou l'altération des expéditions, le procès-verbal énoncera le genre de faux, les altérations ou surcharges : lesdites expéditions, signées et paraphées du saisissant, *ne varietur*, seront annexées au procès verbal, qui contiendra la sommation faite à la partie de les parapher, et sa réponse.

77. Si le prévenu est présent à la rédaction du procès-verbal, cet acte énoncera qu'il lui en a été donné lecture et copie : en cas d'absence du prévenu, si celui-ci a domicile ou résidence connue dans le lieu de la saisie, le procès-verbal lui sera signifié dans les vingt-quatre heures de la clôture.

Dans le cas contraire, le procès-verbal sera affiché, dans le même délai, à la porte de la maison commune.

Ces procès-verbaux, significations et affiches, pourront être faits tous les jours indistinctement.

78. L'action résultant des procès-verbaux en matière d'octroi, et les questions qui pourront naître de la défense du prévenu, seront de la compétence exclusive, soit du tribunal de simple police, soit du tribunal correctionnel du lieu de la rédaction du procès-verbal, suivant la quotité de l'amende encourue.

79. Les objets saisis par suite des contraventions aux réglemens d'octroi seront déposés au bureau le plus voisin; et si la partie saisie ne s'est pas présentée dans les dix jours, à l'effet de payer la quotité de l'amende par elle encourue, ou si elle n'a pas formé, dans le même délai, opposition à la vente, la vente desdits objets sera faite par le receveur, cinq jours après l'apposition à la porte de la maison

commune et autres lieux accoutumés, d'une affiche signée de lui, et sans aucune autre formalité.

80. Néanmoins, si la vente des objets saisis est retardée, l'opposition pourra être formée jusqu'au jour indiqué pour ladite vente. L'opposition sera motivée, et contiendra assignation à jour fixe devant le tribunal désigné en l'article 78, suivant la quotité de l'amende encourue, avec élection de domicile dans le lieu où siége le tribunal. Le délai de l'échéance de l'assignation ne pourra excéder trois jours.

81. S'il s'élève une contestation sur l'application du tarif ou sur la quotité du droit réclamé, le porteur ou conducteur sera tenu de consigner, avant tout, le droit exigé, entre les mains du receveur; faute de quoi, il ne pourra passer outre, ni introduire dans le lieu sujet l'objet qui aura donné lieu à la contestation, sauf à lui à se pourvoir devant le juge de paix du canton. Il ne pourra être entendu qu'en représentant la quittance de ladite consignation au juge de paix, lequel prononcera sommairement et sans frais, soit en dernier ressort, soit à la charge d'appel, suivant la quotité du droit réclamé.

82. Dans le cas où les objets saisis seraient sujets à dépérissement, la vente pourra en être autorisée avant l'échéance des délais ci-dessus fixés, par une simple ordonnance du juge de paix sur requête.

83. Les maires seront autorisés, sauf l'approbation des préfets, à faire remise, par voie de transaction, de la totalité ou de partie des condamnations encourues, même après le jugement rendu. Ce droit appartient exclusivement à la régie des impositions indirectes, et d'après les règles qui lui sont propres, toutes les fois que la saisie a été opérée dans l'intérêt commun des droits d'octroi, et des droits imposés au profit du trésor.

84. Le produit des amendes et confiscations pour contravention aux réglemens de l'octroi, déduction faite des frais et prélèvemens autorisés, sera attribué, moitié aux employés de l'octroi pour être réparti d'après le mode qui sera arrêté, et moitié à la commune.

TITRE X.

Des Demandes en Suppression ou en Remplacement d'Octroi.

85. Les communes qui voudront supprimer leur octroi, ou le remplacer par une autre perception, en feront parvenir la demande, par le maire, au préfet, qui, après en avoir reçu l'autorisation de notre ministre de l'intérieur, autorisera, s'il y a lieu, le conseil municipal, à délibérer sur cette demande.

86. La délibération du conseil municipal, accompagnée de l'avis du sous-préfet et du maire, sera adressée par le préfet, avec ses observations et l'état des recettes et des besoins des communes, à notre ministre de l'intérieur, qui statuera provisoirement sur lesdites propositions. Il fera connaître immédiatement sa décision à notre ministre des finances, pour que celui-ci, après avoir soumis le tout à notre approbation, prescrive, tant dans l'intérêt des communes que dans celui du trésor, les mesures convenables d'exécution.

87. Les droits d'octroi continueront à être perçus, jusqu'à ce que la suppression de l'octroi ait été autorisée, ou jusqu'à la mise à exécution du mode de remplacement.

TITRE XI.

De la Surveillance attribuée à la Régie des impositions indirectes, et des Obligations des employés de l'octroi, relativement aux Droits du trésor.

88 La surveillance générale de la perception et de l'administration de tous les octrois du royaume est formellement attribuée à la régie des impositions indirectes : elle l'exercera sous l'autorité du ministre des finances, qui donnera les instructions nécessaires pour assurer l'uniformité et la régularité du service, et régler l'ordre de la comptabilité particulière à ces établissemens.

89. Les traitemens et les frais de bureau des pré-

posés en chef nommés par le directeur général des impositions indirectes, seront à la charge des communes : ils seront proposés par les conseils municipaux, et approuvés par notre ministre des finances, qui pourra les réduire ou les augmenter, s'il y a lieu.

90. Les receveurs d'octroi, dans les communes sujettes au droit d'entrée, seront tenus de faire en même temps la recette de ce droit. Le produit des remises qui seront accordées par la régie des impositions indirectes pour cette perception, sera réparti entre tous les préposés d'octroi d'une même commune, dans la proportion qui sera déterminée par le maire.

91. Les employés des impositions indirectes suivront, dans l'intérêt des communes, comme dans celui du trésor, les exercices, dans l'intérieur du lieu sujet, chez les entrepositaires de boissons, et chez les brasseurs et distillateurs. Il sera tenu compte par l'octroi à la régie des impositions indirectes, de partie des dépenses occasionnées par ces exercices.

92. Les préposés des octrois sont tenus, sous peine de destitution, d'exiger de tout conducteur d'objets soumis aux impôts indirects, comme boissons, tabacs, sels et cartes, la représentation des congés, passavans, acquits-à-caution, lettres de voiture et autres expéditions; de vérifier les chargemens; de rapporter procès-verbal des fraudes ou contraventions qu'ils découvriront; de concourir au service des impositions indirectes, toutes les fois qu'ils en seront requis, sans toutefois pouvoir être déplacés de leur poste ordinaire; enfin, de remettre chaque jour à l'employé en chef des impositions indirectes un relevé des objets frappés du droit au profit du trésor, qui auront été introduits.

Les employés des impositions indirectes concourront également au service des octrois, et rapporteront procès-verbal pour les fraudes et contraventions relatives aux droits d'octroi, qu'ils découvriront.

93. Les préposés des octrois se serviront, pour l'exercice de leurs fonctions, des jauges, sondes,

rouannes et autres ustensiles dont les employés des impositions indirectes font usage.

La régie leur fera fournir ces ustensiles, dont le prix sera payé par les communes.

TITRE XII.

De la Perception des Octrois pour lesquels les Communes auront à traiter avec la Régie des impositions indirectes.

94. Les maires qui jugeront de l'intérêt de leur commune de traiter avec la régie des impositions indirectes, pour la perception et la surveillance particulière de leur octroi, adresseront, par l'intermédiaire du sous-préfet, leurs propositions au préfet : celui-ci les communiquera au directeur des impositions indirectes pour donner ses observations, et les soumettre ensuite, avec son avis, à notre directeur général des impositions indirectes, qui proposera, s'il y a lieu, à notre ministre des finances d'y donner son approbation.

95. Les conventions à faire entre la régie et les communes ne porteront que sur les traitemens fixes ou éventuels des préposés : tous les autres frais généralement quelconques seront intégralement acquittés par les communes sur les produits bruts des octrois.

La conséquence de ces conventions sera de remettre la perception et le service de l'octroi entre les mains des employés ordinaires des impositions indirectes. Cependant, dans les villes où il sera nécessaire de conserver des préposés affectés spécialement au service de l'octroi, ces préposés continueront à être nommés par les préfets, sur la proposition des maires, et après avoir pris l'avis des directeurs des impositions indirectes. Leur nombre et leur traitement seront fixés par cette régie : ils seront révocables, soit sur la demande du maire, soit sur celle du directeur. Lorsque le préfet ne jugera pas convenable de déférer à la demande de ce dernier, il fera connaître ses motifs à notre directeur général desdites impositions, qui prononcera définitivement.

Les maires conserveront le droit de surveillance sur les préposés, et celui de transiger sur les contraventions, dans les cas déterminés par la présente ordonnance.

96. Les traités conclus avec les communes subsisteront de plein droit, jusqu'à ce que la commune ou la régie en ait notifié la cessation : cette notification aura toujours lieu, de part ou d'autre, six mois au moins à l'avance.

97. Les receveurs verseront le montant de leurs recettes, pour le compte de l'octroi, dans la caisse municipale, aux époques déterminées par l'article 67, sous la déduction des frais de perception convenus par le traité, et dont ils compteront comme de leurs autres recettes pour le trésor.

98. La remise du service des octrois pour la perception desquels il aura été conclu un traité avec la régie des impositions indirectes, lui sera faite de la manière prescrite par l'article 1er.

TITRE XIII.

Dispositions générales.

99. Les réglemens et tarifs d'octroi, en ce qui concerne les boissons, ne pourront contenir aucune disposition contraire à celles prescrites par les lois et ordonnances pour la perception des impositions indirectes.

100. Les préfets veilleront à ce que les objets portés aux tarifs des octrois de leur département, soient, autant que possible, taxés au même droit dans les communes d'une même population.

101. Tous les tarifs et réglemens d'octroi seront successivement revisés et régularisés conformément aux dispositions de la présente ordonnance, et soumis à notre approbation par notre ministre des finances.

102. Il sera présenté à notre approbation par notre ministre des finances, avant le 1er janvier prochain, un réglement particulier d'organisation pour l'octroi et l'entrepôt de Paris.

103. Les approvisionnemens en vivres, destinés

pour le service de la marine, ne seront soumis dans les ports à aucun droit d'octroi. Ces approvisionnemens seront introduits dans les magasins de la marine, de la manière prescrite pour les objets admis en entrepôt : le compte en sera suivi par les employés d'octroi, et les droits exigés sur les quantités qui seraient enlevées pour l'intérieur du lieu sujet et à toute autre destination que les bâtimens de l'Etat.

104. Les matières servant à la confection des poudres ne seront également frappées d'aucun droit d'octroi.

105. Nulle personne, quelles que soient ses fonctions, ses dignités ou son emploi, ne pourra prétendre, sous aucun prétexte, à la franchise des droits d'octroi.

106. Nos ministres de l'intérieur et des finances sont chargés, chacun en ce qui le concerne, de l'exécution de la présente ordonnance, qui sera insérée au Bulletin des Lois.

D'après l'art. 102 de l'ordonnance du Roi du 9 décembre 1814, que l'on vient de lire, le ministre des finances a présenté à l'approbation de Sa Majesté, un réglement particulier d'organisation pour l'*Octroi de Paris*.

Ce réglement est contenu dans l'ORDONNANCE qui va suivre, en date du 23 décembre 1814, insérée au Bulletin des Lois, n° 66.

Cette ordonnance prescrit la constatation de la remise du service de l'*octroi de Paris* à l'autorité municipale; elle remet à un directeur et à trois régisseurs, la régie et administration de l'octroi de Paris, et de l'entrepôt général des boissons; elle détermine par qui sera délibéré et approuvé le budjet des frais ordinaires de régie et de perception de l'octroi et de l'entrepôt, et quand et comment seront acquittées les dépenses de l'octroi et de l'entrepôt. — Elle assujettit le directeur et les régisseurs à rendre compte de ces recettes et dépenses. Elle règle le prélèvement des dix pour cent revenant au trésor sur le produit net de l'octroi, et la perception des droits établis au profit du trésor. Elle statue sur la surveillance des préposés de l'octroi, sur la vérification de leurs caisses, sur la poursuite des contraventions et fraudes ne concernant que l'octroi, et de celles communes à l'octroi et aux droits du trésor, sur l'emploi du produit des amendes et confiscations. Elle crée une commission consultative auprès du préfet, fixe les limites des délibérations de cette commission, et ordonne l'observation par l'octroi de Paris des dispositions de l'ordonnance du 9 du même mois de décembre 1814, non contraires à la présente ordonnance.

Voici en quels termes elle est conçue :

Louis, par la grâce de Dieu, roi de France et de Navarre, sur le rapport de notre ministre secrétaire d'état au département des finances, nous avons ordonné et ordonnons ce qui suit :

Art. 1er. La remise du service de l'octroi de Paris à l'autorité municipale, en exécution de l'art. 121 de la loi du 8 décembre 1814, sera constatée par des commissaires délégués par notre directeur général des impositions indirectes, et par le préfet de la Seine, lesquels dresseront procès-verbal de leurs opérations, ainsi qu'il est prescrit par l'art. 1er de notre ordonnance du 9 de ce mois.

2. A dater du 1er janvier prochain, l'octroi de Paris et l'entrepôt général des boissons seront régis et administrés, suivant les réglemens qui sont particuliers à chacun de ces établissemens, par un directeur et trois régisseurs, sous l'autorité immédiate du préfet de la Seine, et sous la surveillance générale de notre directeur général des impositions indirectes.

3. Les trois régisseurs seront nommés par notre ministre de l'intérieur, sur la proposition du préfet de la Seine, et le directeur par notre ministre des finances, conformément à l'art. 56 de notre ordonnance du 9 de ce mois, qui demeure modifiée en ce qui concerne le nombre et le mode de nomination des régisseurs.

Les autres préposés seront nommés par le préfet

de la Seine, sur la proposition du directeur de l'octroi. Ils seront révocables sur la demande de notre directeur général des impositions indirectes et par le préfet.

4. Le budjet des frais ordinaires de régie et de perception de l'octroi et de l'entrepôt sera délibéré à l'avance chaque année par le conseil municipal. Ce budjet sera soumis, par notre directeur général des impositions indirectes, à l'approbation de notre ministre des finances. Les frais extraordinaires d'établissement jugés nécessaires dans le courant de l'année, seront proposés, délibérés et approuvés de la même manière.

5. Les dépenses de l'octroi et de l'entrepôt ne seront acquittées que sur des ordonnances du directeur et des régisseurs, lesquels ne pourront, sous leur responsabilité, ordonnancer des sommes plus fortes que celles fixées par chaque article du budjet, en suivant les imputations déterminées, et sans qu'il leur soit permis d'y faire aucun changement, si ce n'est en vertu d'une autorisation de notre ministre des finances.

6. Il sera fourni par le directeur de l'octroi, du 1er au 5 de chaque mois, tant à notre directeur général des impositions indirectes qu'au préfet de la Seine, un bordereau détaillé des recettes et des dépenses de l'octroi pendant le mois précédent.

7. A l'expiration de chaque exercice, le directeur et les régisseurs de l'octroi présenteront le compte général de la perception et de la dépense de l'octroi et de l'entrepôt, au préfet de la Seine, qui le soumettra au conseil municipal avec ses observations, pour être examiné, discuté et arrêté.

Le directeur de l'octroi adressera en même temps un double de ce compte à notre directeur général des impositions indirectes, auquel il fournira en outre, dans le cours de l'année, tous les renseignemens et éclaircissemens qu'il croira devoir demander sur le service de l'octroi.

8. Le prélèvement des dix pour cent revenant au trésor sur le produit net de l'octroi, sera fait conformément à l'article 126 de la loi du 8 décembre 1814.

L'abonnement consenti précédemment par le ministre des finances cessera d'avoir son effet à dater du 1er janvier prochain.

9. La perception des droits établis aux entrées de Paris, pour le compte du trésor public, pourra être faite, si notre directeur général des impositions indirectes le juge convenable, par les receveurs de l'octroi, lesquels en verseront les produits dans la caisse de cette régie, aux époques qu'elle aura déterminées.

Les receveurs et autres préposés de l'octroi seront tenus, sous peine de destitution, d'opérer cette perception et de se conformer à cet égard aux réglemens propres aux impositions indirectes, ainsi qu'aux ordres et instructions de notre directeur général desdites impositions.

10. Sur la proposition de notre directeur général des impositions indirectes, notre ministre des finances réglera, au commencement de chaque année, l'indemnité à accorder aux préposés de l'octroi, sur les recettes qu'ils auront à effectuer pour le compte du trésor, ainsi que celle due à la régie pour les exercices que ses employés sont tenus de suivre dans l'intérieur, aux termes de l'article 91 de notre ordonnance du 9 de ce mois, chez les brasseurs, distillateurs et autres qui fabriquent des boissons.

11. Le directeur des impositions indirectes dans le département de la Seine, et les inspecteurs ou contrôleurs sous ses ordres, exerceront sur les receveurs et autres préposés de l'octroi une surveillance immédiate. Ils pourront vérifier les caisses, arrêter les registres et provoquer des versemens extraordinaires. Ils référeront au directeur de l'octroi, de toutes les fautes qu'ils auront eues à relever.

12. La direction générale des impositions indirectes pourra placer dans l'entrepôt, pour son service, le nombre d'employés qu'elle estimera nécessaires.

13. Les fraudes et contraventions qui ne concernent que l'octroi, seront poursuivies par le directeur, au nom du préfet. Le directeur pourra con-

sentir les transactions, sauf l'approbation du préfet, qui seul prononcera sur les demandes en décharge ou en restitution de droits.

A l'égard des fraudes et contraventions communes à l'octroi et aux droits du trésor, et de celles particulières auxdits droits, le directeur des impositions indirectes dans le département de la Seine pourra seul suivre l'effet des procès-verbaux devant les tribunaux, ou consentir des transactions, d'après les règles propres à cette administration.

Lorsque ces transactions devront être soumises à l'approbation du directeur général, elles seront communiquées au préfet, qui donnera son avis.

14. L'emploi du produit des amendes et confiscations, dans le cas de contraventions communes aux deux services, sera fait pour la portion appartenant à chaque administration, selon les règles qui lui sont propres.

15. Le préfet de la Seine formera et réunira auprès de lui, dans le mois qui suivra l'expiration de chaque trimestre, et plus souvent s'il le juge convenable, une commission consultative composée de deux membres du conseil municipal, du directeur des impositions indirectes et du directeur de l'octroi : les trois régisseurs pourront y être appelés.

Le préfet présidera ladite commission, et en son absence, le secrétaire général.

16. Les délibérations de la commission instituée par l'article précédent, auront uniquement pour objet les mesures à prendre pour améliorer le service de la perception de l'octroi : il lui est défendu de s'immiscer en aucune manière dans l'administration de cet établissement.

17. Les dispositions de notre ordonnance du 9 de ce mois seront observées pour l'octroi de Paris, en tout ce qui n'est pas contraire à la présente.

18. Nos ministres de l'intérieur et des finances sont chargés, chacun en ce qui le concerne, de l'exécution de la présente ordonnance, qui sera insérée au Bulletin des Lois.

Voyez ci-après, 1°. l'Ordonnance du Roi du 11 juin 1817, portant établissement de *Droits* (d'Octroi) *de Banlieue* sur les eaux-de-vie, esprits et liqueurs dans la banlieue de Paris;

2°. Une autre Ordonnance du Roi du 18 du même mois de juin 1817 (suivant la précédente), concernant le remplissage des vins, cidres, poirés, vinaigres, eaux-de-vie, esprits et liqueurs arrivant à Paris;

3°. Une troisième Ordonnance du 2 octobre 1819 (placée après l'extrait de la loi du 17 juillet 1819), concernant le même remplissage.

Ordonnance du Roi du 13 janvier 1815 (Bulletin n° 72), accordant une amnistie pleine et entière aux individus poursuivis, détenus ou condamnés, pour avoir pris part aux désordres qui ont eu lieu dans le courant de 1814, à l'occasion principalement des droits établis *sur les Boissons*......, et ayant pour objet de provoquer l'abolition *des Droits réunis*, ou de s'opposer à la continuation des exercices, à l'exception des individus prévenus de meurtres et de blessures graves, et sous la réserve des dommages-intérêts, indemnités, restitution et recouvrement de droits et de créances au profit des particuliers et du gouvernement, tant contre les individus que contre les communes, dans les cas prévus par la loi.

Voici ses dispositions:

Louis, par la grâce de Dieu, roi de France et de Navarre, à tous ceux qui ces présentes verront, salut.

Nous sommes informés que, dans le courant de l'année qui vient de finir, un grand nombre d'habitans de plusieurs villes et communes de notre royaume, égarés par le désir irréfléchi, ou par l'espérance mal fondée de voir abolir entièrement le système d'impositions indirectes, précédemment établi sous la dénomination de *droits réunis*, se sont livrés à des excès très répréhensibles en pillant ou détruisant des bureaux de perception, lacérant ou brûlant les registres, exerçant des violences et voies de fait, tant contre la personne des employés que contre les fonctionnaires publics et la force armée chargée de les protéger. Ces mouvemens séditieux et ces désordres ont éclaté principalement à l'occasion des droits établis sur les boissons, les sels et les tabacs, dont la législation, vicieuse à certains égards, avait excité toute notre sollicitude, et a depuis été modifiée et améliorée de manière à prévenir les abus et vexations qui pouvaient excuser les plaintes des contribuables.

Nous sommes fermement résolus à assurer pour l'avenir la stricte et rigoureuse exécution des lois et réglemens que nous avons rendus sur ces matières, de concert avec les deux Chambres. Mais, si rien ne peut désormais nous porter à adoucir la sévérité des règles nouvellement établies et au maintien desquelles toutes les autorités concourront avec la même énergie, nous aimons à user d'indulgence, pour le passé, envers ceux de nos sujets qui, plus égarés encore que coupables, et trompés peut-être par notre désir si connu d'alléger le fardeau qui pesait sur nos peuples, ont eu le malheur de prendre part aux troubles dont le mode surtout de perception des droits réunis a été la cause ou le prétexte.

A ces causes, sur le rapport de notre amé et féal chevalier, chancelier de France, le sieur *Dambray*, et de l'avis de notre Conseil,

Nous avons déclaré et déclarons, ordonné et ordonnons ce qui suit :

Art. 1er. Amnistie pleine et entière est accordée à tous individus actuellement poursuivis, détenus ou condamnés, pour avoir pris part aux désordres qui ont eu lieu dans le courant de 1814, et qui ont eu pour objet de provoquer l'abolition des droits réunis, ou de s'opposer à la continuation des exercices.

Sont seulement exceptés des dispositions ci-dessus les individus prévenus de meurtre ou de blessures graves qui peuvent entraîner la peine des travaux forcés, et les préposés des droits réunis qui auraient coopéré à troubler la perception

2. Il est fait remise des amendes encourues pour fait de rébellion, ainsi que pour les simples fraudes ou contraventions sur les boissons, les sels et les tabacs; à charge, par les délinquans, d'acquitter le simple droit dont les objets saisis étaient passibles, et encore de payer les frais de poursuite auxquels ils auraient été condamnés, sans que, dans aucun cas, il puisse y avoir lieu à la restitution des sommes payées ni des objets confisqués. (1)

3. A l'égard des saisies sur lesquelles il n'a pas encore été définitivement prononcé, il en sera accordé main-levée, à la charge, par les propriétaires ou consignataires, d'acquitter les droits et les frais suivant la liquidation qui en sera faite, à moins que l'administration des impositions indirectes ne consente à transiger sur le tout, ainsi qu'elle y est autorisée par les lois et réglemens.

4. Nonobstant les précédentes dispositions, la faculté de se pourvoir civilement en dommages et intérêts, indemnité, restitution et recouvrement de droits et de créances, est réservée aux particuliers, ainsi qu'au Gouvernement, tant contre les individus que contre les communes, dans les cas prévus par la loi.

5. Notre chancelier de France et notre ministre des finances, chacun en ce qui le concerne, sont chargés de l'exécution de la présente ordonnance.

---

(1) L'article 2 de l'ordonnance du 15 janvier 1815, qui accorde la remise des amendes encourues dans le courant de 1814, pour contravention aux lois sur les boissons, n'est point applicable aux contraventions postérieures à la publication de cette ordonnance. *Arrêt de la Cour de Cassation (section civile), du* 16 *mars* 1819, *affaire de l'Administration des Contributions indirectes contre les sieurs Thilliard fils et Dubuse.* — 6e Cahier, page 367, du Journal des Audiences de 1819.

ORDONNANCE *du Roi qui exempte des Droits de circulation et de consommation les Boissons destinées pour les Colonies françaises, et qui soumet seulement l'Expéditeur, comme dans le cas d'exportation à l'étranger, à prendre un Acquit-à-caution où doit être désigné le lieu de sortie; du 17 février* 1815. (Bulletin des Lois, n° 81.)

Louis, par la grâce de Dieu, roi de France et de Navarre,

Vu les articles 18 et 78 de la loi du 8 décembre 1814, qui exempte des droits de circulation et de consommation les boissons exportées à l'étranger;

Considérant qu'il est de l'intérêt national de traiter d'une manière aussi favorable les boissons destinées à l'approvisionnement de nos colonies;

Sur le rapport de notre ministre secrétaire d'état des finances,

Nous avons ordonné et ordonnons ce qui suit:

ART. 1er. Les droits de circulation et de consommation ne seront point perçus sur les boissons destinées pour les colonies françaises: l'expéditeur sera seulement tenu, comme dans le cas d'exportation à l'étranger, de prendre un acquit-à-caution sur lequel sera désigné le lieu de la sortie. Ce lieu ne pourra être changé sans donner ouverture au droit de circulation.

L'acquit-à-caution, revêtu du certificat de décharge, sera déposé au bureau de sortie, et renvoyé par le préposé de la régie au receveur du lieu de l'enlèvement.

2. Notre ministre des finances est chargé de l'exécution de la présente ordonnance, insérée au Bulletin des Lois.

DÉCRET du 8 avril 1815 (Bulletin des Lois, n° 13) *supprimant*, à partir du 1er juin suivant, le *Droit de circulation sur les Boissons*, et le *Droit de consommation générale sur l'Eau-de-vie*, ainsi que les *Exercices à domicile* et autres formalités auxquelles sont soumis les débitans de boissons, brasseurs, distillateurs, etc., les droits d'entrée sur les boissons au profit du trésor dans les communes au-dessous de quatre mille âmes; remplaçant les droits à la vente en détail des boissons et ceux à la fabrique de la bière, par une répartition entre les débitans et les brasseurs, basée sur le montant des droits acquittés en 1812, acquittable par vingt-quatrième à la fin de chaque quinzaine; défendant de vendre en détail des boissons ou de fabriquer de la bière sans avoir obtenu une *licence* (qui sera renouvelée chaque année), à peine d'amende de 300 fr. à 1,000 fr. et de confiscation des boissons, en cas que la contravention soit constatée par les moyens indiqués; et accordant des pensions de retraite ou une somme proportionnée à l'ancienneté du service aux employés supprimés par l'effet du présent décret.

N.... considérant que le droit de mouvement et le régime des exercices pour la perception des droits sur les boissons excitent des plaintes qui ne permettent pas d'ajourner les mesures à prendre pour en affranchir les propriétaires, le commerce et les redevables; qu'en même temps il importe que cette branche importante de revenu soit assurée par un mode de remplacement propre à préserver le trésor d'une réduction de moyens qui compromettrait le service public;

Par ces motifs, et attendu l'urgence,

Sur le rapport de notre ministre des finances,

Notre Conseil d'État entendu,

Nous avons décrété et décrétons ce qui suit :

Art. 1er. A partir du 1er. juin pochain, le droit de circulation sur les boissons, et le droit de consommation générale sur l'eau-de-vie, seront supprimés. En conséquence, les expéditeurs ou conducteurs seront affranchis de l'obligation de se munir de congés, passavans, acquits-à-caution ou autres expéditions quelconques, pour le transport des boissons.

2. A dater de la même époque, les exercices à domicile et toutes autres formalités auxquelles sont

actuellement soumis les débitans, brasseurs, distillateurs, marchands en gros, courtiers, facteurs, commissionnaires, et tous autres faisant un commerce quelconque de boissons, seront également supprimés.

3. Les droits d'entrée sur les boissons au profit du trésor cesseront, au 1er juin prochain, d'être perçus dans les lieux dont la population est au-dessous de quatre mille âmes. Ils continueront de l'être dans les villes et bourgs d'une population agglomérée de quatre mille âmes et au-dessus, conformément au tarif annexé au présent décret.

4. Les droits d'octroi sur les boissons, dans les communes de quatre mille âmes et au-dessus, seront, à dater de la même époque, réduits d'une somme égale à l'augmentation portée au nouveau tarif des droits d'entrée, de manière que la somme totale des deux taxes réunies reste exactement la même.

5. Lorsque les besoins des communes exigeront que la réduction prescrite par l'article précédent, du tarif de leur octroi sur les boissons, soit remplacée, en tout ou en partie, par une augmentation de quelques unes des autres taxes établies, ou en imposant de nouveaux objets de consommation locale, les conseils municipaux en proposeront les moyens, suivant les formes prescrites par les réglemens.

6. Néanmoins, pour les villes et communes où les besoins du service exigeraient un remplacement immédiat, les préfets assembleront de suite les conseils municipaux pour délibérer et proposer le mode de remplacement. Les préfets pourront approuver et faire exécuter provisoirement les délibérations prises par les conseils municipaux, à la charge toutefois de les transmettre, sans délai, à notre ministre des finances, pour y être statué définitivement, conformément à notre décret du 17 mai 1809.

7. Les droits à la vente en détail des boissons, et ceux à la fabrique des bières, seront remplacés à l'avenir au moyen d'une répartition entre les débitans et les brasseurs. Le montant des droits acquittés en 1812, dans chaque département, sous la déduction

d'un dixième pour frais de régie, servira de base à cette répartition.

8. Le directeur des contributions indirectes de chaque département remettra au préfet l'état divisé par communes des droits perçus dans chacune d'elles pendant l'exercice de 1812; cet état sera certifié par le directeur et arrêté par le préfet.

9. Le maire de chaque commune, à la réception de l'extrait de l'état général arrêté par le préfet, et d'après les renseignemens remis au maire par le préposé de la régie, sur la quotité des droits acquittés par chaque redevable en 1812, ou par tout débitant ou brasseur établi postérieurement, réunira les brasseurs et les débitans actuels, ou les syndics nommés parmi eux; et, eux entendus ou dûment appelés, procédera à la répartition d'après l'importance du commerce de chacun.

10. L'état de répartition, arrêté par le maire, sera exécutoire. Il sera remis au collecteur préposé pour chaque canton par l'administration des contributions indirectes, lequel sera chargé de faire à domicile le recouvrement des droits. Ils devront être acquittés par vingt-quatrième, à la fin de chaque quinzaine, sauf les modifications que les localités pourraient exiger.

11. Les collecteurs sont autorisés à décerner contre les retardataires, des contraintes qui seront exécutoires, nonobstant opposition et sans y préjudicier, après avoir été visées par les juges de paix.

12. Les réclamations des redevables seront remises au maire, qui, après avoir entendu les parties intéressées, et pris l'avis du collecteur du canton, adressera le tout, avec son avis, au préfet, pour être statué au conseil de préfecture, le directeur des contributions indirectes préalablement entendu.

13. Nul ne pourra, à compter du 1er juin prochain, vendre en détail des boissons ou fabriquer des bières, s'il n'a préalablement fait sa déclaration à la mairie, et obtenu une licence, dont le prix sera payé conformément au tarif ci-annexé. Ce prix sera acquitté à l'avance par quart, et exigible tant que le redevable

continuera son commerce. Il n'en sera exigé que les sept douzièmes pour l'année courante.

Les licences seront renouvelées chaque année.

14. Les débitans qui s'établissent accidentellement sur les foires ou marchés, seront tenus de faire une déclaration chez le maire de la commune avant l'ouverture de leur débit, et de consigner une somme équivalente aux droits qu'ils seront présumés devoir acquitter en raison des quantités de boissons en leur possession. Les maires et syndics détermineront, à l'expiration du débit, les droits à payer par chaque débitant en proportion de ses ventes, et lui feront restituer par le collecteur l'excédant de la somme consignée.

Les droits ainsi recouvrés seront précomptés sur les sommes à répartir, pour le trimestre suivant, sur les débitans ordinaires de la commune.

15. Toute personne qui, après le 1er juin prochain, fabriquera de la bière ou vendra des boissons en détail sans être pourvue de licence, sera passible de l'amende de trois cents francs à mille francs, et de la confiscation des boissons trouvées en sa possession, conformément à l'article 84 de la loi du 8 décembre 1814.

16. La contravention prévue par l'article précédent, sera constatée par des procès-verbaux rapportés sur la réquisition de l'un des brasseurs ou débitans, ou du collecteur, ou même d'office, par le maire ou son adjoint, le juge de paix ou son suppléant, ou par tout autre officier de police judiciaire. Les instances auxquelles ces procès-verbaux pourront donner lieu, seront portées devant les tribunaux de police correctionnelle. Les condamnations seront prononcées au profit des redevables de la même commune.

17. Les employés des contributions indirectes qui ne pourront être maintenus en fonctions par l'effet du présent décret, obtiendront des pensions de retraite, qui seront liquidées conformément aux réglemens antérieurs au 1er avril 1814. Ceux des employés supprimés par la même cause, qui, aux termes des

réglemens sur les retraites, n'auront pas droit à une pension, recevront une somme proportionnée à l'ancienneté de leurs services et à leur position domestique. Cette somme ne pourra être moindre de la moitié d'une année de leur traitement d'activité.

18. Les employés réformés seront appelés, de préférence à tous autres, à remplir les emplois vacans; et, dans ce cas, les pensions qui leur auront été accordées, seront suspendues.

19. Tous les droits acquits au trésor jusqu'au 1er juin prochain, en vertu des lois actuellement en vigueur, seront exigés et recouvrés suivant les formes prescrites par les réglemens.

20. Les lois, décrets et réglemens antérieurs continueront à être exécutés dans toutes les dispositions qui ne sont pas contraires à celles du présent décret.

21. Notre ministre des finances est chargé de l'exécution du présent décret, qui sera présenté au Corps Législatif dans sa prochaine session pour être converti en loi, et sera inséré au Bulletin des Lois.

(Voyez ci-contre le Tarif *des Droits d'entrée à percevoir sur les Boissons*.)

TARIF *du Droit de Licence à payer annuellement par les Brasseurs et par les Débitans de Boissons, conformément à l'article 13 du décret ci-dessus.*

LICENCE DES BRASSEURS.

	fr.	c.
Dans les départemens de l'Aisne, des Ardennes, du Nord, du Pas-de-Calais, du Bas-Rhin, de la Seine et de la Somme....	50	»
Dans les départemens du Calvados, de la Côte-d'Or, du Doubs, du Finistère, de la Gironde, d'Ille-et-Vilaine, de la Marne, de la Meurthe, de la Meuse, de la Moselle, du Haut-Rhin, du Rhône, de la Seine-Inférieure, de Seine-et-Marne, de Seine-et-Oise et des Vosges....................	30	»
Dans les autres départemens..............	20	»

LICENCE DES DÉBITANS.

Dans les communes au-dessous de 4,000 âmes.	6	»
Dans celles de 4 à 6,000 âmes..............	8	»
Dans celles de 6 à 10,000 âmes..............	10	»
Dans celles de 10 à 15,000 âmes..............	12	»
Dans celles de 15 à 20,000 âmes...........	14	»
Dans celles de 20 à 30,000 âmes...........	16	»
Dans celles de 30 à 50,000 âmes...........	18	»
Dans celles de 50,000 âmes et au-dessus (Paris excepté)...........................	20	»

Tableau des Départemens de la France, divisés en quatre classes.

1re CLASSE.	2e CLASSE.	3e CLASSE.	4e CLASSE.
Var.	Drôme.	Alpes (H.).	Rhin (B.).
Alpes (Basses).	Ardèche.	Isère.	Rhin (H.).
Vaucluse.	Aveyron.	Mont-Blanc	Vosges.
Bouches - du -	Puy-de-Dôme.	Ain.	Nord.
Rhône.	Allier.	Jura.	Pas-de-Ca-
Gard.	Cher.	Doubs.	lais.
Hérault.	Indre.	Saône (H.).	Somme.
Aude.	Vienne.	Saône - et -	Ardennes.
Pyrénées -	Sèvres (Deux)	Loire.	Aisne.
Orientales.	Vendée.	Nièvre.	Oise.
Tarn.	Loire-Infér.	Rhône.	Seine-Inf.
Garonne (H.).	Maine-et-Loire.	Loire.	Eure.
Ariége.	Indre-et-Loire.	Sarthe.	Calvados.
Lot.	Loir-et-Cher.	Seine.	Orne.
Tarn - et - Ga-	Loiret.	Seine - et -	Manche.
ronne.	Yonne.	Oise.	Mayenne.
Gers.	Côte-d'Or.	Seine - et -	
Pyrénées (H.).	Aube	Marne.	
Dordogne.	Marne (Haute).	Eure - et -	
Lot-et-Garonne.	Marne.	Loir.	
Charente-Infér.	Meuse.	Creuse.	
Charente.	Meurthe.	Vienne (H.).	
Gironde.	Moselle.	Corrèze.	
Landes.	Ille-et-Vilaine.	Cantal.	
Pyrénées (B.).	Côtes-du-Nord.	Loire (H.).	
	Morbihan.	Lozère.	
	Finistère.		

ORDONNANCE DU ROI *du 29 juillet* 1815 (Bulletin n° 8), *maintenant provisoirement, avec quelques modifications, les Changemens apportés par l'acte du 8 avril* 1815 *à la perception des droits sur les boissons, et néanmoins autorisant la Régie à réduire la somme à répartir d'après l'art.* 7 *dudit acte, lorsque les redevables seront imposés au-delà de l'importance de leur commerce, d'après les produits de* 1812.

LOUIS, par la grâce de Dieu, Roi de France et de Navarre,

Nous étant fait rendre compte de l'état de la perception des droits sur les boissons, établie par la loi du 8 décembre 1814, nous avons reconnu que, pendant notre absence, et en vertu d'un acte du 8 avril dernier, dont le caractère est essentiellement illégal, il a été fait des changemens qui ont eu pour effet de dénaturer l'organisation de la régie des contributions indirectes, de soustraire la matière imposable à la connaissance de ses agens, et conséquemment de détruire les élémens de la perception, ce qui rend impossible le retour immédiat à l'exécution régulière de la loi;

Voulant néanmoins adoucir, autant qu'il peut dépendre de nous, ce que le régime substitué à celui de la loi du 8 décembre a de trop onéreux pour les redevables, et conserver en même temps à l'État une branche importante de revenu, en attendant que les chambres aient pu statuer sur un mode d'impositions indirectes approprié aux ressources de la France, à sa situation et aux besoins du trésor;

Sur le rapport de notre ministre secrétaire d'état des finances,

Nous avons ordonné et ordonnons ce qui suit :

ART. 1er. Les changemens apportés par l'acte du 8 avril dernier à la perception des droits sur les boissons, sont provisoirement maintenus.

2. Néanmoins, et en vertu de l'article 73 de la loi du 8 décembre 1814, la régie est autorisée, pour la

quatrième trimestre de 1815, à réduire, en faveur des redevables d'une commune, la somme à répartir d'après l'article 7 du susdit acte, toutes les fois qu'il sera reconnu que ces redevables seraient imposés au-delà de l'importance de leur commerce, si l'on prenait pour base unique les produits de 1812.

3. Notre ministre secrétaire d'état des finances est chargé de l'exécution de la présente ordonnance, insérée au Bulletin des Lois.

Extrait de la Loi sur les Finances.

Du 28 avril 1816. (Bulletin, n° 81). (1)

TITRE PREMIER.

DROITS SUR LES BOISSONS.

CHAPITRE PREMIER.

Droits de Circulation.

Art. 1er. A chaque enlèvement ou déplacement de vins, cidres, poirés, eaux-de-vie, esprits et liqueurs composées d'eaux-de-vie ou d'esprits, sauf les exceptions qui seront énoncées par les articles 3,

---

(1) Outre les dispositions contenues dans la loi du 8 décembre 1814, cette loi du 28 avril 1816 (qui les reproduit presque toutes) en contient d'autres (articles 130 à 137) sur les abonnemens pour le montant du droit de fabrication de la bière, dont les brasseurs sont présumés passibles, que la régie peut consentir de gré à gré, tant avec ceux de la ville de Paris qu'avec ceux des villes au-dessus de trente mille âmes.

Quant aux abonnemens avec les débitans qui offriront de payer l'équivalent des droits de détail dont ils seraient passibles, il en est traité dans les deux lois (art. 73 et 74 de la première, et art. 70, 71 et suivans de la seconde) avec beaucoup plus d'étendue dans cette seconde.

4 et 5, il sera perçu un droit de circulation, conformément au tarif annexé à la présente loi sous le numéro 1.

2. Il ne sera dû qu'un seul droit pour le transport à la destination déclarée, quelles que soient la longueur et la durée du trajet, et nonobstant toute interception ou changement de voie et de moyens de transport.

3. Ne seront point assujettis au droit imposé par l'article 1er :

1°. Les boissons qu'un propriétaire fera conduire de son pressoir, ou d'un pressoir public, dans ses caves ou celliers ;

2°. Celles qu'un colon partiaire, fermier ou preneur à bail emphytéotique à rente, remettra au propriétaire ou recevra de lui, en vertu de baux authentiques ou d'usages notoires ;

3°. Les vins, cidres et poirés qui seront expédiés par un propriétaire, colon partiaire ou fermier, des caves ou celliers où sa récolte aura été déposée, et pourvu qu'ils proviennent de ladite récolte, quels que soient le lieu de destination et la qualité du destinataire. (1)

4. La même exemption sera accordée aux négocians, marchands en gros, courtiers, facteurs, commissionnaires, distillateurs et débitans, pour les boissons qu'ils feront transporter de l'une de leurs caves dans une autre située dans l'étendue du même département.

5. Le transport des boissons qui seront enlevées pour l'étranger ou pour les colonies françaises, sera également affranchi du droit de circulation.

6. Aucun enlèvement ni transport de boissons ne pourra être fait sans déclaration préalable de l'expéditeur ou de l'acheteur, et sans que le conducteur soit muni d'un congé, d'un acquit-à-caution ou d'un passavant pris au bureau de la régie. Il suffira d'une

(1) Voyez l'article 81 de la loi du 25 mars 1817, et la note sur cet article 81.

seule de ces expéditions pour plusieurs voitures ayant la même disposition et marchant ensemble. (1)

7. Les propriétaires, fermiers ou négocians qui feront transporter des vins, des cidres ou des poirés, dans un des cas prévus par les articles 3 et 4, ne seront tenus de se munir que d'un passavant dont le coût sera de vingt-cinq centimes, le droit de timbre compris.

8. Lorsque la déclaration aura pour objet des boissons expédiées à l'étranger ou aux colonies françaises, l'expéditeur, pour jouir de l'exemption prononcée par l'article 4, sera obligé de se munir d'un acquit-à-caution sur lequel sera désigné le lieu de sortie. Ce lieu ne pourra être changé sans qu'il y ait ouverture à la perception du droit, si ce n'est du consentement de la régie, qui ne pourra le refuser en cas de force majeure.

Le coût de l'acquit-à-caution sera également de vingt-cinq centimes, y compris le timbre.

---

(1) En matière de contributions indirectes, il suffit de la simple déclaration du conducteur pour prouver la fausseté de la destination. *Arrêt de la Cour de Cassation (section criminelle), du 23 avril 1819, affaire de Jeanne Arnauld et du sieur Dulac.* — 8e Cahier, pag. 459 du Journal des Audiences de 1819.

Le fait d'avoir, sans déclaration préalable, et sans s'être muni d'expédition, enlevé des barriques de vin de son domicile, et de les avoir transportées sur les bords de la rivière pour les embarquer, constitue une contravention à l'article 6 de la loi du 28 avril 1816, encore bien qu'au moment de la saisie les vins aient été trouvés déposés au bord de la rivière, sur le fonds même du propriétaire de ces vins : il suffit que ce propriétaire ait enlevé les vins des bâtimens de son habitation, et qu'il les ait placés hors de son enclos, sur un terrain accessible au public, pour qu'il soit en contravention. *Arrêt de la Cour de Cassation (chambre criminelle), du 28 juillet 1826, affaire de l'administration des Contributions indirectes contre Jeanneau.* — 11e Cahier, page 434 du Journal des Audiences de 1826.

9. Dans tous les cas autres que ceux déterminés par les deux articles précédens, l'expéditeur sera tenu de payer les droits contenus en l'article 1er, et de se munir d'un congé, s'il s'agit de vins, de cidres ou de poirés, ou d'un acquit-à-caution, s'il s'agit d'eaux-de-vie, d'esprits ou de liqueurs, sauf l'exception qui sera prononcée par l'art. 88 ci-après.

10. Il ne sera délivré de passavant, congé ou acquit-à-caution, que sur des déclarations énonçant les quantités, espèces et qualités de boissons; les lieux d'enlèvement et de destination; les noms, prénoms, demeures et professions des expéditeurs, voituriers et acheteurs ou destinataires. Dans les cas d'exception posés par l'article 3, les déclarations contiendront, en outre, la mention que l'expéditeur est réellement propriétaire, fermier ou colon partiaire récoltant, et non marchand en gros ni débitant, et que les boissons expédiées proviennent de sa récolte. (1)

11. L'obligation de déclarer l'enlèvement et de

---

(1) En matière de contributions indirectes, dès que les faits matériels de la contravention sont constans, les tribunaux doivent appliquer les dispositions pénales, sans pouvoir les modérer, sous prétexte de bonne foi de la part des contrevenans. — L'administration n'est liée par les actes de ses agens qu'autant que ces actes sont faits dans l'exercice du mandat légal que la loi leur confie. Ainsi, lorsqu'un receveur buraliste à qui l'on déclare des boissons pour obtenir un acquit-à-caution, convertit les mesures du pays qui lui sont déclarées, en mesures légales; qu'il commet une erreur dans son calcul, et que, par suite, l'acquit-à-caution énonce une quantité de boissons moindre que la quantité expédiée, la contravention qui en résulte ne peut être excusée comme provenant du fait d'un agent de l'administration; en ce que le receveur, en faisant le calcul, n'a pas procédé dans l'exercice de ses fonctions. *Arrêt de la Cour de Cassation (section criminelle), du 12 février 1825, affaire Teyssonier.* — 9e Cahier, p. 342, Jurisprudence de la Cour de Cassation de 1825, par Sirey.

prendre des expéditions n'est point applicable aux transports de vendanges ou de fruits.

12. Dans tous les cas où un simple passavant sera nécessaire, et lorsque la régie n'aura pas de bureau dans le lieu de l'enlèvement, cette expédition pourra n'être délivrée qu'au passage des boissons devant le premier bureau, moyennant que le conducteur ait été muni, au départ, d'un laissez-passer signé par l'expéditeur, et contenant toutes les indications voulues par la déclaration; ce laissez-passer sera échangé contre le passavant.

Les laissez-passer seront marqués du timbre de la régie; il en sera déposé en blanc dans les bureaux principaux, pour être délivrés aux personnes solvables qui seront autorisées à en faire usage. Les propriétaires qui les auront obtenus, seront obligés d'en faire connaître l'emploi; ils n'auront de valeur que durant le cours de l'année pendant laquelle ils auront été délivrés.

Toutes boissons circulant avec un laissez-passer au-delà du bureau où il aurait dû être échangé, seront considérées comme n'étant accompagnées d'aucune expédition, et passibles de la saisie.

13. Les boissons devront être conduites à la destination déclarée, dans le délai porté sur l'expédition. Ce délai sera fixé en raison des distances à parcourir et des moyens de transport. Il sera prolongé, en cas de séjour en route, de tout le temps pendant lequel le transport aura été interrompu. Il n'y aura lieu à la perception d'un nouveau droit de circulation, que dans le cas où l'interruption serait suivie d'un changement de destination. (1)

14. Le conducteur d'un chargement dont le trans-

---

(1) Par cela seul qu'un transport de boissons n'est pas effectué dans le délai porté sur le congé, il y a contravention punissable. — A la régie seule, et non aux tribunaux, appartient le droit d'apprécier les motifs du retard, et d'admettre les excuses des contrevenans. *Arrêt de la Cour de Cassation (section criminelle), du 27 février 1823, af-*

port sera suspendu, sera tenu d'en faire la déclaration au bureau de la régie dans les vingt-quatre heures, et avant le déchargement des boissons. Les congés, acquits-à-caution ou passavans, seront conservés par les employés jusqu'à la reprise du transport. Ils seront visés et remis au départ, après vérification des boissons, lesquelles devront être représentées aux employés, à toute réquisition.

15. Toute opération nécessaire à la conservation des boissons, telle que transvasion, ouillage ou rabattage, sera permise en cours de transport, mais seulement en présence des employés, qui en feront mention au dos des expéditions. Dans le cas où un accident de force majeure nécessiterait le prompt déchargement d'une voiture ou d'un bateau, ou la transvasion immédiate des boissons, ces opérations pourront avoir lieu sans déclaration préalable, à charge par le conducteur de faire constater l'accident par les employés, ou, à leur défaut, par le maire ou l'adjoint de la commune la plus voisine.

16. Les déductions réclamées pour coulage de route, seront réglées d'après les distances parcourues, l'espèce de boissons, les moyens employés pour le transport, sa durée, la saison dans laquelle il aura été effectué, et les accidens légalement constatés. La régie se conformera, à cet égard, aux usages du commerce.

17. Les voituriers, bateliers et tous autres qui transporteront ou conduiront des boissons, seront tenus d'exhiber, à toute réquisition des employés des contributions indirectes, des douanes et des octrois, les congés, passavans, ou acquits-à-caution, ou laissez-passer, dont ils devront être porteurs : faute de représentation desdites expéditions, ou en cas de fraude ou de contravention, les employés saisiront le chargement; ils saisiront aussi les voitures; che-

---

faire du sieur Goy. — 5e Cahier, page 181, de la Jurisprudence de la Cour de Cassation de 1823, par Sirey.

vaux et autres objets servant au transport, mais seulement comme garantie de l'amende, à défaut de caution solvable. Les marchandises faisant partie du chargement, qui ne seront pas en fraude, seront rendues au propriétaire.

18. Les voyageurs ne seront pas tenus de se munir d'expéditions pour les vins destinés à leur usage pendant le voyage, pourvu qu'ils n'en transportent pas au-delà de trois bouteilles par personne.

19. Les contraventions au présent chapitre seront punies de la confiscation des boissons saisies, et d'une amende de cent francs à six cents francs, suivant la gravité des cas.

CHAPITRE II.

Droits d'Entrée sur les Boissons.

---

§ Ier. *De la Perception.*

20. Il sera perçu au profit du trésor, dans les villes et communes ayant une population agglomérée de deux mille âmes et au-dessus, conformément au tarif annexé à la présente loi sous le nº 2, un droit d'entrée sur les boissons introduites ou fabriquées dans l'intérieur et destinées à la consommation du lieu.

Le classement des départemens, établi par le tableau nº 3, pourra, s'il s'élève des réclamations, être rectifié par le ministre secrétaire d'état des finances, sur l'avis du directeur général des contributions indirectes, lorsqu'il sera reconnu qu'il y a eu erreur dans les calculs ou les bases qui ont déterminé la classification.

21. Ce droit sera perçu dans les faubourgs des lieux sujets, et sur toutes les boissons reçues par les débitans établis sur le territoire de la commune; mais les habitations éparses et les dépendances rurales entièrement détachées du lieu principal, en seront affranchies. (1)

---

(1) Les débitans de boissons établis dans des habita-

22. Les communes assujetties aux droits d'entrée, seront rangées dans les différentes classes du tarif, en raison de leur population agglomérée. S'il s'élève des difficultés relativement à l'assujettissement d'une commune à la classe dans laquelle elle devra être rangée par sa population, la réclamation de la commune sera soumise au préfet, qui, après avoir pris l'opinion du sous-préfet et celle du directeur, la transmettra, avec son avis, au directeur général des contributions indirectes, sur le rapport duquel il sera statué par le ministre des finances, sauf le recours de droit; et la décision du préfet sera provisoirement exécutée.

23. Les vendanges et les fruits à cidre ou à poiré

---

tions isolées et entièrement détachées des lieux sujets aux droits d'entrée, sont soumis à ces mêmes droits comme les habitans des villes, des faubourgs, ou des lieux tellement voisins qu'ils peuvent passer pour en faire partie, l'exception portée en l'article 21, chapitre II de la loi qui porte que « les habitations éparses, et les dépendances rurales, entièrement détachées du lieu principal, seront affranchies du droit à payer sur toutes les boissons par les débitans établis sur le territoire de la commune », étant restreinte aux habitations des particuliers. *Arrêt de la Cour de Cassation (section civile), du 5 décembre* 1820, *affaire de la Direction générale des Contributions indirectes contre le sieur Chauvin*. — 5e Cahier, page 286, du Journal des Audiences de 1821.

Cet article 21 de la loi qui porte que « le droit d'entrée « sera perçu dans les faubourgs des lieux sujets......., « mais que les habitations éparses et les dépendances ru« rales détachées du lieu principal en seront exemptes, » restreint cette exemption aux particuliers de maisons éparses non débitans de boissons. *Arrêt de la Cour de Cassation (section criminelle) du* 1er *mars* 1822, *affaire de la Direction générale des Contributions indirectes contre la demoiselle Poupellier*. — 6e Cahier, page 250, du Journal des Audiences de 1822.

Arrêt conforme du 5 décembre 1820. — *Ibid.*

seront soumis au même droit, à raison de trois hectolitres de vendanges pour deux hectolitres de vin, et de cinq hectolitres de pommes ou poires pour deux hectolitres de cidre ou de poiré.

Les fruits secs destinés à la fabrication du cidre et du poiré, seront imposés à raison de vingt-cinq kilogrammes de fruits pour un hectolitre de cidre ou de poiré. Les eaux-de-vie ou esprits altérés par un mélange quelconque seront soumis au même droit que les eaux-de-vie ou esprits purs.

24. Tout conducteur de boissons sera tenu, avant de les introduire dans un lieu sujet aux droits d'entrée, d'en faire la déclaration au bureau, de produire les congés, acquits-à-caution ou passavans dont il sera porteur, et d'acquitter les droits, si les boissons sont destinées à la consommation du lieu.

25. Dans les lieux où il n'existera qu'un bureau central de perception, les conducteurs ne pourront décharger les voitures, ni introduire les boissons au domicile du destinataire, avant d'avoir rempli les obligations qui leur sont imposées par l'article précédent.

26. Les boissons ne pourront être introduites dans un lieu sujet aux droits d'entrée, que dans les intervalles de temps ci-après déterminés; savoir :

Pendant les mois de janvier, février, novembre et décembre, depuis sept heures du matin jusqu'à six heures du soir;

Pendant les mois de mars, avril, septembre et octobre, depuis six heures du matin jusqu'à sept heures du soir;

Pendant les mois de mai, juin, juillet et août, depuis cinq heures du matin jusqu'à huit heures du soir.

27. Toute boisson introduite sans déclaration dans un lieu sujet aux droits d'entrée, sera saisie par les employés; il en sera de même des voitures, chevaux, et autres objets servant au transport, à défaut par le contrevenant de consigner le *maximun* de l'amende, ou de donner caution solvable.

§. II. *Du Passe-debout.*

28. Les boissons introduites dans un lieu sujet aux droits d'entrée, pour le traverser seulement, ou y séjourner moins de vingt-quatre heures, ne seront pas soumises à ces droits; mais le conducteur sera tenu d'en consigner ou d'en faire cautionner le montant à l'entrée, et de se munir d'un permis de passe-debout.

La somme consignée ne sera restituée, ou la caution libérée, qu'au départ des boissons, et après que la sortie du lieu en aura été justifiée.

Lorsqu'il sera possible de faire escorter les chargemens, le conducteur sera dispensé de consigner ou de faire cautionner les droits.

29. Les boissons conduites à un marché dans un lieu sujet aux droits d'entrée, seront soumises aux formalités prescrites par l'article précédent.

§. III. *Du Transit.*

30. En cas de séjour des boissons au-delà de vingt-quatre heures, le transit sera déclaré conformément aux dispositions de l'art. 14, et la consignation ou le cautionnement du droit d'entrée subsisteront pendant toute la durée du séjour.

§. IV. *De l'Entrepôt.*

31. Tout négociant ou propriétaire qui fera conduire dans un lieu sujet aux droits d'entrée, au moins neuf hectolitres de vin, dix-huit hectolitres de cidre ou poiré, ou quatre hectolitres d'eau-de-vie ou d'esprit, pourra réclamer l'admission de ses boissons en entrepôt, et ne sera tenu d'acquitter les droits que sur les quantités non représentées et qu'il ne justifiera pas avoir fait sortir de la commune.

La durée de l'entrepôt sera illimitée.

Ne seront pas tenus de faire entrer la quantité des boissons ci-dessus fixées, les négocians ou propriétaires jouissant déjà de l'entrepôt lors de l'introduction desdites boissons, en sorte qu'ils pourront n'en faire entrer qu'un hectolitre, s'ils le jugent à propos, sans qu'ils puissent être tenus d'en acquitter de suite les droits.

32. Tout bouilleur ou distillateur qui introduira dans un lieu sujet, des vins, cidres ou poirés pour être convertis en eau-de-vie ou esprit, pourra aussi réclamer l'entrepôt. Le produit de la distillation, constaté par l'exercice des employés, ne sera soumis aux droits d'entrée que dans le cas déterminé par l'article précédent.

33. La faculté d'entrepôt sera aussi accordée aux personnes qui introduiront dans les lieux sujets aux droits d'entrée, des vendanges et fruits, et qui destineront les boissons en provenant à être transportées hors de la commune.

34. Cette même faculté pourra également être accordée à des particuliers qui recevraient des boissons pour être conduites, peu de temps après leur arrivée, soit à la campagne, soit dans une autre résidence. La déclaration devra en être faite au moment de l'arrivée des boissons.

35. Les déclarations d'entrepôt seront faites avant l'introduction des chargemens, et signées par les entrepositaires ou leurs fondés de pouvoirs. Elles indiqueront les magasins, caves ou celliers où les boissons devront être déposées, et serviront de titre pour la prise en charge.

36. Tout bouilleur ou distillateur de grains, marcs, lies, fruits et autres substances, établi dans un lieu sujet au droit d'entrée, sera tenu, s'il ne réclame la faculté de l'entrepôt, d'acquitter ce droit sur l'eau-de-vie provenant de sa distillation, et dont la quantité sera constatée par l'exercice des commis.

37. Les entrepositaires, négocians ou distillateurs, seront soumis à toutes les obligations imposées aux marchands en gros de boissons. Ils seront tenus, en outre, de produire aux commis, lors de leurs exercices, des certificats de sortie pour les boissons qu'ils auront expédiées pour l'extérieur, et des quittances du droit d'entrée pour celles qu'ils auront li-

vrées à l'intérieur. A la fin de chaque trimestre, ils seront soumis au paiement de ce même droit sur les quantités manquantes à leurs charges, sauf les déductions pour coulage et ouillage autorisées par l'article 103 de la présente loi. (1)

38. Lorsque les boissons auront été emmagasinées dans un entrepôt public, sous la clef de la régie, il ne sera exigé aucun droit de l'entrepositaire pour les manquans à ses charges.

39. Les personnes qui auront droit à l'entrepôt, pourront l'obtenir à domicile, lors même qu'il existerait dans le lieu un entrepôt public (Paris excepté).

40. Dans celles des villes ouvertes où la perception des droits d'entrée sur les vendanges, pommes ou poires, ne peut être opérée au moment de l'introduction, la régie sera autorisée à faire faire, après la récolte, chez tous les propriétaires récoltans, l'inventaire des vins ou cidres fabriqués. Il en sera de même à l'égard des vendanges et fruits récoltés dans l'intérieur d'un lieu sujet aux droits d'entrée. Tout propriétaire qui ne réclamera pas l'entrepôt, ou qui n'aura pas récolté une quantité de boissons suffisante pour l'obtenir, sera tenu de payer immédiatement les droits d'entrée sur les vins ou cidres inventoriés.

41. Les propriétaires qui jouiront de l'entrepôt pour les produits de leur récolte seulement, en vertu

---

(1) L'article 37 de la loi du 28 avril 1816, n'ayant point spécifié la forme des certificats qu'il exige pour constater la sortie des boissons, on peut regarder comme un certificat suffisant le congé visé par l'employé de la direction des contributions indirectes, préposé pour constater la sortie et l'entrée des boissons. *Arrêt de la Cour de Cassation (section civile), du 30 juillet 1823, affaire de la Direction des Contributions indirectes contre le sieur Duquesne.* — 9e Cahier, page 421 du Journal des Audiences de 1823, et 4e Cahier, page 134 de la Jurisprudence de Cour de Cassation de 1824, par Sirey.

de l'article précédent, ne seront soumis, outre l'inventaire, qu'à un recensement avant la récolte suivante : toutefois ils seront obligés de payer le droit d'entrée au fur et à mesure de leurs ventes à l'intérieur. Lors du recensement, ils acquitteront le même droit sur les manquans non justifiés, déduction faite de la quantité allouée pour coulage et ouillage.

42. Les boissons dites *piquettes*, faites par les propriétaires récoltans avec de l'eau jetée sur de simples marcs, sans pression, ne seront pas inventoriées chez eux, et seront conséquemment exemptes du droit, à moins qu'elles ne soient déplacées pour être vendues en gros ou en détail. (1)

43. Dans celles des villes sujettes aux droits d'entrée, où la perception du droit de détail sera remplacée par un abonnement avec la commune, conformément à l'art. 73, le compte d'entrée et de sortie des boissons reçues par les entrepositaires sera tenu au bureau de la régie. Les employés feront seulement, chaque trimestre, et en présence de l'entrepositaire, les vérifications nécessaires pour constater les quantités de boissons qui resteront en magasin, et établir le décompte des droits dus sur celles qui auront été livrées à la consommation du lieu.

---

(1) L'article 42 de la loi est aujourd'hui le seul qui soit applicable au *marc* de vendange, et dès-lors il faut écarter de la matière tout ce qui ne s'y trouve pas rappelé des anciens édits et réglemens. L'on ne peut s'empêcher de reconnaître que l'intention du législateur dans la rédaction de cet article, a été que la vendange fût réduite à l'état de *simple marc*, avant qu'on pût s'en servir pour la fabrication de la boisson en faveur de laquelle il a prononcé l'exemption de l'inventaire et du droit d'entrée. — La boisson faite avec de l'eau jetée sur le résidu de la vendange resté dans la cuve après l'extraction du vin de pure goutte, n'est pas la boisson exceptée par l'article 42. Ce résidu de vendange, encore dans la cuve, et qui n'a pas subi l'action du pressoir, n'est pas le *simple marc* dont l'article 42 a entendu parler. *Arrêt de la Cour de Cassation* (*section civile*), *du*

§. V. *Dispositions particulières.*

44. Les personnes voyageant à pied, à cheval, ou en voitures particulières et suspendues, ne seront pas assujetties aux visites des commis à l'entrée des villes sujettes aux droits d'entrée.

45. Les courriers ne pourront être arrêtés à leur passage, sous prétexte de la perception ; mais ils seront obligés d'acquitter les droits sur les objets qui y seront sujets. A cet effet, les employés pourront accompagner les malles et assister à leur déchargement.

Tout courrier, tout employé des postes, qui serait convaincu d'avoir fait ou favorisé la fraude, outre les peines résultant de la contravention, serait destitué par l'autorité compétente.

46. Les contraventions aux dispositions du présent chapitre seront punies de la confiscation des boissons saisies, et d'une amende de cent à deux cents francs, suivant la gravité des cas ; et sauf celui de fraude en voitures suspendues, lequel entraînera toujours la condamnation à une amende de mille francs.

Dans le cas de fraude par escalade, par souterrain ou à main armée, il sera infligé aux contrevenans une peine correctionnelle de six mois de prison, outre l'amende et la confiscation.

---

4 *juillet* 1820, *affaire de la Direction générale des Contributions indirectes contre le sieur Tourangin.* — 7e Bulletin officiel des arrêts de 1820, p. 228.

L'exemption du droit d'entrée, établie par l'article 42 de la loi du 28 avril 1816 en faveur des piquettes destinées à la consommation du propriétaire, s'applique aux piquettes non soumises à l'inventaire comme à celles qui y sont sujettes. *Arrêt de la Cour de Cassation (section civile), du* 4 *juillet* 1820, *affaire de la Direction générale des Contributions indirectes contre le sieur de la Volvène.* — 11e Cahier, pag. 597, du Journal des Audiences de 1820.

CHAPITRE III.

Droit de la Vente en détail des Boissons.

§. Ier. *De la Perception.*

47. Il sera perçu, lors de la vente en détail des vins, cidres, poirés, eaux-de-vie, esprits ou liqueurs composées d'eau-de-vie ou d'esprits, un droit de quinze pour cent du prix de ladite vente.

48. Les vendans en détail seront tenus de déclarer aux commis le prix de vente de leurs boissons, chaque fois qu'ils en seront requis; lesdits prix seront inscrits tant sur les portatifs et registres, que sur une affiche apposée par le débitant, dans le lieu le plus apparent de son domicile.

49. En cas de contestation entre les employés et les débitans, relativement à l'exactitude de la déclaration des prix de vente, il en sera référé au maire de la commune, lequel prononcera sur le différent, sauf le recours, de part et d'autre, au préfet, en conseil de préfecture, qui statuera définitivement dans la huitaine, après avoir pris l'avis du sous-préfet et du directeur des contributions indirectes.

Le droit sera provisoirement perçu d'après la décision du maire, sauf rappel ou restitution. La décision ne pourra s'appliquer aux boissons débitées antérieurement à la contestation.

§. II. *Des Débitans.*

50. Les cabaretiers, aubergistes, traiteurs, restaurateurs, maîtres d'hôtels garnis, cafetiers, liquoristes, buvetiers, débitans d'eau-de-vie, concierges, et autres donnant à manger au jour, au mois ou à l'année, ainsi que tous autres qui voudront se livrer à la vente en détail des boissons spécifiées en l'article 47, seront tenus de faire leur déclaration au bureau de la régie dans les trois jours de la mise à exécution de la présente loi, et, à l'avenir, avant de commencer leur débit, et de désigner les espèces et

quantités de boissons qu'ils auront en leur possession, dans les caves ou celliers de leur demeure ou ailleurs, ainsi que le lieu de la vente; comme aussi d'indiquer par une enseigne ou bouchon leur qualité de débitant. (1)

51. Les cantiniers des troupes seront tenus de se conformer aux dispositions de l'article précédent, à l'exception de ceux établis dans les camps, forts et

---

(1) Un particulier qui reçoit chez lui et à sa table des pensionnaires à tant par mois, n'est pas par cela seul assimilé aux cabaretiers, aubergistes, traiteurs, etc., dans le sens de l'article 50 de la loi du 28 avril 1816, et comme tel, assujetti à faire à la régie des contributions indirectes, les déclarations prescrites par cet article. *Arrêt de la Cour de Cassation (section criminelle), du* 23 *mai* 1822, rendu sur le désistement même du pourvoi de la régie, *affaire du sieur Clergé.* — 11e Cahier, page 423 de la Jurisprudence de la Cour de Cassation, de 1822, par Sirey.

Celui qui tient une maison dans laquelle il se borne à vendre du fourrage et de l'avoine pour les chevaux ou mulets des voituriers, et à donner des lits aux voituriers, est tenu de justifier qu'il a fait la déclaration, et s'est muni de la licence prescrite par l'article 144 de la loi du 28 avril 1816, encore qu'il ne paraisse donner ni à boire ni à manger aux voituriers. C'est là une auberge dans le sens de l'article 50 de cette loi. — Il est de l'essence de la profession d'aubergiste, de donner à manger et à boire, et l'aubergiste est, par ce fait seul, réputé faire le commerce des boissons. *Arrêt de la Cour de Cassation (section criminelle), du* 1er *octobre* 1824, *affaire de la Régie des Contributions indirectes contre le sieur Salin.* — 1er Cahier, page 30 du Journal des Audiences de 1825; et 3e Cahier, page 112, de la Jurisprudence de la Cour de Cassation, de 1825, par Sirey.

Les aubergistes qui logent les voituriers avec leurs chevaux et leurs voitures, ne peuvent être dispensés de la déclaration et de la licence prescrite par les articles 50 et 144 de la loi du 28 avril 1816, à tous les débitans de boissons, sous le prétexte qu'ils ne débitent pas de boissons et ne donnent ni à manger ni à boire aux voituriers, mais

citadelles, pourvu qu'ils ne reçoivent que des militaires, et qu'ils aient une commission du ministre de la guerre.

---

ne font que loger et nourrir les chevaux. *Arrêt de la Cour de Cassation (section criminelle)*, *du* 19 *novembre* 1819, *affaire de la Direction générale des Contributions indirectes, contre les sieurs Rebuffard et consorts.* — 42e Cahier, page 211, du Journal des Audiences de 1820.

Voyez l'*Appendice* à la fin de l'ouvrage.

De la Nécessité de la Déclaration à faire par les Debitans de Boissons.

« La Cour Royale de Paris, sous la présidence de M. de Haussy, avait à résoudre ce matin (lundi, 19 mars 1827) diverses questions d'une haute importance. — Jusqu'à ce jour, la préfecture de police avait considéré comme exécutoire une disposition du décret du 15 décembre 1813 qui, en violation de la loi de 1791, qui proclame le libre exercice de toutes les professions, imposait, sous peine de 500 francs d'amende, à tout citoyen qui veut se livrer à la *vente des liquides*, l'obligation de *solliciter* du préfet de police l'autorisation d'en vendre, en telle sorte que le monopole de cette branche d'industrie appartenait ainsi indirectement à la police, qui se permettait, selon son bon plaisir, d'accorder ou de refuser son approbation.

« Divers *débitans de vins* furent traduits en police correctionnelle, soit à raison de ce fait, soit à raison du défaut de déclarations de l'intention de débiter. En première instance, le ministère public avait requis contre les inculpés la peine de 500 francs, prononcée par l'article 12 du décret. Cette peine n'avait pas été appliquée.

« Le ministère public a fait appel. M. l'avocat-général Tarbé, dans son impartialité, n'a pas cru que le décret ait pu légalement, en imposant l'obligation de demander l'autorisation du préfet de police, violer le texte formel de la loi de 1791. — Quant à la simple déclaration à faire à la préfecture de police, mesure toute différente et toute de police, M. l'avocat-général a pensé qu'il y avait eu

52. Toute personne qui vend en détail des boissons de quelque espèce que ce soit, est sujette aux visites et exercices des employés de la régie. (1)

---

excès de pouvoir dans le décret, en prononçant, pour l'inobservation de cette formalité, une peine de 500 francs, tandis qu'une peine de simple police était seule applicable.

« La Cour Royale, après avoir entendu MM. Latérade, Caron et Cordier, avocats des intimés, a consacré cette doctrine, et a condamné seulement les inculpés à six francs d'amende, non pour défaut d'autorisation, mais *pour défaut de déclaration*, ce qui, comme on l'a vu, est une formalité essentiellement distincte, et ne peut entraîner à sa suite aucun inconvénient. » (*Extrait du Constitutionnel, du mardi* 20 *mars* 1827.)

(1) Les débitans de bière sont assujettis à la licence et aux visites, comme les débitans d'autres boissons, et assujétis conséquemment à la déclaration préalable prescrite par l'article 50. *Arrêt de la Cour de Cassation* (*section criminelle*) *du* 13 *août* 1819, *affaire de l'Administration des Contributions indirectes contre le sieur Delalonde.* — 9e Cahier, p. 560, du Journal des Audiences de 1819.

L'article 50 mentionne les *cafetiers* et liquoristes, et ne dit rien des *Limonadiers*. Il n'est pas douteux qu'ils sont enveloppés dans la dénomination de Cafetiers.

Nous avons rapporté (pages 112 et suivantes) quelques observations fort importantes sur les vins, qui sont les boissons dont il se fait le plus de consommation, et sur leur commerce, tant à l'étranger qu'à l'intérieur; qu'il nous soit permis de dire quelque chose des boissons qui se consomment chez les LIMONADIERS, qui se rapprochent des débitans de boissons dont parlent les lois, et chez lesquels il y a pour le moins autant de rassemblemens d'hommes que chez les marchands de vins, et chez lesquels conséquemment les officiers de police ont le droit d'entrer, et de faire des visites comme chez les marchands de vins et autres débitans de boissons, ainsi que nous l'avons dit plus haut.

La boisson que les Limonadiers débitent le plus communément, est le café, soit à l'eau, soit mêlé avec le lait,

53. Les boissons déclarées par les dénommés en l'article 50, seront comptées et prises en charge aux registres portatifs des commis. A cet effet, les futailles seront jaugées et marquées par les employés,

---

et que l'on prend avec du sucre ou sans sucre; ce qui a fait donner aux limonadiers le nom de *cafetiers*, et à leurs boutiques, le nom même de *cafés*.

Ils peuvent le donner à boire en liqueur, et il leur est même permis d'en vendre en poudre; mais ils ne peuvent le vendre en grains, le commerce en étant réservé aux épiciers.

La *Limonade*, dont les Limonadiers tirent leur nom principal, est une liqueur fraîche qui se fait avec le suc ou jus des fruits, coupés et exprimés, du *limonier*, qui est une espèce de citronier, mais plus doux que le citron proprement dit. On y mêle de l'écorce de citron et d'orange, et une quantité suffisante d'eau et de sucre. — Si on veut qu'elle soit ambrée, on mêle un peu d'ambre au sucre qui y entre. Il en faut peu pour parfumer une grande quantité de limonade. Nos Limonadiers sont souvent obligés, pour la faire, d'avoir recours au *sirop de limon*, ou à ce qu'ils appellent la *limonade sèche*, qui qui n'est que le jus de citron et de limon mis en pâte avec du sucre.

On fait de l'*orangeade* comme de la limonade, soit avec des oranges douces ou avec des bigarades, oranges *amères*.

Pendant le cours de l'été, les limonadiers débitent une grande quantité de liqueurs fraîches ou même glacées, dans lesquelles le jus des fruits est mêlé simplement avec de l'eau et du sucre, telles que l'eau de fraise : ces fruits sont communément la groseille, le citron et la framboise. Les eaux de verjus, d'épine-vinette, et de grenade, exigent qu'on double la dose de sucre, afin d'adoucir l'aigreur de ces fruits.

Pendant l'hiver, on trouve chez les limonadiers des liqueurs chaudes, telles que les *sorbets* de différentes espèces. On peut donner ce nom à toute espèce de liqueur simple, et que l'on sert chaude : ainsi, l'orangeade et la

les boissons dégustées, et le degré des eaux-de-vie et esprits vérifié : il en sera de même de toutes les boissons qui arriveront chez les vendans en détail pendant le cours du débit, et qui ne pourront être

---

limonade chaudes sont des *sorbets*. On pourrait même y compter le thé et les bavaroises, qui ne sont que du thé coupé avec du sirop de capillaire.

L'*orgeat*, que vendent les limonadiers, est une liqueur composée que l'on peut prendre en tout temps, même en hiver, mais elle se boit plus souvent froide. C'est un composé de graines de melon et de concombre, mêlées avec des amandes douces, du sucre et de l'eau de fleur d'orange : on en fait une pâte que l'on délaie dans une quantité d'eau suffisante. Il en résulte une liqueur blanche, fort rafraîchissante, et d'un goût très agréable. On fait aussi du sirop d'orgeat. On était autrefois dans l'usage de l'ambrer beaucoup. Cet usage a à peu près passé de mode.

Le point par où les limonadiers touchent le plus aux débitans de boissons dont parlent les lois et ordonnances, c'est la vente ou débit chez eux de toute sortes de vins de liqueur, vins d'Espagne, vins muscats, vins de Malvoisie, de toutes sortes de ratafias, rossolis, populo, eau d'anis, de cannelle, de frangipane, eau de fruits et de fleurs, eau de genièvre, de coriandre, etc.

(Le *rossolis* se fait en distillant plusieurs fleurs et fruits auxquels on joint de la cannelle et de l'anis : le *populo* est un rossolis plus léger et plus délicat que le premier.)

Ils y touchent de même par la vente ou débit chez eux de l'*hypocras*. Le fond de cette boisson est le vin, qui doit être bon, dans lequel on mêle du sucre, de la cannelle, du citron, du poivre blanc, du girofle, des amandes et de la coriandre; il doit être fort ambré. — On en fait du blanc et du rouge. On compose même quelquefois de l'*hypocras sans vin*. Il est fait à l'eau. On conçoit qu'avec tous les ingrédiens qui le forment, il ne doit pas encore être trop fade.

Outre les vins de liqueurs et l'hypocras dont il vient d'être question, les Limonadiers vendent les liqueurs qu'on a nommées *huiles*, à cause de leur qualité, telles

introduites dans leur domicile, leurs caves ou celliers, qu'en vertu de congés, acquits-à-caution ou passavans, lesquels seront produits lors des visites et exercices, et seront relatés dans les actes de charge.

Les débitans domiciliés dans les lieux sujets aux droits d'entrée, seront tenus, en outre, de produire aux employés, lors de leurs exercices, les quittances de ces droits pour les boissons qu'ils auront reçues, ainsi que celles des droits d'octroi ou de banlieue, lorsqu'ils auront dû être acquittés. (1)

---

que l'huile d'anis, l'huile de Vénus, l'huile de rose, l'huile de cédrat, l'huile de cannelle, etc.; toutes liqueurs dont l'eau-de-vie, les fruits et le sucre sont la base. Ils vendent aussi l'eau de fleurs d'orange, l'eau d'anis, les liqueurs d'angélique et d'absinthe, et autres non moins agréables, mais non aussi onctueuses que les huiles.

Ils vendent les *ratafias*, qui sont de simples infusions de fruits dans l'eau-de-vie, sans distillation ni alambic; celui de cerises est le plus commun et peut-être le meilleur. Ceux de fleurs d'orange, d'anis et d'angélique passent pour très stomachiques.

Ils vendent le *scuba*, dont l'eau-de-vie, le sucre et le safran sont la base.

Enfin ils vendent des fruits à l'eau-de-vie, qui sont des cerises, des prunes de reine-claude, des abricots et des pêches.

(1) Lorsqu'un débitant d'eau-de-vie a formellement déclaré qu'une certaine quantité de cidre qu'il s'était procurée, était destinée pour sa consommation personnelle et celle de sa famille, et que la direction des contributions elle-même a reconnu que ce débitant ne vendait que de l'eau-de-vie, et n'a allégué contre lui aucun soupçon de fraude, il ne peut être passible du droit pour cette quantité de cidre, par l'effet seul d'une présomption qui résulterait de sa profession de débitant de boissons. *Arrêt de la Cour de Cassation (section civile), du 11 avril 1821, affaire de la Direction générale des Contributions indirectes contre le sieur Monchaux.* — 6e Cahier, page 331, du Journal des Audiences de 1821.

54. Le débit de chaque pièce sera suivi séparément, et le vide marqué sur la futaille à chaque exercice des employés. Les manquans seront constatés, comme les charges, par des actes réguliers, lesquels devront être signés de deux commis, et inscrits à leurs registres portatifs.

55. Les débitans pourront avoir un registre sur papier libre, coté et paraphé par un juge de paix, et les commis seront tenus d'y consigner le résultat de leurs exercices et les paiemens qui auront été faits, ou de mentionner dans leurs actes, au portatif, le refus qu'aura fait le débitant de se munir dudit registre ou de le représenter.

56. Les débitans seront tenus d'ouvrir leurs caves, celliers et autres parties de leurs maisons, aux employés, pour y faire leurs visites, même les jours de fêtes et dimanches, hors les heures où, à raison du service divin, lesdits lieux seront fermés en exécution des lois et ordonnances. (1)

---

(1) Les débitans de boissons sont définitivement assujettis aux visites et exercices des employés de l'administration des contributions indirectes, en telle sorte qu'ils sont obligés, non seulement de procurer aux employés, à la première réquisition, un libre accès dans toutes les parties de leur maison, et de leur ouvrir les portes des chambres, caves, etc., mais encore de leur ouvrir sur-le-champ tous coffres, armoires et autres meubles, et d'être à cet effet munis, en tout temps, des clefs nécessaires. — Ainsi, un cabaretier, après avoir ouvert deux armoires à la réquisition des employés des contributions indirectes, ne peut refuser, sans commettre une contravention à la loi, d'en ouvrir deux autres situées dans la même chambre, sous le prétexte que ces armoires appartiennent à un tiers, et qu'il n'en a pas les clefs. Il ne peut d'ailleurs exiger que l'ouverture ne soit faite qu'en présence du maire. *Arrêt de la Cour de Cassation (sections réunies sous la présidence du garde-des-sceaux), du* 20 *novembre* 1824, *affaire de l'Administration des Contributions indirectes contre les époux Lamothe.* — 11e Cahier, pages 314 et 316, du Journal des Audiences de 1824.

57. Les débitans ne pourront vendre de boissons en gros qu'en futailles contenant au moins un hectolitre; et il ne pourra en être fait décharge à leur compte qu'autant que les vaisseaux auront été démarqués par les commis. En cas d'enlèvement sans démarque, le droit de détail sera constaté sur la contenance des futailles, sans préjudice des effets de la contravention.

Le compte des débitans sera également déchargé des quantités de boissons gâtées ou perdues, lorsque la perte sera dûment justifiée. (1)

58. Les vendans en détail ne pourront recevoir ni avoir chez eux, à moins d'une autorisation spéciale, de boissons en vaisseaux d'une contenance moindre qu'un hectolitre. Ils ne pourront établir le débit des vins et eaux-de-vie sur des vaisseaux d'une contenance supérieure à cinq hectolitres, ni mettre en vente ou avoir en perce à la fois plus de trois pièces de chaque espèce de boissons. L'usage de mettre les vins en bouteilles sera néanmoins permis, pourvu que la transvasion ait lieu en présence des commis. Les bouteilles seront cachetées du cachet de la régie; le débitant fournira la cire et le feu.

59. Il est défendu aux débitans de faire aucun remplissage sur les tonneaux, soit marqués, soit démarqués, si ce n'est en présence des commis; d'enlever de leurs caves les pièces vides, sans qu'elles aient été

---

(1) Le droit de détail, dont l'article 57 de la loi du 28 avril 1816 frappe les boissons vendues en gros, et livrées sans démarque, n'étant point dû sur la vente, mais uniquement à titre de peine de l'enlèvement sans démarque, rentre dans la catégorie des amendes, doubles droits, confiscations, et, en un mot, des condamnations encourues sur lesquelles la régie des contributions indirectes a le droit de transiger. *Arrêt de la Cour de Cassation (section civile)*, du *30 juillet* 1823, *affaire de la Direction générale des Contributions indirectes contre le sieur Bourgueil.* — 9e Cahier, page 397, du Journal des Audiences de 1823.

préalablement démarquées, et de substituer de l'eau ou tout autre liquide aux boissons qui auront été reconnues dans les futailles lors de la prise en charge.

60. Les débitans ne pourront avoir qu'un seul rapé de raisin de trois hectolitres au plus, et pourvu qu'ils aient en cave au moins trente hectolitres de vin. Ils ne pourront verser de vin sur ce rapé hors la présence des commis.

61. Il est fait défense aux vendans en détail de recéler des boissons dans leurs maisons ou ailleurs, et à tous propriétaires ou principaux locataires, de laisser entrer chez eux des boissons appartenant aux débitans, sans qu'il y ait bail par acte authentique pour les caves, celliers, magasins et autres lieux où seront placées lesdites boissons. Toute communication intérieure entre les maisons des débitans et les maisons voisines est interdite, et les commis sont autorisés à exiger qu'elle soit scellée. (1)

62. Lorsqu'il y aura impossibilité d'interdire les communications, le voisin du débitant pourra être soumis aux exercices des commis, et au paiement du droit à la vente en détail, lorsque sa consommation apparente sera évidemment supérieure à ses facultés et à la consommation réelle de sa famille, d'après les habitudes du pays.

63. Dans le cas prévu par l'article précédent, et

---

(1) Un débitant est en contravention, s'il s'est trouvé dans un local faisant partie de sa maison de débit, dans lequel il peut communiquer à volonté, des boissons qu'il n'a pas déclarées; il ne peut être exempté de la peine, soit sous le prétexte que le local était loué à un tiers qui ne représente point de bail authentique, soit sur le motif que les préposés avaient la faculté d'exiger que la porte de communication fût fermée. *Arrêt de la Cour de Cassation (section criminelle), du 30 janvier 1824, affaire de la Direction des Contributions indirectes contre les sieurs Mallet et Marchand.* — 3e Cahier, page 133, du Journal des Audiences de 1824; et 6e Cahier, page 227, de la Jurisprudence de la Cour de Cassation, de 1824, par Sirey.

avant de procéder à aucune opération, les employés feront, par écrit, un rapport à leur directeur. Le directeur le transmettra au préfet, qui prononcera définitivement sur l'avis du maire, et autorisera, s'il y a lieu, l'exercice chez le voisin du débitant. Les employés ne pourront procéder à cet exercice sans exhiber l'arrêté du préfet qui l'aura autorisé.

64. Si le résultat de cet exercice fait reconnaître une consommation apparente évidemment supérieure à la consommation réelle de l'individu exercé, le directeur en référera au préfet, qui, sur son rapport, et après avoir pris l'avis du sous-préfet et du maire, déterminera, chaque trimestre, la quantité qui sera allouée pour consommation, et celle qui sera assujettie au paiement du droit.

65. Le décompte des droits à percevoir en raison des boissons trouvées manquantes chez chaque débitant, sera arrêté tous les trois mois, et les quantités de boissons restantes seront portées à compte nouveau. Le paiement desdits droits sera exigé à la fin de chaque trimestre, ou à la cessation du commerce d'un débitant. Il pourra même l'être au fur et à mesure de la vente, pourvu qu'il y ait une pièce entière débitée, ou lorsque les boissons auront été mises en vente dans les foires, marchés ou assemblées.

66. Il sera accordé aux débitans, pour tous déchets et pour consommation de famille, trois pour cent sur le montant des droits de détail qu'ils auront à payer.

67. Les débitans de boissons qui auront déclaré cesser leur débit, seront tenus de retirer leur enseigne ou bouchon, et resteront soumis, pendant les trois mois suivans, aux visites et exercices des commis. En cas de continuation de vente, il sera dressé procès-verbal de cette contravention, et en outre ils seront contraints, pour tout le temps écoulé depuis la déclaration de cesser, au paiement des droits proportionnellement aux sommes constatées à leur charge pendant le trimestre précédent. (1)

(1) Le débitant de boissons qui a déclaré cesser son

68. Les débitans qui auront refusé de souffrir les exercices des employés, seront contraints, nonobstant les suites à donner aux procès-verbaux, au paiement du droit de détail sur toutes les boissons restant en charge lors du dernier exercice; ils seront tenus d'acquitter en outre le même droit, pour tout le temps que les exercices demeureront suspendus, au prorata de la somme la plus élevée qu'ils auront payée pour un trimestre pendant les deux années précédentes.

A l'égard des débitans qui n'auraient pas été soumis précédemment aux exercices, ils seront obligés d'acquitter une somme égale à celle payée par le débitant le plus imposé du même canton de justice de paix.

Les procès-verbaux rapportés pour refus d'exercice seront présentés, dans les vingt-quatre heures,

---

débit, demeure néanmoins soumis, pendant les trois mois qui suivent sa déclaration, non seulement aux visites des employés, mais encore à l'obligation de prendre des congés, acquits-à-caution ou passavans pour toutes les boissons qui entreront chez lui pendant les trois mois, sous les peines portées par l'article 96 de la loi. *Arrêt de la Cour de Cassation (section criminelle), du 20 octobre 1819, affaire du sieur Saulnier contre la Direction générale des Contributions indirectes.* — 11e Cahier, page 622, du Journal des Audiences de 1819.

En soumettant aux visites et exercices des employés les anciens débitans pendant trois mois à partir de leur déclaration de cessation de débit, l'article 67 de la loi du 28 avril 1816, a entendu nécessairement les assujettir, sous les peines portées par l'article 96, aux dispositions de l'article 53, et *spécialement* à l'obligation de représenter aux employés les expéditions des boissons qui ont été introduites chez eux. *Arrêt de la Cour de Cassation (section criminelle) du 15 avril 1825, affaire de la Direction des Contributions indirectes contre Gastambide.* — 8e Cahier, page 305, du Journal des Audiences de 1825.

au maire de la commune, qui sera tenu de viser l'original. (1)

69. La vente en détail des boissons ne pourra être faite par les bouilleurs ou distillateurs pendant le temps que durera leur fabrication. Cette vente pourra toutefois être autorisée, si le lieu du débit est totalement séparé de l'atelier de distillation.

§. III. *Des Abonnemens pour le Droit de Vente en détail.*

70. Toutes les fois qu'un débitant se soumettra à payer par abonnement l'équivalent du droit de détail dont il sera estimé passible, il devra y être admis par la régie. Lorsque la régie ne sera pas d'accord avec ledit débitant pour fixer l'équivalent du droit, le préfet en conseil de préfecture prononcera, sauf le recours au conseil d'état, en prenant en considération les consommations des années précédentes et les circonstances particulières qui peuvent influer sur le débit de l'année pour laquelle l'abonnement est requis. Les abonnemens seront faits par écrit, et ne seront définitifs qu'après l'approbation de la régie. Leur durée ne pourra excéder un an. Ils ne pourront avoir pour effet d'attribuer à l'abonné le privilége de vendre à l'exclusion de tous autres débitans qui voudraient s'établir dans la même commune.

71. Il pourra encore être consenti par la régie, de gré à gré avec les débitans, des abonnemens à l'hectolitre pour les différentes espèces de boissons

---

(1) Un procès-verbal des préposés des contributions indirectes, constatant un refus d'exercice, n'est pas nul pour défaut du visa du maire, et à plus forte raison pour irrégularité du visa, notamment pour défaut de date. *Arrêt de la Cour de Cassation (section criminelle), du* 1er *mars* 1822, *affaire de la veuve Braine contre la Régie des Contributions indirectes.* — 7e Cahier, page 275, du Recueil de 1822, par Sirey.

qu'ils auront déclaré vouloir vendre. Ces abonnemens auront pour effet d'affranchir les débitans des obligations qui leur seront imposées relativement aux déclarations de prix de vente. Ils seront faits par écrit et approuvés par les directeurs, et ne pourront avoir plus de durée que deux trimestres.

72. Les abonnemens consentis en vertu des deux articles précédens, seront révoqués de plein droit, en cas de fraude ou contravention dûment constatée.

73. La régie devra également consentir, dans les villes, avec les conseils municipaux, lorsqu'ils en feront la demande, un abonnement général pour le montant des droits de détail et de circulation dans l'intérieur, moyennant que la commune s'engage à verser dans les caisses de la régie, par vingt-quatrième, de quinzaine en quinzaine, la somme convenue pour l'abonnement, sauf à elle à s'imposer sur elle-même pour le recouvrement de cette somme, comme elle est autorisée à le faire pour les dépenses communales.

74. Ces abonnemens, discutés entre les directeurs de la régie ou leurs délégués et les conseils municipaux, n'auront d'exécution qu'après qu'ils auront été approuvés par le ministre des finances, sur l'avis du préfet et le rapport du directeur général des contributions indirectes. Ils ne seront conclus que pour une année; et seront révocables de plein droit, en cas de non paiement d'un des termes à l'époque fixée.

75. La régie poursuivra le recouvrement des sommes dues au trésor en raison desdits abonnemens, par voie de contrainte sur le receveur municipal, et par la saisie des deniers et revenus de la commune.

76. Dans les villes où ces abonnemens seront accordés, tout exercice chez les débitans sera supprimé, et la circulation des boissons dans l'intérieur affranchie de toute formalité.

77. Sur la demande des deux tiers au moins des débitans d'une commune, approuvée en conseil mu-

nicipal, et notifiée par le maire, la régie devra consentir pour une année, et sauf renouvellement, à remplacer la perception du droit de détail par exercices, au moyen d'une répartition, sur la totalité des redevables, de l'équivalent dudit droit.

78. Ce mode de remplacement ne pourra être admis qu'autant qu'il offrira un produit égal à celui d'une année moyenne, calculée d'après trois années consécutives d'exercices. Il sera discuté entre les débitans ou leurs délégués et l'employé supérieur de la régie, en présence du maire ou d'un membre du conseil municipal, et pourra être exécuté provisoirement en vertu de l'autorisation du préfet, donnée sur la proposition du directeur de la régie. Il devra néanmoins être approuvé par le ministre des finances, sur le rapport du directeur général des contributions indirectes.

Lorsque la régie ne sera pas d'accord avec lesdits débitans pour fixer l'équivalent du droit, le préfet, en conseil de préfecture, prononcera, sauf le recours au conseil d'état, en prenant en considération les consommations des années précédentes, et les circonstances particulières qui peuvent influer sur le débit de l'année pour laquelle l'abonnement est requis.

79. Lorsque ce remplacement sera adopté, les syndics nommés par les débitans, sous la présidence du maire ou de son délégué, procéderont, en présence de ce magistrat, à la répartition de la somme à imposer entre tous les débitans alors existant dans la commune. Les rôles arrêtés par les syndics, et rendus exécutoires par le maire, seront remis au receveur de la régie, pour en poursuivre le recouvrement.

80. Les débitans ainsi abonnés seront solidaires pour le paiement des sommes portées aux rôles. En conséquence, aucun nouveau débitant ne pourra s'établir dans la commune pendant la durée de l'abonnement, s'il ne remplace un autre débitant compris dans la répartition.

81. Les sommes portées aux rôles seront exigibles

par douzième, de mois en mois, d'avance et par voie de contrainte. A défaut de paiement d'un terme échu, les redevables dûment mis en demeure, le directeur de la régie sera autorisé à faire prononcer, par le préfet, la révocation de l'abonnement, et à faire rétablir immédiatement la perception par exercices, sans préjudice des poursuites à exercer pour raison des sommes exigibles.

82. Les employés de la régie constateront par procès-verbal, à la requête des débitans ou de leurs syndics, toute vente en détail des boissons opérée dans la commune abonnée par des personnes non comprises dans la répartition. Les poursuites seront exercées par les syndics, et les condamnations prononcées au profit de la masse des débitans.

83. Les débitans ainsi abonnés, ou leurs syndics, pourront concéder à des personnes non comprises aux rôles de répartition, le droit de vendre en détail des boissons lors des foires et assemblées.

84. Les sommes à recouvrer en exécution des deux articles précédens, seront perçues par le receveur de la régie, et imputées à tous les débitans de la commune, au marc le franc de leur cote.

§. IV. *Des Propriétaires vendant en détail les Boissons de leur crû.*

85. Les propriétaires qui voudront vendre les boissons de leur crû en détail, jouiront d'une remise de vingt-cinq pour cent sur les droits qu'ils auront à payer. Ils devront, dans la déclaration préalable à laquelle ils seront tenus comme tous les autres débitans, indiquer la quantité de boissons de leur crû qu'ils auront en leur possession, et celle dont ils entendront faire la vente en détail, et se soumettre, en outre, à ne vendre aucune boisson autre que celles de leur crû. Ils devront faire cette vente par eux-mêmes, ou par des domestiques à leurs gages, dans des maisons à eux appartenant, ou qu'ils auront louées par bail authentique. (1)

---

(1) Le propriétaire d'une habitation rurale, entière-

86. Ils ne pourront fournir aux buveurs que les boissons déclarées, avec des bancs et tables, et seront libres d'établir leur vente en détail sur des vaisseaux d'une contenance supérieure à cinq hectolitres. Ils seront, d'ailleurs, assujettis à toutes les obligations imposées aux débitans de profession; néanmoins, les visites et exercices des commis n'auront pas lieu dans l'intérieur de leur domicile, pourvu que le local où leurs boissons seront vendues en détail, en soit séparé.

§. V *Du Droit général de Consommation sur l'Eau-de-vie.*

87. Un droit général de consommation, égal à celui fixé pour la vente en détail par l'art. 47, sera perçu sur toute quantité d'eau-de-vie, d'esprit, ou de liqueur composée d'eau-de-vie ou d'esprit, qui sera adressée à une personne autre que celles assujetties aux exercices des employés de la régie.

Ce droit ne sera pas dû sur les eaux-de-vie, esprits et liqueurs qui seront exportées à l'étranger.

88. Le droit général de consommation sera perçu d'après le prix courant de la vente en détail au lieu de destination. Il sera payé à l'arrivée des boissons, et avant la décharge de l'acquit-à-caution; il pourra néanmoins être acquitté au lieu de l'enlèvement par les expéditeurs, lesquels, dans ce cas, seront tenus seulement, pour opérer le transport, de se munir d'un congé au lieu d'un acquit-à-caution.

89. Tout marchand en gros d'eau-de-vie, esprit et liqueur, acquittera le droit de consommation sur les quantités de ces boissons qui manqueront à ses

---

ment détachée d'un lieu sujet à l'exercice du droit d'entrée sur les boissons, n'est pas assujetti au droit d'entrée pour le vin provenant de son crû, qu'il vend, chez lui, en détail. *Arrêt de la Cour de Cassation (chambre civile), du 15 mars 1826, affaire de la Direction des Contributions indirectes contre le sieur Feydel.* — 5e Cahier, page 189, du Journal des Audiences de 1826.

charges, après la déduction fixée par l'article 105. La même obligation est imposée à tout débitant qui cessera son commerce, pour les quantités d'eaux-de-vie, esprits et liqueurs qu'il conservera.

90. Le droit de consommation ne sera point exigé des personnes non soumises aux exercices, en cas de transport d'eaux-de-vie, d'esprits ou de liqueurs de l'une de leurs maisons dans une autre, ou dans un nouveau domicile, en justifiant toutefois aux employés appelés à décharger les acquits-à-caution, de leur droit à cette exemption.

Les bouilleurs de crû qui feront transporter les produits de leur distillation dans des caves ou magasins séparés de la brûlerie, n'auront droit à la même exemption qu'en soumettant ces caves ou magasins aux exercices des préposés de la régie.

91. Les eaux-de-vie versées sur les vins seront également affranchies du droit de consommation, pourvu que la quantité employée n'excède pas un vingtième de la quantité de vin soumise à cette opération, qui ne pourra se faire qu'en présence des employés de la régie.

§. VI. *Remplacement du Droit de détail à Paris.*

92. Il n'y aura pas, dans l'intérieur de la ville de Paris, d'exercices sur les boissons autres que les bières; le droit de détail et celui d'entrée y seront remplacés au moyen d'une taxe unique aux entrées, fixée ainsi qu'il suit :

Par hectolitre de vin en cercles..........	10	50
Par hectolitre de vin en bouteilles.......	15	»
Par hectolitre de cidre ou poiré..........	5	»
Par hectolitre d'eau de vie simple au-dessous de vingt-deux degrés..................	18	»
Par hectolitre d'eau-de-vie de vingt-deux degrés jusqu'à vingt-huit exclusivement..	36	»
Par hectolitre d'esprit, à vingt-huit degrés et au-dessus, d'eau-de-vie de toute espèce en bouteilles, et de liqueurs composées		

d'eau-de-vie ou d'esprit, tant en cercles qu'en bouteilles........................ 60 »

93. Les dispositions du chapitre II, et les peines y prononcées en cas de contravention, sont applicables à la taxe établie par l'article précédent.

§. VII. *Dispositions générales applicables au présent Chapitre.*

94. Les boissons trouvées en la possession de personnes vendant en détail sans déclaration, ainsi que celles à l'égard desquelles des contraventions seront constatées chez les débitans, seront saisies par les employés de la régie.

95. Les personnes convaincues de faire le commerce des boissons en détail, sans déclaration préalable ou après déclaration de cesser, seront punies d'une amende de trois cents francs à mille francs, et de la confiscation des boissons saisies. Les contrevenans pourront néanmoins obtenir la restitution desdites boissons, en payant une somme de mille francs, indépendamment de l'amende prononcée par le tribunal. (1)

---

(1) Le seul fait de recevoir et de loger habituellement des voituriers et leurs chevaux, constitue un *aubergiste*, et impose l'obligation de faire une *déclaration* à la régie des contributions indirectes, et de prendre une *licence*. — Peu importe qu'on ne débite point de boissons et qu'on ne donne point à manger. *Arrêt de la Cour de Cassation (section criminelle), du* 19 *novembre* 1819, *affaire des sieurs Ressuffat*, *Nant et consorts*, rendu vu les articles 50, 51 et 144 de la loi du 28 avril 1816. — 6e Cahier, page 217, du Recueil général des Lois et Arrêts de 1820, de Sirey. — Voyez l'*Appendice* à la fin de l'ouvrage.

Il n'est pas nécessaire qu'il y ait habitude de débiter des boissons pour constituer la contravention : un seul fait de vente en détail, sans déclaration préalable, suffit, alors même qu'il ne serait trouvé dans le domicile du débitant aucun autre vin que celui servi aux buveurs, surpris par les employés de la régie. *Arrêt de la Cour de Cassation*

96. Les autres contraventions aux dispositions du présent chapitre seront punies de la confiscation des objets saisis, et d'une amende qui, pour la première fois, ne pourra être moindre de cinquante francs, ni supérieure à trois cents francs, et qui sera toujours de cinq cents francs en cas de récidive.

CHAPITRE IV.

Des Marchands en gros.

97. Les négocians, les marchands en gros, courtiers, facteurs, commissionnaires, commissionnaires de roulage, dépositaires, distillateurs, bouilleurs de profession et autres, qui voudront faire le commerce des boissons en gros (qu'ils soient ou non entrepositaires, s'ils habitent un lieu sujet aux entrées), seront tenus de déclarer les quantités, espèces et qualités des boissons qu'ils possèdent, tant dans le lieu de leur domicile qu'ailleurs.

98. Sera considéré comme marchand en gros tout particulier qui recevra ou expédiera soit pour son compte, soit pour le compte d'autrui, des boissons, soit en futailles d'un hectolitre au moins, ou en plusieurs futailles qui, réunies, contiendraient plus d'un hectolitre, soit en caisses et paniers de vingt-cinq bouteilles et au-dessus. (1)

(section criminelle), du 27 février 1823, *affaire du sieur André Bactrique contre la Direction générale des Contributions indirectes.* — 2e Cahier, page 72, du Journal des Audiences de 1823.

(1) L'article 98 de la loi du 26 avril 1816, qui permet aux fabricans et marchands de liqueurs en gros, d'en *expédier en caisses* ou *paniers de vingt-cinq litres*, ne souffre point exception relativement aux débitans de boissons en détail, qui, aux termes de l'article 58 de la même loi, *ne peuvent recevoir chez eux, à moins d'une autorisation spéciale, de boissons en vaisseaux d'une contenance moindre qu'un hectolitre.* En d'autres termes : les liquoristes ou marchands de liqueurs en gros peuvent expédier des li-

99. Ne seront pas considérés comme marchands en gros, les particuliers recevant accidentellement une pièce, une caisse ou un panier de vin pour le partager avec d'autres personnes, pourvu que, dans sa déclaration, l'expéditeur ait énoncé, outre le nom et le domicile du destinataire, ceux des copartageans, et la quantité destinée à chacun d'eux.

La même exception sera applicable aux personnes qui, dans le cas de changement de domicile, vendront les boissons qu'elles auront reçues pour leur consommation.

Elle le sera également aux personnes qui vendraient, immédiatement après le décès de celle à qui elles auraient succédé, les boissons dépendant de sa succession et provenant de sa récolte ou de ses provisions, pourvu qu'elle ne fût ni marchand en gros, ni débitant, ni fabricant de boissons.

100. Les dénommés en l'article 97 pourront transvaser, mélanger et couper leurs boissons hors la présence des employés; les pièces ne seront pas mar-

---

queurs en caisses ou paniers de 25 bouteilles à tous leurs commettans, de quelques qualités et conditions qu'ils soient. *Arrêt de la Cour de Cassation (section civile), du* 11 *janvier* 1819, *affaires des sieurs Francos et consorts contre l'Administration des Contributions indirectes, et du sieur Gadon*, fabricant de liqueurs à Guéret, *contre la même administration*. — 2e Cahier, pages 78 et suivantes du Journal des Audiences de 1819.

Le propriétaire entrepositaire des boissons de sa propre récolte, qui vend ces boissons et en achète d'autres pour sa consommation, ne fait pas, en cela, un acte de commerce; il ne peut être assimilé aux marchands en gros dont parle l'article 98 de la loi du 28 avril 1816; il n'est point passible d'amende à défaut d'obtention de licence, ou de déclaration envers la régie. *Arrêt de la Cour de Cassation (section criminelle), du* 14 *janvier* 1820, *affaire de la Direction des Contributions indirectes contre le sieur Poirier-Rouilly*. — 5e Cahier, page 190, du Recueil général des Lois et Arrêts de 1820, de Sirey.

quées à l'arrivée : seulement il sera tenu, pour les boissons en leur possession, un compte d'entrée et de sortie dont les charges seront établies d'après les congés, acquits-à-caution ou passavans qu'ils seront tenus de représenter, sous peine de saisie, et les décharges d'après les quittances du droit de circulation.

Les eaux-de-vie et esprits seront suivis par degrés. Les charges seront accrues, lors du réglement de compte, en proportion de l'affaiblissement du degré des quantités expédiées ou restant en magasin.

101. Les employés pourront faire, à la fin de chaque trimestre, les vérifications nécessaires, à l'effet de constater les quantités de boissons restant en magasin, et le degré des eaux-de-vie et esprits.

Indépendamment de ces vérifications, ils pourront également faire, dans le cours du trimestre, toutes celles qui seront nécessaires pour connaître si les boissons reçues ou expédiées ont été soumises au droit à la circulation ou aux droits dont elles pourraient être passibles.

Ces vérifications n'auront lieu que dans les magasins, caves et celliers, et seulement depuis le lever jusqu'au coucher du soleil.

102. Les dénommés en l'article 97 pourront faire accidentellement des ventes de boissons en quantités inférieures à celle fixée par l'article 98. Ils seront tenus de payer le droit de détail pour ces ventes, lorsque la quantité expédiée ne formera pas un hectolitre, si elle est en une ou plusieurs futailles, ou vingt-cinq litres, si elle est en bouteilles. Les vins, eaux-de-vie et liqueurs en bouteilles, expédiés en quantité de vingt-cinq litres et au-dessus, devront être contenus dans des caisses ou paniers fermés et emballés suivant les usages du commerce.

103. Il sera accordé aux marchands en gros, pour ouillage, coulage et affaiblissement de degrés, une déduction de cinq pour cent par an sur les eaux-de-vie au-dessous de vingt-huit degrés, et de six pour cent sur les eaux-de-vie rectifiées et esprits de

vingt-huit degrés et au-dessus, et de six pour cent sur les cidres et poirés.

Le décompte de cette déduction sera fait à la fin de chaque trimestre, en raison de la durée du séjour des eaux-de-vie, cidres et poirés en magasin.

La déduction sur les vins sera de six pour cent divisés par portions égales sur les trimestres d'octobre et de janvier, pour les vins nouveaux entrés pendant ces deux trimestres; et d'un pour cent, pour chacun de ceux d'avril et de juillet, sur les vins existant lors de ces deux exercices.

La régie pourra accorder une plus forte déduction pour les vins qui éprouvent un déchet supérieur à la remise ci-dessus fixée. (1)

104. Les marchands en gros seront tenus de payer un droit égal à celui de détail, d'après le prix courant du lieu de leur résidence, sur les quantités de boissons qui seront reconnues manquer à leurs charges, après la déduction accordée pour coulage et ouillage.

105. Nul ne pourra faire une déclaration de cesser le commerce en gros des boissons, tant qu'il conservera en sa possession des boissons qu'il aura reçues en raison de ce commerce, excepté toutefois lorsque la quantité n'excédera pas celle reconnue nécessaire pour sa propre consommation.

106. Toute personne qui fera le commerce des boissons en gros sans déclaration préalable, ou après une déclaration de cesser, ou qui, ayant fait une déclaration de marchand en gros, exercera réelle-

---

(1) Voyez l'art. 5 de la loi du 31 juillet 1821, rapporté ci-après.

Les lies qui sont prouvées provenir de vins pris en charges, sont exemptes du droit de détail. *Arrêt de la Cour de Cassation (section civile)*, *du* 30 *décembre* 1818, *affaire de l'Administration des Contributions indirectes contre le sieur Lorion-Pavis*, rendu vu l'article 103 de la loi. — 1er Cahier, page 45, du Journal des Audiences de 1819.

ment le commerce des boissons en détail, sera punie d'une amende de cinq cents francs à deux mille francs, sans préjudice de la saisie et de la confiscation des boissons en sa possession. Elle pourra en obtenir la main-levée en payant une somme de deux mille francs, indépendamment de l'amende prononcée par le tribunal.

Toute autre contravention aux dispositions du présent chapitre sera punie de la confiscation des objets saisis, et d'une amende qui ne pourra être moindre de cinquante francs, ni supérieure à trois cents francs. En cas de récidive, cette amende sera toujours de cinq cents francs.

CHAPITRE V.

Des Brasseries.

107. Il sera perçu, à la fabrication des bières, un droit de deux francs par hectolitre de bière forte, et de cinquante centimes par hectolitre de petite bière.

Ce dernier droit sera de soixante-quinze centimes lorsqu'il sera constaté par un arrêté du préfet pour chaque arrondissement, et sur l'avis du sous-préfet, qui prendra celui des maires, que l'hectolitre se vend cinq francs et au-dessus. (1)

108. Il n'y aura lieu à faire l'application de la taxe sur la petite bière, que lorsqu'il aura été fabriqué plusieurs brassins avec la même drèche; et cette exception ne sera appliquée qu'au dernier brassin, pourvu d'ailleurs qu'il ne soit entré dans sa fabrication aucune portion des matières résultant des trempes données pour les premiers, qu'il n'ait été fait aucune addition ni remplacement de drèche, et que la chaudière où il aura été fabriqué n'excède, en contenance, aucune de celles qui auront servi pour

(1) Voy. l'article 8 de la loi du 1er mai 1822, rapporté ci-après.

ces brassins; faute de quoi, tous les brassins seront réputés de bière forte et imposés comme tels. (1)

109. Le produit des trempes données pour un brassin ne pourra excéder de plus du vingtième la contenance de la chaudière déclarée pour sa fabrication; la régie des contributions indirectes est autorisée à régler, suivant les circonstances, l'emploi de cet excédant, de manière qu'il ne puisse en résulter aucun abus.

110. La quantité de bière passible du droit sera évaluée, quelles qu'en soient l'espèce et la qualité, en comptant pour chaque brassin la contenance de la chaudière, lors même qu'elle ne serait pas entièrement pleine. Il sera seulement déduit, sur cette contenance, vingt pour cent pour tenir lieu de tous déchets de fabrication, d'ouillage, de coulage et autres accidens.

111. Les employés de la régie sont autorisés à vérifier, dans les bacs et cuves ou à l'entonnement, le produit de la fabrication de chaque brassin.

Tout excédant à la contenance brute de la chaudière sera saisi. Un excédant de plus du dixième supposera, en outre, la fabrication d'un brassin non déclaré, et le droit sera perçu en conséquence, indépendamment de l'amende encourue.

Tout excédant à la quantité déclarée imposable par l'article 110 sera soumis au droit, quand il sera de plus du dixième de cette quantité, soit qu'on le constate sur les bacs ou à l'entonnement.

---

(1) Voyez l'article 8 de la loi du 1er mai 1822.

Même avant la loi du 1er mai 1822, la régie ne pouvait percevoir que la taxe de la petite bière sur la bière provenue de second brassin, lorsque l'on s'était borné à la fabrication de deux brassins seulement avec la même drêche. *Arrêt de la Cour Cassation (section civile), du 14 janvier 1824, affaire de la Direction des Contributions indirectes contre le sieur Queulain de Limale*, rendu vu l'article 108 de la loi du 28 avril 1816, et la loi du 1er mai 1822. — 3e Cahier, page 132, du Journal des Audiences de 1824.

112. L'entonnement de la bière ne pourra avoir lieu que de jour.

113. Il ne pourra être fait d'un même brassin qu'une seule espèce de bière ; elle sera retirée de la chaudière et mise aux bacs refroidissoirs sans interruption : les décharges partielles sont, par conséquent, défendues.

114. La petite bière fabriquée sans ébullition sur des marcs qui auront déjà servi à la fabrication de tous les brassins déclarés, sera exempte de tout droit, pourvu qu'elle ne soit que le produit d'eau froide versée dans la cuve-matière sur ces marcs, qu'elle ne soit fabriquée que de jour, qu'elle n'excède pas en quantité le huitième des bières assujetties au droit pour un des brassins précédens, et qu'en sortant de la cuve-matière elle soit livrée de suite à la consommation, sans être mélangée d'aucune autre espèce de bière.

A défaut d'une de ces conditions, toute la petite bière fabriquée sera soumise au droit, indépendamment des peines encourues pour fausse déclaration, s'il y a lieu.

115. Les bières destinées à être converties en vinaigre sont assujetties aux mêmes droits de fabrication que les autres bières.

Les quantités passibles du droit seront évaluées, lorsque ces bières auront été fabriquées par infusion, en comptant pour chaque brassin, la contenance de la cuve dans laquelle le produit des trempes aura dû être réuni pour fermenter, lors même qu'elle ne serait pas entièrement pleine.

Il sera déduit sur la contenance de la chaudière ou de la cuve, quelles que soient les quantités fabriquées, pourvu qu'elles n'excèdent point la contenance des vaisseaux, vingt pour cent pour tous déchets de fabrication, d'ouillage, de coulage, d'évaporation, et d'autres accidens.

En cas d'excédant à la contenance de la chaudière ou de la cuve, il sera fait application des peines établies par l'article 111 pour les autres bières.

116. Il ne pourra être fait usage, pour la fabrica-

tion de la bière, que de chaudières de six hectolitres et au-dessus.

Il est défendu de se servir de chaudières qui ne seraient pas fixées à demeure et maçonnées.

Les brasseries ambulantes sont interdites, et néanmoins la régie pourra les permettre suivant les localités.

117. Les brasseurs seront tenus de faire au bureau de la régie la déclaration de leur profession et du lieu où seront situés leurs établissemens; ils seront, en outre, obligés à déclarer par écrit la contenance de leurs chaudières, cuves et bacs, avant de s'en servir; ils fourniront l'eau et les ouvriers nécessaires pour vérifier par l'empotement de ces vaisseaux les contenances déclarées : cette opération sera dirigée en leur présence par des employés de la régie, et il en sera dressé procès-verbal.

Chaque vaisseau portera un numéro et l'indication de sa contenance en hectolitres.

118. Il est défendu de changer, modifier ou altérer la contenance des chaudières, cuves et bacs, ou d'en établir de nouveaux, sans en avoir fait la déclaration par écrit vingt-quatre heures d'avance. Cette déclaration contiendra la soumission du brasseur, de ne faire usage desdits ustensiles qu'après que leur contenance aura été vérifiée, conformément à l'article précédent.

119. Le feu ne pourra être allumé sous les chaudières, dans les brasseries, que pour la fabrication de la bière.

120. Tout brasseur sera tenu, chaque fois qu'il voudra mettre le feu sous ses chaudières, de déclarer, au moins quatre heures d'avance dans les villes, et douze heures dans les campagnes,

1°. Le numéro et la contenance des chaudières qu'il voudra employer, et l'heure de la mise de feu sous chacune;

2°. Le nombre et la qualité des brassins qu'il devra fabriquer avec la même drèche;

3°. L'heure de l'entonnement de chaque brassin;

4°. Le moment où l'eau sera versée sur los marcs,

pour fabriquer la petite bière sans ébullition, exempte du droit, et celui où elle devra sortir de la brasserie.

Les brasseurs qui voudront faire pour la fabrication du vinaigre, un ou plusieurs brassins par infusion, déclareront, en outre, la contenance de la cuve dans laquelle toutes les trempes devront être réunies pour fermenter.

Le préposé qui aura reçu une déclaration, en remettra une ampliation signée de lui au brasseur, lequel sera tenu de la représenter à toute réquisition des employés, pendant la durée de la fabrication. (1)

121. La mise de feu sous une chaudière supplémentaire pourra être autorisée, sans donner ouverture au paiement du droit de fabrication, pourvu qu'elle ne serve qu'à chaufler les caux nécessaires à la confection de la bière et au lavage des ustensiles de la brasserie. Le feu sera éteint sous la chaudière supplémentaire, et elle sera vidée aussitôt que l'eau destinée à la dernière trempe en aura été retirée.

122. Les brasseurs sont autorisés à se servir de hausses mobiles, qui ne seront point comprises dans l'épalement, pourvu qu'elles n'aient pas plus d'un décimètre (environ quatre pouces) de hauteur, qu'elles ne soient placées sur les chaudières qu'au moment de l'ébullition de la bière, et qu'on ne se serve point de mastic ou autres matières pour les soutenir ou pour les élever.

123. Toutes constructions en charpente, maçonnerie ou autrement, qui seront fixées à demeure sur les chaudières, et qui s'étendront sur plus de moitié de leur contour, seront comprises dans l'épalement; les brasseurs devront en conséquence les détruire, ou faire les dispositions convenables pour qu'elles puissent être épalées.

124. Toute brasserie en activité portera une enseigne, sur laquelle sera inscrit le mot *Brasserie*.

---

(1) Voyez l'article 8 de la loi du 1er mai 1822, rapporté ci-après.

Les brasseurs de profession apposeront sur leurs tonneaux une marque particulière, dont une empreinte sera par eux déposée au bureau de la régie, au moment où ils feront la déclaration prescrite par l'article 117.

125. Les brasseurs seront soumis aux visites et vérifications des employés, et tenus de leur ouvrir, à toute réquisition, leurs maisons, brasseries, ateliers, magasins, caves et celliers, ainsi que de leur représenter les bières qu'ils auront en leur possession. Ces visites ne pourront avoir lieu dans les maisons non contiguës aux brasseries ou non enclavées dans la même enceinte.

Ils seront également tenus de faire sceller toute communication des brasseries avec les maisons voisines autres que leur maison d'habitation.

126. Les brasseurs pourront avoir un registre coté et paraphé par le juge de paix, sur lequel les employés consigneront le résultat des actes inscrits à leurs portatifs.

127. Les brasseurs auront, avec la régie des contributions indirectes, pour les droits constatés à leur charge, un compte ouvert qui sera réglé et soldé à la fin de chaque mois.

Les sommes dues pourront être payées en obligations dûment cautionnées, à trois, six ou neuf mois de terme, pourvu que chaque obligation soit au moins de trois cents francs.

128. Les particuliers qui ne brassent que pour leur consommation, les colléges, maisons d'instruction et autres établissemens publics, sont assujettis aux mêmes taxes que les brasseurs de profession, et tenus aux mêmes obligations, excepté au paiement du prix de la licence.

Néanmoins les hôpitaux ne seront assujettis qu'à un droit proportionnel à la qualité de la bière qu'ils font fabriquer pour leur consommation intérieure : ce droit sera réglé par deux experts, dont l'un sera nommé par la régie, et l'autre par les administrateurs des hôpitaux ; en cas de discord, le tiers-arbitre sera nommé par le préfet.

129. Toute contravention aux dispositions du présent chapitre sera punie d'une amende de deux cents à six cents francs.

Les bières trouvées en fraude, et les chaudières qui ne seraient pas fixées à demeure et maçonnées, seront, en outre, saisies et confisquées. (1)

130. La régie pourra consentir, de gré à gré, avec les brasseurs de la ville de Paris et des villes au-dessus de trente mille âmes, un abonnement général pour le montant du droit de fabrication dont ils seront présumés passibles; cet abonnement sera discuté entre le directeur de la régie et les syndics qui seront nommés par les brasseurs : il ne pourra être accordé pour 1816 qu'autant qu'il offrira un produit égal à celui d'une année moyenne, calculée d'après la quantité de bière fabriquée dans Paris durant dix années consécutives. Il ne sera définitif qu'après qu'il aura été approuvé par le ministre des finances, sur le rapport du directeur général des contributions indirectes.

---

(1) Voyez l'article 10 de la loi du 1er mai 1822, rapporté ci-après.

La Cour de Cassation, chambre criminelle, par arrêt du 15 juillet 1826, rendu entre la régie des contributions indirectes et le sieur Freudenthaller, brasseur, a jugé que, dans le cas où il est reconnu, par un procès-verbal des employés de la régie, non attaqué de faux, qu'un brasseur a dans sa maison une chaudière de la contenance de 244 litres, cachée dans le mur et non déclarée à la régie, chaudière servant, de son aveu même, à faire quelquefois du levain de bière, ce brasseur doit être déclaré en contravention, et puni de l'amende portée par l'art. 129 de la loi du 28 avril 1816, et que dès-lors doit être cassé l'arrêt qui, au lieu d'appliquer cet article, ordonne une expertise à l'effet d'établir si la chaudière est propre à la fabrication de la bière, ou si elle n'est propre qu'à des usages domestiques étrangers à cette fabrication, une telle expertise étant illégale et frustratoire. — Cet arrêt est rapporté au 11e Cahier, page 416, du Journal des Audiences de 1826.

131. Dans le cas de l'abonnement autorisé par l'article précédent, les syndics des brasseurs procéderont chaque trimestre, en présence du préfet, ou d'un membre du conseil municipal délégué par lui, à la répartition entre les brasseurs, en proportion de l'importance du commerce de chacun, de la somme à imposer sur tous. Les rôles arrêtés par les syndics, et rendus exécutoires par le préfet ou son délégué, seront remis au directeur de la régie, pour qu'il en fasse poursuivre le recouvrement.

132. Les brasseurs de Paris et des villes au-dessus de trente mille âmes seront solidaires pour le paiement des sommes portées aux rôles; en conséquence, aucun nouveau brasseur ne pourra s'établir, s'il ne remplace un autre brasseur compris dans la répartition.

133. Pendant toute la durée de l'abonnement, nul brasseur ne pourra accroître les moyens de fabrication, soit en augmentant le nombre et la capacité des chaudières, soit de toute autre manière.

134. Les sommes portées aux rôles de répartition seront exigibles par douzième, de mois en mois, d'avance et par voie de contrainte. A défaut de paiement d'un terme échu, les redevables dûment mis en demeure, ou en cas de contravention à l'article précédent, le ministre des finances, sur le rapport du directeur général des contributions indirectes, sera autorisé à prononcer la révocation de l'abonnement, et à faire remettre immédiatement en vigueur le mode de perception établi par la présente loi, sans préjudice des poursuites à exercer pour raison des sommes exigibles.

135. Au moyen de l'abonnement autorisé par l'article 130, les brasseurs seront dispensés de la déclaration qu'ils sont tenus, par l'article 120 de la présente loi, de faire au bureau de la régie, avant chaque mise de feu; mais afin de fournir aux syndics les élémens de la répartition, et à la régie les moyens de discuter l'abonnement pour l'année suivante, les brasseurs inscriront, sur leur registre coté et paraphé, chaque mise de feu, au moment même où elle

aura lieu. Les commis, lors de leurs visites, établiront sur leur registre portatif les produits de la fabrication, d'après la contenance des chaudières et sous la déduction réglée par l'article 110, et s'assureront seulement par la vérification des quantités de bière existant dans les brasseries, qu'il n'a point été fait de brassin qui n'ait été inscrit sur le registre des fabricans.

136. L'abonnement ne pourra être consenti que pour une année. En cas de renouvellement, les brasseurs procéderont, au préalable, à la nomination d'un tiers des membres du syndicat. Les syndics qui devront être remplacés la première et la deuxième année, seront désignés par le sort. Ils ne pourront, dans aucun cas, être réélus qu'après une année au moins d'intervalle.

137. Les bières fabriquées dans Paris, qui seraient expédiées hors du département de la Seine, seront soumises, à la sortie dudit département, au droit de fabrication établi par l'article 107 de la présente loi, et auquel sont assujettis les brasseurs des départemens circonvoisins. Il en sera de même des bières fabriquées dans des villes où l'abonnement avec les brasseurs aura été consenti, lorsqu'elles seront expédiées hors desdites villes.

CHAPITRE VI.

Des Distilleries.

138. Les distillateurs et bouilleurs de profession seront tenus de faire, par écrit, avant de commencer à distiller, toutes les déclarations nécessaires pour que les employés puissent surveiller leur fabrication, en constater les résultats, et les prendre en charge sur leurs portatifs.

Il leur sera délivré des ampliations de leurs déclarations, qu'ils devront représenter, à toute réquisition des employés, pendant la durée de la fabrication. (1)

---

(1) Les simples bouilleurs de *crû* ne sont point soumis

§. Ier. *Des Distilleries de Grains, Pommes de terre et autres Substances farineuses.*

139. La déclaration à faire par les distillateurs de profession, en conformité de l'article précédent, aura lieu au moins quatre heures d'avance dans les villes, et douze heures dans les campagnes ; elle énoncera :

1°. Le numéro et la contenance des chaudières et cuves de macération qui devront être mises en activité ;

2°. Le nombre des jours de travail ;

3°. Le moment où le feu sera allumé et éteint, chaque jour, sous les chaudières ;

4°. L'heure du chargement des cuves de macération ;

5°. La quantité de farine qui sera employée ;

6°. Enfin, et par approximation, la quantité et le degré de l'eau-de-vie qui devra être fabriquée.

140. Les dispositions des articles 117, 118 et 125, relatives à la déclaration des vaisseaux en usage dans les brasseries, et aux vérifications que les brasseurs sont obligés de souffrir dans leurs ateliers et dépendances, sont applicables aux distillateurs de profession.

§. II. *Des Distilleries de Vins, Cidres, Poirés, Marcs, Lies et Fruits.*

141. La déclaration à faire par les bouilleurs de profession, en conformité de l'article 138, aura lieu au moins quatre heures d'avance dans les villes, et douze heures dans les campagnes ; elle énoncera :

1°. Le nombre des jours de travail ;

à la déclaration préalable et à la licence, comme les distillateurs de profession. *Arrêt de la Cour de Cassation (section criminelle), du* 20 *novembre* 1818, *affaire du sieur Dornsteller contre l'Administration des Contributions indirectes.* — 3e Cahier, page 178, du Journal des Audiences de 1819.

2°. La quantité des vins, cidres, poirés, marcs, lies, fruits, mélasse, qui seront mis en distillation;

3°. Par approximation, la quantité et le degré de l'eau-de-vie qui devra être fabriquée.

142. Les directeurs de la régie sont autorisés à convenir de gré à gré, avec les bouilleurs de profession, d'une base d'évaluation pour la conversion des vins, cidres, poirés, lies, marcs ou fruits, en eaux-de-vie ou esprits.

143. Toute contravention aux dispositions du présent chapitre, sera punie conformément à ce qui est prescrit par l'article 129 ci-dessus.

CHAPITRE VII.

Dispositions générales applicables au présent Titre.

144. Toute personne assujettie par le présent titre à une déclaration préalable, en raison d'un commerce quelconque de boissons, sera tenue, en faisant ladite déclaration, et sous les mêmes peines, de se munir d'une licence, dont le prix annuel est fixé par le tarif ci-annexé. (1)

145. Dans toutes les opérations relatives aux taxes établies par le présent titre, les bouteilles seront comptées chacune pour un litre; les demi-bouteilles, chacune pour un demi-litre, et les droits perçus en raison de ces contenances.

146. Toute personne qui contestera le résultat d'un jaugeage fait par les employés de la régie, pourra requérir qu'il soit fait un nouveau jaugeage en présence d'un officier public, par un expert que nom

(1) Le bouilleur d'eau-de-vie, qui vend en même temps du cidre de sa récolte, mais dans un magasin séparé de sa distillerie, d'environ 200 mètres, n'est pas tenu de prendre une licence de marchand de boissons en gros. *Arrêt de la Cour de Cassation (section civile)*, *du* 26 *juillet* 1825, *affaire du sieur Gaillard contre la Direction des Contributions indirectes.* — 13e Cahier, page 380, du Journal des Audiences de 1825.

mera le juge de paix, et dont il recevra le serment. La régie pourra faire vérifier l'opération par un contre-expert, qui sera nommé par le président du tribunal d'arrondissement. Les frais de l'une et de l'autre vérification seront à la charge de la partie qui aura élevé mal à propos la contestation.

TITRE II.

Des Octrois. (1)

147. Lorsque les revenus d'une commune seront insuffisans pour ses dépenses, il pourra y être établi, sur la demande du conseil municipal, un droit d'octroi sur les consommations. La désignation des objets imposés, le tarif, le mode et les limites de la perception, seront délibérés par le conseil municipal et réglés de la même manière que les dépenses et les revenus communaux. Le conseil municipal décidera si le mode de perception sera la régie simple, la régie intéressée, le bail à ferme ou l'abonnement avec la régie des contributions indirectes : dans tous les cas, la perception du droit se fera sous la surveillance du maire, du sous-préfet et du préfet. (2)

---

(1) Voyez la note relative à l'*Établissement des Octrois*, au Titre VIII de la loi du 8 décembre 1814.

(2) L'avis du Conseil d'État du 20 août 1818, interprète l'article 147 de la loi du 28 avril 1816, en ce sens, que toute latitude est réservée au Roi pour statuer, selon les circonstances et les localités, en matière d'octroi, sur les délibérations des conseils municipaux. — Ainsi les articles 147 et 152 de la loi du 28 avril 1816, ont modifié l'article 26 de l'ordonnance du 9 décembre 1814 (ou l'article 21 de la loi du 8 décembre 1814), qui affranchit des droits d'octroi les dépendances rurales entièrement détachées du lieu principal. — *Ordonnance du Roi, rendue le 1er septembre* 1819, sur l'avis du comité contentieux du 11 août précédent, *affaire des Propriétaires ruraux d'Angoulême contre l'Administration de l'Octroi.* — 5e Cahier, page 129, des Décisions diverses du Recueil général de 1820, de Sirey.

148. Les droits d'octroi continueront à n'être imposés que sur les objets destinés à la consommation locale. Il ne pourra être fait d'exception à cette règle que dans les cas extraordinaires et en vertu d'une loi spéciale.

149. Les droits d'octroi qui seront établis à l'avenir sur les boissons, ne pourront excéder ceux qui seront perçus aux entrées des villes au profit du trésor. Si une exception à cette règle devenait nécessaire, elle ne pourrait avoir lieu qu'en vertu d'une ordonnance spéciale du Roi.

150. Les réglemens d'octroi ne pourront contenir aucune disposition contraire à celles des lois et réglemens relatifs aux différens droits imposés au profit du trésor.

151. En cas de quelque infraction de la part des conseils municipaux aux règles posées par les articles précédens, le ministre des finances, sur le rapport du directeur général des contributions indirectes, en référera au conseil du Roi, lequel statuera ce qu'il appartiendra.

152. Des perceptions pourront être établies dans les banlieues autour des grandes villes, afin de restreindre la fraude : mais les recettes faites dans ces banlieues appartiendront toujours aux communes dont elles seront composées. (1)

153. Le produit net des octrois, dans toutes les communes où il en est perçu, sera soumis, au profit du trésor, à un prélèvement de dix pour cent, à titre de subvention, pendant la durée de la présente loi.

Il sera fait déduction, sur les produits passibles de cette retenue, du montant de la contribution mobilière, dans les villes où elle est remplacée par une addition à l'octroi.

Il en sera de même du montant de l'abonnement que la régie pourrait consentir avec les villes, en remplacement de droit de détail, en exécution de l'art. 73 de la présente loi.

(1) Voyez ci-après l'article 3 de la loi du 23 juillet 1820.

A compter du 1er juillet 1816, il ne pourra être fait aucun autre prélèvement, soit sur le produit net des octrois, soit sur les autres revenus des communes, sous quelque prétexte que ce soit, et en vertu de quelques lois et ordonnances que ce puisse être. Elles sont expressément rapportées en ce qu'elles pourraient avoir de contraire à la présente loi.

154. Les préposés des octrois seront tenus, sous peine de destitution, d'opérer la perception des droits établis aux entrées des villes, au profit du trésor, lorsque la régie le jugera convenable; elle fera exercer, relativement à ces perceptions, tel genre de contrôle ou de surveillance qu'elle croira nécessaire d'établir.

Lorsque la régie chargera de la perception des droits d'entrée des préposés commissionnés par elle, les communes seront tenues de les placer avec leurs propres receveurs dans les bureaux établis aux portes des villes.

155. Dans toutes les communes où les produits annuels du droit d'octroi s'éleveront à vingt mille francs et au-dessus, il pourra être établi un préposé en chef de l'octroi. Ce préposé sera nommé par le ministre des finances, sur la présentation du maire, approuvée par le préfet, et sur le rapport du directeur-général des contributions indirectes.

Le traitement du préposé surveillant sera fixé par le ministre des finances, sur la proposition du conseil municipal, et fera partie des frais de perception de l'octroi.

Les dispositions de cet article ne sont point applicables à l'octroi de Paris, dont l'administration reste soumise à des réglemens particuliers.

156. Les préposés de tout grade des octrois seront nommés par les préfets, sur la proposition des maires. Le directeur-général des contributions indirectes pourra, dans l'intérêt du trésor, faire révoquer ceux de ces préposés qui ne rempliraient pas convenablement leurs fonctions.

157. Les dix pour cent du produit net des octrois seront versés dans la caisse de la régie, aux époques

qu'elle aura déterminées ; le montant de ce prélèvement sera arrêté tous les mois par des bordereaux de recettes et dépenses, visés et vérifiés par le préposé surveillant de l'octroi ; le recouvrement s'en poursuivra par la saisie des deniers de l'octroi, et même par voie de contrainte, à l'égard du receveur municipal.

158. La régie des contributions indirectes sera autorisée à traiter de gré à gré avec les communes pour la perception de leurs octrois ; les traités ne seront définitifs qu'après avoir été approuvés par le ministre des finances.

159. Tous les préposés comptables des octrois sont tenus de fournir un cautionnement en numéraire, qui sera fixé par le ministre secrétaire d'état des finances, à raison du vingt-cinquième brut de la recette présumée.

Le *minimum* ne pourra être au-dessous de deux cents francs.

Pour les octrois des grandes villes, il sera présenté des fixations particulières.

Ces cautionnemens seront versés au trésor, qui en paiera l'intérêt au taux fixé pour ceux des employés des contributions indirectes.

Nota. La lacune qui paraît exister ici n'en est point une, la loi traitant dans son Titre III *du Droit sur les Cartes* (art. 160 à 170), dans son Titre IV *du Droit de Licence* (art. 171 : il soumet toutes les personnes dénommées au tarif n° 4, rapporté ci-après, à se pourvoir d'une licence, sous peine de trois cents francs d'amende, laquelle, en cas de fraude, sera augmentée du quadruple des droits fraudés), et dans son Titre V *des Tabacs* (article 172 à 229).

TITRE VI.

Des Acquits-à-caution.

230. Tout ce qui concerne les acquits-à-caution

délivrés par la régie, sera réglé suivant les dispositions de la loi du 22 août 1791. (1)

TITRE VII.

Dispositions générales.

231. Les dispositions des lois, décrets et réglemens, auxquelles il n'est pas dérogé par la présente, et qui autorisent et régissent actuellement la perception des droits sur la navigation, les bacs, les bateaux, les péages, les passages de ponts et écluses, les canaux, la pêche, les francs-bords, les matières d'or et d'argent, les voitures publiques, la régie des poudres et salpêtres, sont et demeurent maintenues.

232. Le décime par franc pour contribution de guerre est maintenu sur ceux des droits désignés, établis ou conservés par la présente loi, qui en sont passibles; il sera également perçu en sus des droits établis par les titres Ier, III et IV de la présente loi.

233. La régie des contributions indirectes établira un bureau dans toutes les communes où il sera présenté un habitant solvable qui puisse remplir les fonctions de buraliste.

234. Les buralistes tiendront leur bureau ouvert au public depuis le lever jusqu'au coucher du soleil, les jours ouvrables seulement.

235. Les visites et exercices que les employés sont autorisés à faire chez les redevables, ne pourront avoir lieu que pendant le jour : cependant ils pourront aussi être faits la nuit dans les brasseries, distilleries, lorsqu'il résultera des déclarations que ces établissemens sont en activité; et chez les débitans de boissons, pendant tout le temps que les lieux de débit seront ouverts au public.

---

(1) Voyez, à la suite de la présente loi, l'ordonnance du Roi du 11 juin 1816.

236. Les visites et vérifications que les employés sont autorisés à faire pendant le jour seulement, ne pourront avoir lieu que dans les intervalles de temps déterminés par l'art. 26 de la présente loi. (1)

237. En cas de soupçon de fraude à l'égard des particuliers non sujets à l'exercice, les employés pourront faire des visites dans l'intérieur de leurs habitations, en se faisant assister du juge de paix, du maire, de son adjoint, ou du commissaire de police, lesquels seront tenus de déférer à la réquisition qui leur en sera faite, et qui sera transcrite en tête du procès-verbal. Ces visites ne pourront avoir lieu que d'après l'ordre d'un employé supérieur, du grade de contrôleur au moins, qui rendra compte des motifs au directeur du département.

Les marchandises transportées en fraude qui, au moment d'être saisies, seraient introduites dans une habitation pour les soustraire aux employés, pourront y être suivies par eux sans qu'ils soient tenus, dans ce cas, d'observer les formalités ci-dessus prescrites. (2)

---

(1) Depuis sept heures du matin jusqu'à six du soir, dans les mois de janvier, février, novembre et décembre; depuis six heures du matin jusqu'à sept du soir, dans les mois de mars, avril, septembre et octobre; et depuis cinq heures du matin jusqu'à huit du soir, dans les mois de mai, juin, juillet et août. (*Dicto articulo* 26.)

(2) Lorsque les employés de la régie des contributions indirectes se sont introduits dans le domicile d'un citoyen non soumis à leurs exercices, sans être munis de l'ordre exigé par l'article 237, le procès-verbal dressé par eux est nul, encore que le contrevenant ne se soit point opposé à cette violation de son domicile. *Arrêt de la Cour de Cassation (section criminelle), du* 13 février 1819, *affaire de la Régie des Contributions indirectes contre le sieur Caubet.* — 3e Cahier, page 143, du Journal des Audiences de 1819.

Mêmes dispositions en l'*arrêt* antérieur *du* 4 *décembre* 1818, rendu entre la même régie et le sieur Arribert, rap-

238. Les rébellions ou voies de fait contre les employés seront poursuivies devant les tribunaux, qui ordonneront l'application des peines prononcées par le Code Pénal, indépendamment des amendes et confiscations qui pourraient être encourues par les contrevenans. Quand les rébellions ou voies de fait auront été commises par un débitant de boissons, le tribunal ordonnera, en outre, la clôture du débit pendant un délai de trois mois au moins et de six mois au plus.

239. A défaut de paiement des droits, il sera décerné, contre les redevables, des contraintes qui seront exécutoires nonobstant opposition et sans y préjudicier.

240. Les employés n'auront aucun droit au partage du produit net des amendes et confiscations;

---

porté au 1er Cahier, page 27, du même Journal des Audiences de 1819.

Les préposés des contributions indirectes ne peuvent, à peine de nullité de leurs procès-verbaux, faire des visites chez des particuliers non sujets à l'exercice, qu'en exhibant l'ordre d'un employé supérieur, dont l'article 237 de la loi du 28 avril 1816 leur impose l'obligation d'être pourvu à cet effet. — Le défaut d'assistance du juge de paix ou du maire, que l'art 237 exige dans le même cas, se couvre par le silence du particulier chez lequel les employés font la visite sans cette assistance, mais il faut qu'il soit présent. S'il était absent au moment où les employés se sont introduits dans son domicile, ou s'il n'est survenu qu'après la visite commencée, le procès-verbal est nul, quoiqu'il n'ait pas réclamé. — La transcription voulue par ce même article 237 en tête du procès-verbal de la réquisition d'assistance faite au juge de paix ou au maire, n'est pas prescrite, à peine de nullité. *Arrêt de la Cour de Cassation (section criminelle), du 10 avril 1823, affaire de la Direction générale des Contributions indirectes contre le sieur Lebarbier.* — 4e Cahier, page 176, du Journal des Audiences de 1823, et 7e Cahier, page 276, de la Jurisprudence de la Cour de Cassation, de 1823, par Sirey.

un tiers de ce produit appartiendra à la caisse des retraites, les deux autres tiers feront partie des recettes ordinaires de la régie : le tout conformément aux dispositions de l'art. 137 de la loi du 8 décembre 1814 sur les boissons.

Néanmoins, les employés saisissans auront droit au partage du produit net des amendes et confiscations prononcées par suite des fraudes et contraventions relatives aux octrois, aux tabacs et aux cartes.

A Paris, et dans les villes où l'abonnement général, autorisé par l'art. 72, sera consenti, les communes disposeront, relativement aux saisies, faites aux entrées par les préposés de l'octroi, du tiers affecté ci-dessus à la caisse des retraites de la régie.

241. Les registres portatifs tenus par les employés de la régie seront cotés et paraphés par les juges de paix : les registres de perception ou de déclaration, et tous autres pouvant servir à établir les droits du trésor et ceux des redevables, seront cotés et paraphés, dans chaque arrondissement de sous-préfecture, par un des fonctionnaires publics que les sous-préfets désigneront à cet effet.

242. Les actes inscrits par les employés, dans le cours de leurs exercices, sur leurs registres portatifs, auront foi en justice jusqu'à inscription de faux. (1)

243. Les expéditions et quittances délivrées par les employés seront marquées d'un timbre spécial, dont le prix est fixé à dix centimes.

244. Les préposés ou employés de la régie prévenus de crimes ou délits commis dans l'exercice de

(1) En cas de nullité de procès-verbal, la contravention peut être prouvée par les registres portatifs des employés. *Arrêt de la Cour de Cassation (section criminelle), du 20 août* 1818, rendu vu particulièrement l'article 34 du décret réglémentaire du 1er germinal an XIII, et les articles 241 et 242 de la loi du 28 avril 1816, *affaire de l'Administration des Contributions indirectes contre le sieur Desnones-Bataille.* — 1er Cahier, page 64, du Journal des Audiences de 1819.

leurs fonctions, seront poursuivis et traduits, dans les formes communes à tous les citoyens, devant les tribunaux compétens, sans autorisation préalable de la régie : seulement le juge-instructeur, lorsqu'il aura décerné un mandat d'arrêt, sera tenu d'en informer le directeur des impositions indirectes du département de l'employé poursuivi; le tout conformément aux dispositions de la loi du 8 décembre 1814, art. 144.

245. Les autorités civiles et militaires, et la force publique, prêteront aide et assistance aux employés pour l'exercice de leurs fonctions, toutes les fois qu'elles en seront requises.

246. Une loi spéciale déterminera le mode de procéder, relativement aux instances qui concernent la perception des contributions indirectes. (1)

247. Aucunes instructions, soit du ministre, soit du directeur général, ou de la régie des impositions indirectes, soit d'aucuns des préposés, ne pourront, sous quelque prétexte que ce soit, annuler, étendre, modifier ou forcer le vrai sens des dispositions de la présente loi.

Les tribunaux ne pourront prononcer de condamnations qui seraient fondées sur lesdites instructions,

---

(1) Dans les instances relatives à la perception des contributions indirectes, l'instruction doit se faire par écrit, et le jugement doit être rendu sur le rapport d'un juge (loi du 5 ventose an XII, art. 88). — L'article 246 de la loi du 28 avril 1816, portant qu'une loi *déterminera* le mode de procéder dans ces instances, n'a point replacé cette matière sous l'empire du droit commun. — Il y a lieu de compenser les dépens entre le demandeur et le défendeur en cassation, quand ils ont concouru l'un et l'autre à la violation des formes, donnant ouverture à cassation. *Arrêt de la Cour de Cassation* (*section civile*), *du 5 mars* 1823, *affaire de la Direction générale des Contributions indirectes contre le sieur Pellerin.* — 7e Cahier, page 279, de la Jurisprudence de la Cour de Cassation, de 1823, de Sirey.

et qui ne résulteraient pas formellement de la présente loi.

Les contribuables de qui il aurait été exigé ou perçu quelques sommes au-delà du tarif, ou d'après les seules dispositions d'instructions ministérielles, pourront en réclamer la restitution.

Leur demande devra être formée dans les six mois; elle sera instruite et jugée dans les formes qui sont observées en matière de domaine.

248. La présente loi sera mise à exécution à dater du jour de sa promulgation, et n'aura d'effet que jusqu'au 1er février 1817, excepté en ce qui concerne les tabacs. (1)

---

(1) Le Roi, à qui appartient la promulgation des lois (article 22 de la Charte constitutionnelle), ayant déclaré, par des ordonnances spéciales, que la loi du 28 avril 1816 avait été promulguée le 5 mai de la même année, il y a violation des dispositions de la Charte, en assignant à la promulgation de la loi du 28 avril, une autre époque que celle qui a été fixée par le souverain lui-même. *Arrêt de la Cour de Cassation (section civile), du 9 juin 1818, affaire des sieurs Russel, Lafarge et consorts, contre l'Administration des Douanes.* — 6e Bulletin officiel des Arrêts de 1818, pages 144 et suiv.

N° Ier. TARIF *du Droit à percevoir par hectolitre, à la Circulation des Boissons, en exécution de l'article 1er de la présente loi.*

	VINS EN CERCLES, enlevés pour un lieu situé dans le même département ou dans un département limitrophe.	VINS EN CERCLES, enlevés pour un lieu situé au-delà des départemens limitrophes.	VINS en bouteilles.	Cidres et Poirés.	Eaux-de-vie en cercles, au-dessous de 22 degrés.	Eaux-de-vie en cercles, de 22 degrés jusqu'à 28 degrés exclusivement.	Eaux-de-vie et esprits, de 28 degrés et au-dessus.	Eaux-de-vie et esprits de toute espèce, en bouteilles, liqueurs composées d'eaux-de-vie ou d'esprits, tant en cercles qu'en bouteilles, et fruits à l'eau-de-vie.
	fr. c.	fr. c.	fr. c.	fr. c.	fr. c.	fr. c.	fr. c.	fr. c.
Dans les départemens de 1re classe.	» 40	0 60	5 00	0 20	1 80	50	3 20	8 00
Id. de 2e classe.	» 50	0 75						
Id. de 3e classe.	» 60	0 90						
Id. de 4e classe.	1 00	1 20						

N° II. TARIF *des Droits d'entrée à percevoir sur les Boissons, dans les Villes et Communes de 2,000 âmes de population agglomérée et au-dessus, en exécution de l'art. 20 de la présente loi.*

POPULATION des COMMUNES.	PAR HECTOLITRE DE VIN EN CERCLES ; dans les départemens de 1re classe.	dans les départemens de 2e classe.	dans les départemens de 3e classe.	dans les départemens de 4e classe.	Par hectolitre de vin en bouteilles ou de vin de liqueur, tant en cercles qu'en bouteilles.	Par hectolitre de cidre et poiré.	Par hectolitre d'eau-de-vie en cercles au-dessous de 22 deg.	Par hectolitre d'eau-de-vie en cercles de 22 degrés jusqu'à 28 degrés inclusivement.	Par hectolitre d'eau-de-vie rectifiée à 28 degrés et au-dessus ; d'eau-de-vie de toute espèce en bouteilles ; de liqueurs, composées d'eau-de-vie et d'esprits, tant en cercles qu'en bouteilles, et de fruits à l'eau-de-vie.
	fr. c.	fr. c.	fr. c.	fr. c.	fr. c.	fr. c.	fr. c.	fr. c.	fr. c.
De 2,000 à 4,000 âmes.	0 55	0 70	0 85	1 00	1 15	0 35	1 40	2 10	2 80
De 4,000 à 6,000.....	0 85	1 00	1 15	1 30	1 70	0 45	2 10	3 15	4 20
De 6,000 à 10,000....	1 15	1 35	1 55	1 75	2 25	0 65	2 50	3 80	6 10
De 10,000 à 15 000...	1 40	1 70	2 00	2 25	2 80	0 85	3 40	5 10	6 80
De 15,000 à 20,000...	2 00	2 25	2 45	2 80	4 00	1 15	4 90	7 35	9 80
De 20,000 à 30,000...	2 80	3 10	3 40	3 80	5 60	1 55	7 00	10 50	14 00
De 30,000 à 50,000...	3 70	4 10	4 60	5 10	7 30	2 10	9 30	13 90	18 60
De 50,000 et au-dessus.	4 60	5 10	5 50	6 30	9 30	2 80	11 80	17 60	23 60

N° III. *Tableau des Départemens du Royaume, divisés en quatre Classes, pour la Perception des Droits de la circulation et d'entrée sur les Boissons.*

1re CLASSE.	2e CLASSE.	3e CLASSE.	4e CLASSE.
Var.	Drôme.	Jura.	Nord.
Alpes (Basses).	Ardèche.	Doubs.	Pas-de-Ca-
Vaucluse.	Alpes (H.).	Saône (H.).	lais.
Bouches - du -	Isère.	Saône - et -	Somme.
Rhône.	Puy-de-Dôme.	Loire.	Ardennes.
Gard.	Allier.	Rhône.	Seine-Inf.
Hérault.	Nièvre.	Loire.	Calvados.
Aude.	Cher.	Sarthe.	Orne.
Pyrénées -	Indre.	Morbihan.	Manche.
Orientales.	Vienne.	Seine.	Mayenne.
Tarn.	Sèvres (Deux).	Seine-et-O.	Ille-et-Vil.
Garonne (H.).	Vendée.	Seine - et -	Côtes - du-
Ariége.	Loire-Infér.	Marne.	Nord.
Lot.	Maine-et-Loire.	Eure - et -	Finistère.
Tarn - et - Ga-	Indre-et-Loire.	Loir.	
ronne.	Loir-et-Cher.	Creuse.	
Gers.	Loiret.	Vienne (H.).	
Pyrénées (H.).	Yonne.	Corrèze.	
Dordogne.	Côte-d'Or.	Cantal.	
Lot-et-Garonne.	Ain.	Loire (H.).	
Charente-Infér.	Aube.	Lozère.	
Charente.	Marne (Haute).	Rhin (B.).	
Gironde.	Marne.	Rhin (H.).	
Landes.	Meuse.	Vosges.	
Pyrénées (B.).	Moselle.	Eure.	
Aveyron.	Meurthe.	Oise.	
		Aisne.	

N° IV. *Tarif du Droit de Licence à percevoir, en exécution de l'article 171 de la présente loi.*

PROFESSIONS.	DÉSIGNATION DES LIEUX.	PRIX DE LA LICENCE.
		fr.
Débitans de boissons.	Dans les communes au dessous de 4,000 âmes.	6
	Dans celles de 4 à 6,000 âmes. .	8
	Dans celles de 6 à 10,000 âmes.	10
	Dans celles de 10 à 15,000 âmes.	12
	Dans celles de 15 à 20,000 âmes.	14
	Dans celles de 20 à 30,000 âmes.	16
	Dans celles de 30 à 50,000 âmes.	18
	Dans celles de 50,000 âmes et au-dessus (Paris excepté). .	20
Brasseurs.	Dans les départemens de l'Aisne, des Ardennes, du Nord, du Pas-de-Calais, du Bas-Rhin, de la Seine et de la Somme.	50
	Dans les départemens du Calvados, de la Côte-d'Or, du Doubs, du Finistère, de la Gironde, d'Ille-et-Vilaine, de la Marne, de la Meurthe, de la Meuse, de la Moselle, du Haut-Rhin, du Rhône, de la Seine-Inférieure, de Seine-et-Marne, de Seine-et-Oise et des Vosges.	30
	Dans les autres départemens.	20
Bouilleurs et distillateurs. . .	Dans tous les lieux.	10
Marchands en gros de boissons.	Dans tous les lieux.	50
Fabricans de cartes.	Dans tous les lieux.	50

Ordonnance du Roi, *du 11 juin* 1816 (Bulletin n° 93), *relative au Mode d'Exécution de l'art.* 230 *de la loi du* 28 *avril* 1816 *sur les Acquits-à-caution délivrés par la Régie des Contributions indirectes.*

Cette ordonnance soumet l'expéditeur des marchandises que l'acquit-à-caution devra accompagner, à rapporter le certificat de l'arrivée desdites marchandises à la destination déclarée, ou à payer le double des droits que l'acquit-à-caution aura eu pour objet de garantir; règle la décharge des acquits-à-caution des marchandises à la destination de l'étranger et des marchandises enlevées pour l'intérieur; les formalités des certificats de décharge; les cas dans lesquels les marchandises seront saisies pour contravention au défaut de décharge des acquits-à-caution; l'annulation des engagemens des soumissionnaires et de leurs cautions, et la restitution des sommes consignées, lors de la représentation des acquits-à-caution revêtus de certificats de décharge en bonne forme; les poursuites à faire dans les cas où les certificats de décharge seraient reconnus faux; les contraintes à décerner par les préposés à la perception, si les certificats de décharge ne sont pas rapportés dans les délais fixés par la soumission, et s'il n'y a point eu consignation au départ, et le délai après lequel aucune réclamation n'est admise et les doubles droits sont acquis à la régie, l'un comme perception ordinaire, l'autre à titre d'amende.

Voici ses Dispositions littérales :

Louis, par la grâce de Dieu, Roi de France et de Navarre, à tous ceux qui ces présentes verront, salut.

L'article 230 de la loi du 28 avril dernier a ordonné que tout ce qui concerne les acquits-à-caution délivrés par la régie des contributions indirectes, serait réglé conformément à la loi du 22 août 1791. Les dispositions de la susdite loi ayant été originairement prescrites pour le service de nos douanes, nous avons jugé à propos de déterminer, par une ordonnance spéciale et réglementaire, de quelle sorte elles seraient employées pour garantir la perception des droits de consommation intérieure que la régie des contributions indirectes est chargée de recouvrer.

A ces causes, et sur le rapport de notre ministre secrétaire d'état des finances;

Notre Conseil d'État entendu,

Nous avons ordonné et ordonnons ce qui suit:

Art. 1er. Dans tous les cas où, en vertu des lois et réglemens en vigueur, la régie des contributions indirectes délivrera un acquit-à-caution, l'expéditeur des marchandises que cet acquit-à-caution devra accompagner, s'engagera à rapporter, dans un délai déterminé, un certificat de l'arrivée desdites marchandises à la destination déclarée, ou de leur sortie du royaume, et se soumettra à payer, à défaut de cette justification, le double des droits que l'acquit-à-caution aura eu pour objet de garantir: ledit expéditeur donnera, en outre, caution solvable qui s'obligera solidairement avec lui à rapporter le certificat de décharge, si mieux il n'aime consigner le montant du double droit.

2. Les acquits-à-caution délivrés pour des marchandises à la destination de l'étranger seront déchargés après la sortie du territoire ou l'embarquement. Ceux qui auront accompagné des marchandises enlevées pour l'intérieur, ne seront déchargés qu'après la prise en charge des quantités y énoncées, si le destinataire est assujetti aux exercices des employés de la régie, ou le paiement du droit, dans le cas où il sera dû à l'arrivée.

3. Les certificats de décharge seront signés par deux employés au moins, et enregistrés au lieu de la destination.

Les employés qui auront signé un certificat de décharge, seront tenus d'en délivrer un *duplicata*, toutes les fois qu'ils en seront requis.

4. Les préposés de la régie ne pourront délivrer de certificats de décharge pour les marchandises qui

leur seront représentées après le terme fixé par l'acquit-à-caution, ni pour celles qui ne seraient pas de l'espèce énoncée dans l'acquit-à-caution. Dans ces deux cas, les marchandises seront saisies comme n'étant pas accompagnées d'une expédition valable, et il sera dressé procès-verbal de cette contravention, conformément à la loi.

5. Lorsqu'il y aura seulement différence dans la quantité, et qu'il sera reconnu que cette différence provient de substitution, d'addition ou de soustraction, l'acquit-à-caution sera déchargé pour la quantité représentée, indépendamment du procès-verbal qui sera rapporté dans ce cas pour contravention aux articles 6 et 10 de la loi du 28 avril 1816. Si la différence est en moins, l'expéditeur sera tenu, aux termes de la soumission, de payer le double droit pour la quantité manquante. Si la différence est en plus, le destinataire sera tenu d'acquitter sur l'excédant le double des mêmes droits.

6. Lorsque les acquits-à-caution seront rapportés au bureau d'enlèvement, revêtus de certificats de décharge en bonne forme, ou en cas de perte de ces expéditions, lorsqu'il sera produit des *duplicata* réguliers desdits certificats de décharge, les engagemens des soumissionnaires et leurs cautions seront annulés, et les sommes consignées restituées, sauf la retenue, s'il y a lieu, pour doubles droits, sur les manquans reconnus à l'arrivée; et moyennant que les soumissionnaires certifient, au dos desdites expéditions, la remise qu'ils en feront, et qu'ils déclarent le nom, la demeure et la profession de celui qui leur aura renvoyé le certificat de décharge.

7. Dans le cas où les certificats de décharge, après vérification, seraient reconnus faux, les soumissionnaires et leurs cautions ne seraient tenus que des condamnations purement civiles, conformément à leur soumission, sans préjudice des poursuites à exercer contre qui de droit, comme à l'égard de falsification ou altération d'écritures publiques. La régie aura quatre mois pour s'assurer de la validité des certificats de décharge et intenter l'action; après

ce délai, elle ne sera plus recevable à former aucune demande.

8. Si les certificats de décharge ne sont pas rapportés dans les délais fixés par la soumission, et s'il n'y a pas eu consignation au départ, les préposés à la perception décerneront contrainte contre les soumissionnaires et leurs cautions, pour le paiement des doubles droits : néanmoins, si les soumissionnaires rapportent, dans le terme de six mois après l'expiration dudit délai, le certificat de décharge en bonne forme, délivré en temps utile, les sommes qu'ils auront payées leur seront remboursées.

9. Après le délai de six mois, aucune réclamation ne sera admise, et les doubles droits seront acquis à la régie, l'un comme perception ordinaire, l'autre à titre d'amende.

10. Notre ministre secrétaire d'état des finances est chargé de l'exécution de la présente ordonnance.

Extrait de la Loi sur les Finances, du 25 *mars* 1817 (Bulletin, n° 145.)

Nota. L'article 248 de la loi du 28 avril 1816, portait : « La présente loi sera mise à exécution à dater du jour de « sa promulgation, et n'aura d'effet que jusqu'au 1er fé- « vrier 1817.... » Il fallait, en 1817, faire une loi nouvelle, et a été en conséquence rendue, le 25 mars 1817, la loi dont a été extrait le Titre VII *Des Contributions indirectes*, que l'on va lire.

TITRE VII.

Contributions indirectes.

---

§. Ier.

79. La loi du 28 avril 1816, sur les contributions indirectes, continuera d'être exécutée, avec les modifications ci-après, jusqu'au 1er mars 1818.

§. II. *Des Boissons.*

80. Le droit de circulation sur les boissons sera perçu conformément au tarif ci-après :

		fr.	c.
Par hectolitre de vin en cercles, expédié pour les départemens......	de 1re classe...	1	50
	de 2e classe...	2	»
	de 3e classe...	2	50
	de 4e classe...	4	(1)
Par hectolitre de vin en bouteilles......		10	»
Par *idem*	de cidre, poiré et hydromel.	»	80
Par *idem*	d'eau-de-vie en cercles au-dessous de 22 degrés.....	3	60
Par *idem*	d'eau-de-vie en cercles de 22 degrés jusqu'à 28 exclusivement................	5	»
Par *idem*	d'eau-de-vie et d'esprits en cercles de 28 degrés et au-dessus................	6	40
Par *idem*	d'eau-de-vie et d'esprits de toute espèce en bouteilles, de liqueurs composées d'eau-de-vie ou d'esprits, tant en cercles qu'en bouteilles, et de fruits à l'eau-de-vie................	12	»

81. La troisième exception prononcée par l'art. 3 de la loi du 28 avril 1816, est restreinte aux vins, cidres et poirés qui seront transportés par un propriétaire, colon partiaire ou fermier, des caves ou celliers où sa récolte aura été déposée, dans une autre de ses caves située dans l'étendue du même

(1) La loi du 24 juin 1824 (Bulletin, n° 677) dispose, par son article unique :

« A partir du 1er janvier 1825, les droits de circulation « établis sur les vins en cercles par la loi du 25 mars 1817, « seront perçus uniformément, à raison d'un franc cin- « quante centimes par hectolitre. »

département ou du département limitrophe du lieu de sa récolte. (1)

82. Seront également affranchis à l'avenir du droit de circulation, quels que soient le lieu d'enlèvement et l'expéditeur, et pourvu que, dans le lieu de destination, le commerce des boissons ne soit pas affranchi des exercices des employés de la régie,

1°. Les boissons qui seront enlevées à destination de négocians, marchands en gros, courtiers, facteurs, commissionnaires, distillateurs et tous autres, munis d'une licence de marchand en gros ou de distillateur;

2°. Les vins, cidres et poirés qui seront enlevés à destination de toute personne qui vend en détail lesdites boissons, pourvu qu'elle soit munie d'une licence de débitant. (2)

83. Pour jouir de l'exemption prononcée par l'article précédent, l'expéditeur sera tenu de se munir d'un acquit-à-caution, dont le coût demeure fixé à vingt-cinq centimes, timbre compris.

Les conducteurs des boissons qui se trouveront en cours de transport lors de la mise à exécution de la présente loi, auront quinze jours pour échanger les congés ou passavans dont ils seront porteurs contre les acquits-à-caution.

84. Les droits d'entrée seront perçus à l'avenir dans les villes et communes ayant une population agglomérée de quinze cents âmes et au-dessus : à cet effet, la première classe du tarif annexé à la loi du 28 avril 1816 comprendra les communes de quinze cents à quatre mille âmes de population agglomérée.

85. L'hydromel sera compris au nombre des boissons soumises au droit de circulation, d'entrée, de détail et de licence. Il sera imposé, dans tous les cas, comme le cidre. (3)

---

(1) Voyez l'abrogation de cet article 81 par la loi du 17 juillet 1819, rapporté ci-après par extrait.

(2) Voyez l'article 85 de la loi du 15 mai 1818, rapporté ci-après.

(3) L'assimilation de l'hydromel aux autres boissons,

86. Le droit de la fabrication des bières, établi par l'article 107 de la loi du 28 avril 1816, est porté à trois francs par hectolitre de bière forte, et à cinquante centimes par hectolitre de petite bière.

Ce dernier droit sera de soixante-quinze centimes dans le cas où la petite bière se vendrait cinq francs et au-dessus. (1)

87. Il sera accordé aux marchands en gros, pour ouillage, coulage et affaiblissement de degrés, une déduction de six pour cent par an sur les eaux-de-vie au-dessous de vingt-huit degrés, de sept pour cent sur les eaux-de-vie rectifiées et esprits de vingt-huit degrés et au-dessus, et de sept pour cent sur les cidres et poirés.

Le décompte de cette déduction sera fait à la fin de chaque trimestre, en raison de la durée du séjour des eaux-de-vie, cidres et poirés en magasin.

La déduction sur les vins sera de sept pour cent, divisés par portions égales sur les trimestres d'octobre et de janvier, pour les vins nouveaux entrés pendant ces deux trimestres, et d'un demi pour cent pour chacun de ceux d'avril et de juillet, sur les vins existant lors de ces deux trimestres. (2)

Ordonnance du Roi, du 11 juin 1817 (Bulletin, n° 159), portant établissement de *Droits (d'octroi) de banlieue, sur les eaux-de-vie, esprits et liqueurs dans la banlieue de Paris,* chargeant la direction de l'oc-

---

quant aux droits, emporte nécessairement assimilation quant aux formes de perception et aux peines, en cas de contravention. *Arrêt de la Cour de Cassation (section criminelle), du 31 mai 1822*, rendu vu l'article 85 de la loi du 25 mars 1817, *affaire de la Direction générale des Contributions indirectes contre la femme Ferlicot.* — 1er Cahier, page 36, de la Jurisprudence de la Cour de Cassation, de 1823, par Sirey.

(1) Voyez l'article 8 de la loi du 1er mai 1822, rapporté ci-après.

(2) Voyez l'article 5 de la loi du 31 juillet 1821, rapporté ci-après.

troi de Paris de la recette et des autres mesures d'exécution, faisant l'application des produits de la perception, réglant les limites de la perception et la perception elle-même, et punissant les contraventions à cette ordonnance, de la confiscation des objets saisis.

Voici ses dispositions.

Louis, par la grâce de Dieu, roi de France et de Navarre,

Vu l'article 152 de la loi de finances du 28 avril 1816;

Vu la délibération prise, le 20 septembre 1816, par le conseil général du département de la Seine, faisant fonctions de conseil municipal à Paris; ensemble les observations et l'arrêté de notre conseiller d'état préfet dudit département, en date du 30 du même mois;

Vu aussi les observations de notre conseiller d'état directeur général de l'administration des contributions indirectes, et celles de notre ministre secrétaire d'état au département de l'intérieur;

Sur le rapport de notre ministre secrétaire d'état des finances;

Notre Conseil d'état entendu,

Nous avons ordonné et ordonnons ce qui suit :

TITRE PREMIER.

De l'Etablissement d'une Perception de Banlieue aux environs de la ville de Paris.

Art. 1er. Il sera établi, autour de notre bonne ville de Paris, une perception de banlieue sur les eaux-de-vie, esprits et liqueurs.

Elle s'étendra à toutes les communes des arrondissemens de Sceaux et de Saint-Denis.

2. Dans le rayon assigné à la perception de banlieue, les eaux-de-vie, esprits et liqueurs seront soumis aux droits de consommation réglés par le tarif ci-après, et aux autres dispositions de la présente ordonnance.

TARIF.

DÉSIGNATION des EAUX-DE-VIE, ESPRITS ET LIQUEURS.	MONTANT DU DROIT par hectolitre.	OBSERVATIONS
Eaux-de-vie en cercles au-dessous de 22 degrés.	15	Il sera perçu à la distillation des eaux-de-vie de grains, mélasse, vins, marcs, cidres ou autres substances, un droit égal à celui imposé à l'entrée de la banlieue. Les eaux-de-vie ou esprits altérés par quelque mélange que ce soit sont assujettis aux mêmes droits que les eaux-de-vie ou esprits purs.
Eaux-de-vie en cercles de 22 degrés jusqu'à 28 degrés exclusivement...	20	
Eaux-de-vie rectifiées à 28 degrés et au-dessus, esprits, eaux-de-vie de toute espèce en bouteilles. — Eaux de senteur et liqueurs composées d'eau-de-vie et d'esprit, tant en cercles qu'en bouteilles...........	30	

3. La direction de l'octroi de Paris sera chargée de la recette et des autres mesures d'exécution, avec le concours et sous la surveillance des maires, des sous-préfets, et sous l'autorité de notre préfet du département de la Seine et de notre directeur général des contributions indirectes, chacun dans l'ordre de ses attributions.

4. Ladite perception de banlieue ayant pour but de prévenir la fraude aux entrées de Paris, et de procurer aux communes rurales du département de la Seine, des revenus dont elles ont besoin, les frais de perception seront supportés par lesdites communes et l'octroi de Paris.

Le prélèvement sur les recettes à la charge des communes rurales ne pourra excéder dix pour cent des produits bruts. La quotité de ce prélèvement sera réglée par notre préfet du département de la Seine, et soumise par notre directeur-général des contributions indirectes à l'approbation de notre ministre des finances.

5. La moitié des produits de la perception sera répartie, à la fin de chaque mois, entre les communes situées dans la banlieue, en proportion de leur population respective.

Il sera fait de l'autre moitié un fonds de réserve et de prévoyance, tant pour subvenir au paiement des parts et portions qui, à raison de leur intérêt à des dépenses reconnues communes à plusieurs municipalités, pourront leur être assignées par la répartition à faire de ces dépenses dans les formes prescrites par l'art. 46 de la loi du 25 mars dernier, que pour accorder des secours à celles qui éprouveraient des besoins impérieux et auraient à pourvoir à des dépenses extraordinaires.

6. Le fonds de réserve sera versé chaque mois à la caisse des dépôts volontaires, et il ne pourra en être fait emploi que d'après les règles prescrites par notre ordonnance du 7 mars dernier.

7. Le produit net de la perception sera passible du prélèvement des dix pour cent ordonnés au profit du trésor par l'art. 153 de la loi du 28 avril 1816.

8. Le directeur de l'octroi de Paris fera verser dans les caisses des contributions indirectes le montant des dix pour cent revenant au trésor, et dans celles du receveur-général du département le surplus du produit net.

Ce receveur versera sans retard et en proportion de ses rentrées, dans les caisses des communes, les sommes qui leur seront allouées, soit comme fonds ordinaire, soit comme fonds de supplément.

9. A l'expiration de chaque exercice, le directeur et les régisseurs de l'octroi de Paris présenteront le compte général de la perception de banlieue au préfet de la Seine, qui le transmettra, avec ses obser-

vations, au conseil général du département, pour être examiné, discuté et arrêté.

Les doubles de ce compte seront adressés aux sous-préfets des arrondissemens de Saint-Denis et de Sceaux, et à notre directeur-général des contributions indirectes.

Les sommes allouées aux communes en vertu des articles précédens feront partie de leur comptabilité, qui continuera à être réglée dans la forme ordinaire.

TITRE II.

De la Perception des Droits

10. Les limites de la perception, objet de la présente ordonnance, seront déterminées par des poteaux portant ces mots: *Perception de la banlieue de Paris sur les eaux-de-vie, esprits et liqueurs.*

Le placement des bureaux sera déterminé par un arrêté du préfet de la Seine.

11. Tout porteur ou conducteur de boissons spécifiées en l'art. 2, sera tenu, avant d'entrer dans la banlieue, de les déclarer à l'un des bureaux qui seront établis à cet effet sur les limites, et d'exhiber aux préposés les lettres de voiture, passavans, congés, acquits-à-caution ou toutes autres expéditions délivrées pour lesdites boissons par la régie des contributions indirectes.

12. Lorsque les boissons seront destinées pour la banlieue, le porteur ou conducteur sera tenu d'acquitter le droit au moment même de la déclaration et avant l'introduction, à moins qu'étant porteur d'un acquit-à-caution, il ne déclare vouloir l'acquitter au moment de la décharge de cette expédition.

13. Les porteurs ou conducteurs de boissons arrivant en destination de Paris ou de l'entrepôt général de cette ville, seront tenus de se munir d'acquits-à-caution au bureau d'entrée de la banlieue, si déjà ces boissons ne sont accompagnées d'une semblable expédition délivrée par l'administration des contributions indirectes.

Il en sera de même à l'égard des eaux-de-vie, esprits et liqueurs qui, ayant pour destination un lieu situé hors de la banlieue, en traverseront le territoire pour y arriver.

14. Les eaux-de-vie, esprits et liqueurs qui sortiront de l'entrepôt général, ne pourront être enlevés qu'avec un acquit-à-caution.

15. Les acquits-à-caution délivrés en exécution des articles précédens, seront déchargés par les employés de l'octroi de Paris ou des contributions indirectes, soit après l'acquittement des droits aux entrées de Paris, soit après la prise en charge à l'entrepôt général, soit enfin après la vérification au bureau de sortie de la banlieue, des eaux-de-vie, esprits et liqueurs qui seront expédiés pour le dehors.

16. Il ne pourra être établi de Distilleries dans la banlieue qu'en vertu d'une autorisation donnée par le préfet de la Seine.

17. Il sera fait mention sur les congés ou acquits-à-caution délivrés par les préposés des contributions indirectes, pour les eaux-de-vie, esprits ou liqueurs qui seront enlevés de l'intérieur de la banlieue, que l'expéditeur a justifié de l'acquittement du droit de banlieue.

18. Les eaux-de-vie, esprits et liqueurs, circulant dans la banlieue sans acquits-à-caution de l'octroi, ou sans quittance du droit de banlieue, ou sans que les expéditions dont ils seront accompagnés pour les contributions indirectes, présentent la mention voulue par l'article précédent, seront saisis par les préposés de l'octroi ou des contributions indirectes.

19. Conformément à l'art. 53 de la loi du 28 avril 1816, les débitans de boissons seront tenus de représenter aux employés des contributions indirectes les quittances du droit de banlieue pour les eaux-de-vie, esprits et liqueurs qu'ils auront introduits dans leur débit : celles de ces boissons pour lesquelles ils ne pourront justifier de l'acquit de ce droit, seront saisies et confisquées.

TITRE III.

Dispositions transitoires.

20. Les eaux-de-vie, esprits et liqueurs qui existeraient en charge, lors de la promulgation de la présente ordonnance, dans les comptes ouverts par les préposés des contributions indirectes aux marchands en gros, commissionnaires, facteurs, dépositaires, courtiers, bouilleurs, distillateurs, débitans, et autres faisant un commerce quelconque de ces boissons dans le rayon assigné à ladite perception, seront soumis aux droits de banlieue, si, dans le délai de dix jours, ces boissons ne sont expédiées, soit à l'entrepôt général, soit à l'extérieur.

TITRE IV.

Dispositions générales.

21. Les eaux-de-vie, esprits et liqueurs ne pourront être entreposés dans la banlieue; celles desdites boissons qui auront été déclarées, lors de l'introduction, comme ayant une destination extérieure, et dont le transport serait interrompu par une cause quelconque, devront être conduites à l'entrepôt général de la ville de Paris.

22. Toute contravention aux dispositions de la présente ordonnance sera punie de la confiscation des objets saisis, conformément aux lois en matière d'octroi.

23. Le produit de ces confiscations sera réparti conformément aux règles prescrites pour l'octroi de Paris.

24. Dans tous les cas non prévus par les dispositions qui précèdent, on se conformera, en tout ce qui n'est pas abrogé par les lois en vigueur, aux dispositions de nos ordonnances des 9 et 23 décembre 1814, portant réglement d'octroi.

25. Nos ministres secrétaires d'état des finances et de l'intérieur, sont chargés, chacun en ce qui le concerne, de l'exécution de la présente ordonnance, qui sera insérée au Bulletin des lois.

ORDONNANCE DU ROI, du 18 juin 1817 (Bulletin, n° 161), portant que le remplissage des vins, cidres, poirés, vinaigres, eaux-de-vie, esprits et liqueurs, arrivant à Paris par la Haute-Seine, se fera dans le bassin de la Râpée, et celui des boissons arrivant par la Basse-Seine, pourra continuer d'avoir lieu dans l'entrepôt général de Paris, ou sur le port Saint-Nicolas, et que la perception des droits d'octroi se fera sans aucune déduction de vidange sur tous les fûts dont le remplissage aura dû avoir lieu.

Voici ses dispositions littérales :

LOUIS, par la grâce de Dieu, roi de France et de Navarre,

Vu la proposition de notre préfet du département de la Seine et les observations de notre conseiller d'état directeur général de l'administration des contributions indirectes ;

Vu aussi l'avis de notre ministre secrétaire d'état au département de l'intérieur ;

Sur le rapport de notre ministre secrétaire d'état des finances ;

Notre Conseil d'état entendu,

Nous avons ordonné et ordonnons ce qui suit :

ART. 1er. Le remplissage des vins, cidres, poirés, vinaigres, eaux-de-vie, esprits et liqueurs arrivant à Paris par la Haute-Seine, se fera dans le bassin de la Râpée.

2. Le remplissage des eaux-de-vie, esprits et liqueurs à destination de l'entrepôt général de Paris, ainsi que celui de toutes les boissons arrivant par la Basse-Seine, pourra continuer d'avoir lieu dans cet établissement, ou sur le port Saint-Nicolas ; mais il ne sera accordé qu'un délai de trois jours pour remplir sur le port.

3. La perception des droits d'octroi à Paris se fera sans aucune déduction de vidange sur tous les fûts dont le remplissage aura dû avoir lieu dans le bassin de la Râpée. Lorsque tout ou partie de ces fûts seront destinés pour l'entrepôt, ils n'y seront admis qu'après avoir été reconnus comme entièrement

pleins. La même disposition s'applique aux fûts dont le remplissage aurait été effectué sur le port Saint-Nicolas.

4. Nos ministres secrétaires d'état de l'intérieur et des finances sont chargés, chacun en ce qui le concerne, de l'exécution de la présente ordonnance, qui sera insérée au Bulletin des lois.

Extrait de la Loi sur les Finances.

Du 15 Mai 1818. (Bulletin, n° 211.)

TITRE VIII.

Contributions indirectes.

Art. 84. Les lois des 28 avril 1816 et 25 mars 1817 continueront d'être exécutées, en ce qui concerne les contributions indirectes, jusqu'au 1er avril 1819.

Néanmoins, les boissons expédiées par un détenteur non entrepositaire, d'une de ses caves située dans des lieux sujets aux droits d'entrée, dans un autre domicile, seront accompagnées d'un acquit-à-caution, en franchise de droit.

85. Ne seront point assujettis aux droits de circulation établis par l'art. 82 de la loi du 25 mars 1817, les vins et cidres expédiés pour la ville de Paris.

Ordonnance du Roi, *du* 20 *mai* 1818 (Bulletin, n° 217), *déterminant les Bureaux par où doivent sortir par terre les Boissons destinées à l'étranger, et Tableau y annexé.*

Louis, par la grâce de Dieu, etc.

Vu l'art. 34 de la loi du 17 décembre 1814 ;

Vu les art. 5, 8 et 87 de la loi du 28 avril 1816, et les art. 2 et 3 de notre ordonnance du 11 juin de la même année ;

Sur le rapport de notre ministre secrétaire d'état des finances,

Nous avons ordonné et ordonnons ce qui suit :

Art. 1er. A compter du 1er juillet prochain, pour jouir de la franchise de droits prononcée par les articles 5 et 87 de la loi du 28 avril 1816, les boissons qui seront destinées à passer à l'étranger par la voie de terre, devront sortir par l'un des bureaux dénommés au tableau annexé à la présente.

2. Notre ministre secrétaire d'état des finances est chargé de l'exécution de la présente ordonnance, qui sera insérée au Bulletin des lois.

TABLEAU *des Lieux par où les Boissons pourront être expédiées à l'Etranger, avec acquit-à-caution, et par la voie de terre.*

NOMS DES		
DÉPARTEMENS.	ARRONDISSEMENS.	POINTS DE SORTIE.
NORD.....	Dunkerque....	Brouckstraete. Hondschoote. Oost-Cappel.
	Hazebrouck...	Steenworde. Bailleul. Le Sceau.
	Lille..........	Armentières. Halluin. Baisieux. Mouchin.
	Douai........	Maulde. Bonsecours. Blanc-Misseron.
	AVESNES......	Bettignies. Trélon. (1)
AISNE......	Vervins.......	Hirson.
ARDENNES...	Rocroy.......	Gué-d'Hossus. Givet. Fumet.
	Sedan........	La Chapelle. Messincourt.
MEUSE.....	Montmédi....	Fagny. Grand-Verneuil. Velsone. (2)
MOSELLE....	Briey.........	Tellancourt. Mont-Saint-Martin.
	Thionville....	Ottange. Roussy. Sierck. Tromborn.
	Sarguemines...	Carling. Forbach. Frauemberg.

(1) Voy. ci-après l'ordonnance du Roi du 21 mai 1820.
(2) *Ibid.*

NOMS DES DÉPARTEMENS.	ARRONDISSEMENS.	POINTS DE SORTIE.
Bas-Rhin...	Wissembourg..	Lembach.
		Wissembourg.
		Lauterbourg.
	Strasbourg. ...	La Wantzenau.
		Le Pont du Rhin.
	Schelestadt. ...	Rheinau.
		Marckolsheim.
Haut-Rhin..	Colmar.	Arzenheim.
		Ile de Paille.
	Altkirch.	Saint-Louis.
	Béfort........	Delle.
Doubs......	Montbelliard ..	Villers-sous-Blamont.
	Pontarlier.....	Verrières de Joux.
Jura.......	Saint-Claude...	Le Bois d'Amont.
		Les Landes.
Ain........	Gex.	Pouilly-Saint-Genis.
	Belley.........	Seyssel.
		Port de Cordon.
Isère......	La Tour-du-Pin.	Le Pont de Beauvoisin.
	Grenoble......	Pont-Charras.
		Chapareillan.
H.-Alpes...	Briançon......	Mont-Genèvre.
Var........	Grasse........	Saint-Laurent-du-Var
Pyr.-Orient.	Ceret.........	St-Laurent-de-Cerdas.
		Prats de Mollo.
	Prades........	Bourg-Madame.
H.-Garonne.	Saint-Gaudens.	Fos.
B.-Pyrénées.	Oléron.......	Urdos.
	Mauléon......	Arneguy.
	Baïonne.......	Ainhoa.
		Béhobie.
		Saint-Jean-de-Luz.

Le ministre secrétaire d'état des finances,

Signé COMTE CORVETTO.

Extrait de la Loi sur les Finances, du 17 juillet 1819.
(Bulletin, n° 295.)

TITRE PREMIER.

Art. 3. La troisième exception prononcée par l'article 3 de la loi des finances du 28 avril 1816, titre 1er des *Contributions indirectes*, est restreinte aux vins, cidres et poirés qui seront transportés par un propriétaire, colon partiaire ou fermier, des caves ou celliers où sa récolte aura été déposée, dans une autre de ses caves ou celliers situés dans l'étendue du même département, et hors du département, dans l'arrondissement ou dans les arrondissemens limitrophes de celui où la récolte aura été faite.

L'art. 81 de la loi du 25 mars 1817 est abrogé. (1)

Ordonnance du Roi, du 27 octobre 1819 (Bulletin, n° 321), déterminant les Formalités à observer pour le remplissage des vins, cidres, poirés, vinaigres, eaux-de-vie, esprits et liqueurs arrivant à Paris par la Haute-Seine, lequel continuera à se faire dans le bassin de la Râpée, lesquelles boissons seront dirigées sur le port aux Tuiles, déclarant le port Saint-Bernard annexe de l'entrepôt à partir du pont de la Tournelle jusqu'à la rue de Seine, et réduisant le droit d'entrepôt.

Voici ses dispositions :

Louis, par la grâce de Dieu, roi de France et de Navarre,

Sur le rapport de notre ministre secrétaire d'état au département de l'intérieur,

Notre Conseil d'état entendu,

Nous avons ordonné et ordonnons ce qui suit :

Art. 1er. Le remplissage des vins, cidres, poirés, vinaigres, eaux-de-vie, esprits et liqueurs arrivant

(1) Voyez l'article 3 de la loi du 28 avril 1816, et l'article 8 de celle du 25 mars 1817, ci-dessus.

à Paris par la Haute-Seine, et destinés à être livrés immédiatement à la consommation de Paris, continuera à se faire dans le bassin de la Râpée, conformément aux dispositions de notre ordonnance du 18 juin 1817, et ces boissons seront exclusivement dirigées sur le port aux Tuiles.

2. Les vins conduits à la vente et destinés à être entreposés à Paris ne seront point remplis dans le bassin de la Râpée, et seront dirigés sur le port Saint-Bernard, qui est déclaré annexe de l'entrepôt, à partir du pont de la Tournelle jusqu'à la rue de Seine.

3. Les vins déposés sur le port annexe pourront y être remplis, vendus, et y séjourner, comme ceux qui sont placés dans les cours et magasins de l'entrepôt; à la charge par les entrepositaires de se conformer aux réglemens d'entrepôt et de police.

Aucune opération de remplissage, de transvasion, ou autre, ne pourra avoir lieu dans les bateaux chargés de vins stationnant devant le port annexe.

4. Le droit d'entrepôt, fixé précédemment à un franc par hectolitre de vin, est réduit à cinquante centimes; mais ce droit sera perçu sur les vins enlevés du port annexe, aussi-bien que sur ceux expédiés de l'entrepôt : il sera exigible à la sortie des vins, quelle que soit la durée du séjour sur ce port ou dans l'entrepôt.

5. Des réglemens concertés entre notre directeur général des contributions indirectes et notre préfet de la Seine, détermineront les mesures d'exécution commandées par la présente ordonnance : ils pourvoiront à ce qu'il ne puisse résulter d'abus du séjour des boissons sur le port; ils préviendront tout encombrement; enfin ils détermineront le mode de la surveillance qui devra être exercée sur ledit port dans l'intérêt de la ville et du trésor.

6. Nos ministres secrétaires d'état aux départemens de l'intérieur et des finances sont chargés de l'exécution de la présente ordonnance.

Ordonnance du Roi, *du* 21 *mai* 1820 (Bulletin, n° 372), *qui prescrit un Changement dans le Tableau des Lieux par où les Boissons peuvent être expédiées à l'étranger, annexé à l'ordonnance du* 20 *mai* 1818.

Louis, par la grâce de Dieu, roi de France et de Navarre,

Vu l'article 34 de la loi du 17 décembre 1814;

Vu les articles 5, 8 et 87 de la loi du 28 avril 1816, et les articles 2 et 3 de notre ordonnance du 11 juin de la même année;

Vu aussi notre ordonnance du 20 mai 1818;

Sur le rapport de notre ministre secrétaire d'état des finances,

Nous avons ordonné et ordonnons ce qui suit:

Art. 1er. A compter du 1er juin prochain, le nom de *Jeumont*, commune de l'arrondissement d'Avesnes, département du Nord, sera ajouté au tableau des lieux de sortie, annexé à notre ordonnance du 20 mai 1818.

2. A partir du même jour 1er juin, le nom de *Velosne* sera rayé dudit tableau.

3. Notre ministre secrétaire d'état des finances est chargé de l'exécution de la présente ordonnance qui sera insérée au Bulletin des lois.

Extrait de la Loi sur les Finances du 23 *juillet* 1820. (Bulletin, n° 385.)

TITRE PREMIER.

Art. 3. Dans les communes qui, en vertu de l'article 152 de la loi du 28 avril 1816, ont été ou seront soumises à un octroi de banlieue, les boissons seront admises en entrepôt, aux mêmes conditions que dans l'intérieur de la ville.

Dans la banlieue de Paris, les entrepositaires et marchands en gros d'eaux-de-vie, esprits et liqueurs, seront soumis à l'exercice de détail; mais ils jouiront des déductions portées en l'article 87 de la loi du 25 mars 1817.

4. Le droit de fabrication sera restitué sur les bières qui seront expédiées à l'étranger ou pour les colonies françaises.

Extrait de la Loi sur les Finances du 31 *juillet* 1821.
(Bulletin, n° 465.)

TITRE II.

Art. 5. La déduction accordée aux marchands en gros de boissons, pour ouillage et coulage, par l'article 87 de la loi du 25 mars 1817, sera réglée pour les vins, à dater du trimestre courant, ainsi qu'il suit : sur les vins nouveaux, pour chacun des trimestres d'octobre et de janvier, qui suivent la récolte, trois pour cent ;

Sur les mêmes vins, pour chacun des trimestres d'avril et de juillet de la première année, et sur les vins vieux, pour tous les trimestres suivans, un et demi pour cent.

Le décompte de cette déduction continuera d'être fait en raison du séjour.

La faculté accordée à la régie par l'article 103 de la loi du 28 avril 1816, d'allouer une plus forte déduction pour les vins qui éprouvent un déchet supérieur à la remise ci-dessus fixée est maintenue.

Extrait de la Loi sur les Finances du 1er *mai* 1822.
(Bulletin, n° 524.)

TITRE II.

Art. 8. Il continuera d'être perçu à la fabrication des bières un droit de trois francs par hectolitre de bière forte, et il n'y aura plus pour la petite bière qu'un droit unique qui est fixé à soixante-quinze centimes.

Il ne pourra être fait application de la taxe sur la petite bière, que lorsqu'il aura été préalablement fabriqué un brassin de bière forte avec la même drèche, et pourvu d'ailleurs que cette drèche ait subi, pour le premier brassin, au moins deux trempes, qu'il ne soit entré dans le second brassin aucune portion des métiers résultant des trempes données pour le premier, qu'il n'ait été fait aucune addition ni aucun remplacement de drêche, et que le second brassin n'excède point en contenance le brassin de bière forte.

S'il était fabriqué plus de deux brassins avec la même drêche, le dernier seulement sera considéré comme petite bière.

Indépendamment des obligations imposées par l'article 120 de la loi du 28 avril 1816, les brasseurs indiqueront dans leurs déclarations l'heure à laquelle les trempes de chaque brassin devront être données.

A défaut d'accomplissement des conditions ci-dessus, tout brassin sera réputé de bière forte et imposé comme tel.

D'après les dispositions qui précèdent, les art. 107 et 108 de la loi du 28 avril 1816, et 86 de la loi du 25 mars 1817 sont abrogés.

Art. 10. La fabrication et la distillation des eaux-de-vie et esprits sont prohibées de la ville de Paris.

Toute contravention à cette disposition sera punie d'une amende de mille à trois mille francs, indépendamment des autres peines portées par l'article 129 de la loi du 28 avril 1816.

Une ordonnance royale fixera l'époque à laquelle les établissemens de cette nature actuellement existans cesseront toute opération, et déterminera les bases de l'indemnité qui devra être préalablement accordée aux propriétaires des ces établissemens. (1)

Ordonnance du Roi, du 11 mai 1822 (Bulletin, n° 528), relative à l'exécution de l'art. 10 de la loi

(1) Voyez l'ordonnance du Roi du 11 mai 1822, qui suit le présent article, et l'ordonnance du 20 juillet 1825 (Bulletin, n° 50), rapportée ci-après.

des finances du 1er mai 1822, prohibant, à compter du 20 juin suivant, la fabrication des eaux-de-vie et esprits dans la ville de Paris, et fixant les bases de l'indemnité préalable à distribuer entre les propriétaires des établissemens de distilleries.

Voici ses dispositions :

Louis, par la grâce de Dieu, roi de France et de Navarre,

Vu l'art. 10 de la loi du 1er mai, présent mois, portant qu'une ordonnance royale fixera l'époque à laquelle les distilleries actuellement existantes dans Paris cesseront toute opération, et déterminera les bases de l'indemnité qui devra être préalablement accordée aux propriétaires de ces établissemens;

Sur le rapport de notre ministre secrétaire d'état au département des finances,

Nous avons ordonné et ordonnons ce qui suit :

Art. 1er. Les distilleries d'eaux-de-vie et esprits actuellement existantes dans Paris cesseront toute opération à l'époque du 20 juin prochain.

2. Les bases pour la fixation de l'indemnité préalable à distribuer entre les propriétaires de ces établissemens sont déterminées ainsi qu'il suit :

1°. Les frais de démolition des fourneaux, chaudières, alambics, cuves et autres agencemens à l'usage de la distillerie exclusivement, ainsi que le montant des réparations aux bâtimens que ces démolitions pourraient nécessiter;

2°. Les frais de reconstruction de ces mêmes objets dans un local supposé propre à cet usage, ainsi que les frais de transport depuis l'emplacement actuel de la fabrique jusqu'aux limites de la banlieue de la capitale;

3°. Les engagemens justifiés par actes authentiques et qui auraient été contractés par les distillateurs envers les propriétaires des maisons, terrains et usines où sont maintenant leurs fabriques;

4°. Enfin une somme égale aux profits que chaque distillateur eût pu obtenir durant trois mois de fabrication, lesquels profits seront évalués à raison de dix pour cent des produits présumés de sa distillerie, calculés d'après les quantités qu'il a déclaré avoir fabriquées dans le cours du premier trimestre de cette année.

3. Le montant de cette indemnité sera réglé, d'après ces bases, par trois experts, l'un nommé par la régie des contributions indirectes, le second par chacun des distillateurs, le troisième par le président du tribunal de première instance à Paris. Dans le cas où le propriétaire d'une distillerie n'aurait pas fait connaître à l'administration des contributions indirectes le choix de son expert, dans les trois jours de la notification de la présente ordonnance, il y sera pourvu d'office par le président du tribunal de première instance de Paris.

4. Les procès-verbaux des expertises, faites conformément aux articles ci-dessus, seront adressés, au plus tard, le 10 juin prochain, par le directeur général de l'administration des contributions indirectes, avec ses observations et son avis, à notre ministre secrétaire d'état des finances, qui autorisera le paiement de l'indemnité due à chaque propriétaire, pour ledit paiement être effectué avant l'époque fixée par l'article 1er de la présente ordonnance.

5. Notre ministre secrétaire d'état au département des finances est chargé de l'exécution de la présente ordonnance. (1)

Extrait de la Loi des Finances de 1823, *du* 17 *août* 1822.

TITRE IV.

Art. 15. Continuera d'être faite en 1823, conformément aux lois existantes, la perception des contributions indirectes, à l'exception du droit de consommation sur les huiles.

16. A partir du 1er janvier 1823, le produit des

(1) Voyez l'ordonnance du Roi du 20 juillet 1825 (Bulletin, n° 50), rapportée ci-après.

centimes additionnels que les villes ont été ou seront autorisées à ajouter temporairement aux tarifs de leur octroi, pour subvenir à des dépenses d'établissement d'utilité publique, ou pour se libérer d'emprunts, cessera d'être soumis au prélèvement de dix pour cent auquel sont assujettis les produits ordinaires des octrois.

ORDONNANCE DU ROI, *du 25 décembre* 1822 (Bulletin, n° 576), *autorisant, à partir du 1er janvier* 1823, *une Réduction des Droits d'octroi perçus, au profit de la ville de Paris, sur les Vins et Vinaigres, et établissant une Taxe de 40 fr. par hectolitre d'Huile d'olive, et de 20 fr. sur toutes les autres Huiles destinées à la consommation de cette ville.*

LOUIS, par la grâce de Dieu, roi de France et de Navarre,

Vu la délibération du conseil général du département de la Seine, faisant fonctions de conseil municipal de la ville de Paris, en date du 12 décembre 1822, et l'avis du préfet du même département, en date du 16 dudit mois;

Vu les observations de notre ministre secrétaire d'état de l'intérieur et celles de notre conseiller d'état directeur général des contributions indirectes;

Sur le rapport de notre ministre secrétaire d'état des finances,

Nous avons ordonné et ordonnons ce qui suit:

ART. 1er. A compter du 1er janvier 1823, les droits d'octroi perçus en principal, au profit de notre bonne ville de Paris, sur les boissons et liquides ci-après désignés, sont réduits ainsi qu'il suit, savoir:

Vins en cercles, au lieu de treize francs cinquante centimes par hectolitre, dix francs cinquante centimes; vins en bouteilles, au lieu de seize centimes par litre, quinze centimes; vinaigres de toute espèce, verjus, sureau en fruits ou en jus, vin gâté et lie liquide ou épaisse, tant en cercles qu'en bouteilles, au lieu de treize francs cinquante centimes par hectolitre, dix francs cinquante centimes.

2. A compter de la même époque, il sera perçu, à titre de droit d'octroi, au profit de notre bonne ville de Paris, et conformément au tarif ci-annexé, un droit sur toutes les huiles destinées à la consommation de cette ville. (1)

3. La ville de Paris maintiendra l'entrepôt général actuel des huiles, et continuera d'y percevoir les mêmes droits de magasinage.

4. Les réglemens relatifs à l'entrepôt général des vins et eaux-de-vie sont déclarés communs à l'entrepôt général des huiles.

5. Les huiles existant dans les entrepôts fictifs et dans la réserve de l'entrepreneur de l'éclairage de Paris, lors du décompte final qui sera fait par la régie des contributions indirectes, seront inventoriées, et prises en compte par les employés de l'octroi de Paris. Toutes celles qui, dans le délai de trois mois, n'auront pas été conduites à l'entrepôt général ou hors de Paris, seront soumises au droit d'octroi. Il en sera de même des quantités dont la consommation sera constatée, dans le cours de ces trois mois, par les vérifications des employés de l'octroi.

6. Le décime additionnel établi par notre ordonnance du 14 mai 1817 sera perçu sur les huiles comme sur tous les autres objets compris au tarif de l'octroi.

7. Notre ministre secrétaire d'état des finances est chargé de l'exécution de la présente ordonnance, qui sera insérée au Bulletin des lois.

---

(1) Quoique les huiles ne soient pas des boissons, nous laissons subsister les dispositions relatives aux Huiles, attendu qu'il y en a de communes aux huiles, aux vins et aux eaux-de-vie. Nous laissons subsister également le tarif qui suit cette ordonnance.

TARIF *du Droit d'Octroi sur les Huiles.*

DÉSIGNATION des Objets. soumis aux droits.	MESURE.	TAXE en principal.	*OBSERVATIONS.*
Huile d'olive..	hectol.	40 fr.	Le droit est dû à l'entrée sur toutes les huiles introduites dans Paris qui ne seront par conduites à l'entrepôt général, quelque soit l'emploi auquel elles seront destinées, et sans aucune deduction pour fèces, sédiment ou pied d'huile. Les graines oleagineuses, telles que celles de colza, navette, rabette, œillette, cameline, sont soumises aux droits à l'entrée, d'après la quantité d'huile qu'elles sont présumées contenir, et qui sera déterminée par l'administration municipale.
Huile de toute autre espèce provenant de substances animales ou végétales.	*Idem..*	20 fr.	Les huiles parfumées ou altérées par un mélange quelconque sont, suivant leur nature, asujetties au même droit que les huiles pures. Les vernis et toute autre préparation à l'huile non soumis au droit d'octroi, comme eaux-de-vie et esprits, sont assujettis au droit de 20 fr. Les pieds de bœuf ou de vache paieront à l'entrée dans Paris, ou à la sortie des abattoirs, le même droit à raison d'un litre pour douze pieds. Le nombre de pieds inférieur à 12 paiera comme pour un litre.

Vu pour être annexé à l'ordonnance royale du 25 decembre 1822.

Le ministre secrétaire d'état des finances,

Signé JH. DE VILLÈLE.

ORDONNANCE DU ROI, *du 8 janvier 1823 (Bulletin, n° 579), qui établit, à partir du 1er avril 1823, au hameau des Echampey, arrondissement de Pontarlier, département du Doubs, un Bureau de vérification par lequel les Boissons pourront passer à l'étranger, en franchise des Droits établis par les Lois des 28 avril 1816 et 25 mars 1817.*

LOUIS, par la grâce de Dieu, roi de France et de Navarre,

Vu l'article 34 de la loi du 17 décembre 1814;

Vu les articles 5, 8 et 87 de la loi du 28 avril 1816;

Vu les articles 2 et 3 de notre ordonnance du 11 juin de la même année, et les dispositions de notre ordonnance du 20 mai 1818;

Sur le rapport de notre ministre secrétaire d'état des finances,

Nous avons ordonné et ordonnons ce qui suit :

ART. 1er. A compter du 1er avril prochain, il sera établi au hameau des Echampey, arrondissement de Pontarlier, département du Doubs, un bureau de vérification par lequel les boissons pourront passer à l'étranger, en franchise des droits prononcés par les articles 87 de la loi du 28 avril 1816 et 80 de celle du 25 mars 1817.

2. Notre ministre secrétaire d'état des finances est chargé de l'exécution de la présente ordonnance, qui sera insérée au Bulletin des lois.

Loi relative au Droit de Circulation sur les Vins en cercles, du 24 juin 1824. (Bulletin, n° 677.)

LOUIS, par la grâce de Dieu, roi de France et de Navarre, à tous présens et à venir, salut.

Nous avons proposé, les Chambres ont adopté, nous avons ordonné et ordonnons ce qui suit :

ARTICLE UNIQUE. A partir du 1er janvier 1825, les droits de circulation établis sur les vins en cercles par la loi du 25 mars 1817, seront perçus uniformément, à raison d'un franc cinquante centimes par hectolitre.

La présente loi, discutée, délibérée et adoptée par la Chambre des Pairs et par celle des Députés, et sanctionnée par nous cejourd'hui, sera exécutée comme loi de l'État; voulons, en conséquence, qu'elle soit gardée et observée dans tout notre royaume, terres et pays de notre obéissance, etc.

Loi concernant les Déductions à allouer aux Marchands en gros pour Déchet sur les Vins : du 24 juin 1824. (Bulletin, n° 677.)

Louis, par la grâce de Dieu, roi de France et de Navarre, à tous présens et à venir, salut.

Nous avons proposé, les Chambres ont adopté, nous avons ordonné et ordonnons ce qui suit :

Art. 1er. A partir du 1er janvier 1825, il sera accordé aux marchands en gros une déduction de huit pour cent par an sur les vins pris en charge à leur compte sans distinction d'année de récolte.

Cette déduction, destinée à couvrir tous les déchets résultant des ouillages, coupages et soutirages, continuera d'être calculée en raison du séjour des vins en magasin.

La faculté précédemment accordée à la régie d'allouer une plus forte déduction pour les vins qui en seraient susceptibles, est maintenue.

2. Toutes les quantités de vins manquantes après les déductions allouées conformément à l'article précédent, seront soumises aux droits imposés par l'article 104 de la loi du 28 avril 1816; mais ces droits ne seront définitivement acquis à la régie qu'au mois de décembre de chaque année, époque à laquelle sera arrêté le compte définitif du mouvement annuel de chaque entrepositaire.

Cependant, si du décompte qui sera provisoirement établi à la fin de chaque trimestre, il résultait un manquant supérieur à la déduction proportionnelle allouée pour trois mois, l'entrepositaire sera tenu de consigner ou de cautionner le montant des droits dus sur cet excédant, sauf compensation à établir lors de la clôture définitive du décompte.

Il en sera de même pour le paiement des droits sur les manquans de cidres, poirés et hydromels.

3. Les propriétaires qui jouissent de l'entrepôt en vertu de la loi du 28 avril 1816, auront droit à la déduction accordée aux marchands en gros par l'article 1er de la présente loi.

Loi relative à la Perception des Droits sur les Eaux-de-Vie, du 24 juin 1824. (Bulletin, n° 677.)

Louis, etc.

Art. 1er. A partir du 1er janvier 1825, les droits sur les eaux-de-vie et les esprits en cercles seront perçus en raison de l'alcool pur contenu dans ces liquides, conformément à la table annexée à la présente loi.

2. Les droits à payer par hectolitre d'alcool pur contenu dans les eaux-de-vie et esprits en cercles, par hectolitre d'eaux-de-vie et esprits en bouteilles, de liqueurs en cercles et en bouteilles, et de fruits à l'eau-de-vie, sont fixés ainsi qu'il suit :

Droit général de consommation en remplacement du droit de circulation et de consommation ou de détail	50 fr.
Droits d'entrée dans les communes	
de quinze cents à quatre mille âmes	3
de quatre mille à six mille	4
de six mille à dix mille	5
de dix mille à quinze mille	7
de quinze mille à vingt mille	10
de vingt mille à trente mille	15
de trente mille à cinquante mille	20
de cinquante mille et au-dessus	25

3. Il sera perçu aux entrées de Paris, pour l'équivalent et en remplacement des droits mentionnés en l'article précédent, un droit unique de soixante-quinze francs par hectolitre.

Néanmoins la perception ne sera faite, quant à présent, que sur le pied de trente-huit francs, et ne sera élevée au taux de soixante-quinze francs qu'à mesure et en proportion des réductions qui seront opérées sur les taxes d'octroi de la ville.

Au 1er janvier 1829 au plus tard, la ville de Paris paiera les soixante-quinze francs par hectolitre, fixés au premier paragraphe de cet article. L'accroissement, pour le trésor, des sommes ainsi perçues servira à diminuer la masse de l'impôt assis sur la totalité du royaume.

4. Les eaux-de-vie ou esprits dont la densité aurait été altérée par un mélange opéré dans le but de frauder les droits, seront saisis et confisqués, et les contrevenans, passibles d'une amende de cent francs à six cents francs, suivant la gravité des cas.

5. La déduction accordée par l'article 87 de la loi du 25 mars 1817 aux marchands en gros, pour ouillage, coulage, et affaiblissement de degrés, est fixée à huit pour cent par an des quantités d'alcool représentant les charges en eaux-de-vie et esprits.

Toutes les quantités d'alcool manquantes après la déduction ci-dessus fixée seront soumises aux droits imposés par l'article 2 de la présente loi; mais ce droit ne sera définitivement acquis à l'administration qu'après la clôture du trimestre d'octobre de chaque année, époque à laquelle sera définitivement arrêté le décompte du mouvement annuel de chaque entrepositaire.

Cependant, si du décompte qui sera provisoirement établi à la fin de chaque trimestre, il résultait un manquant reconnu excéder la proportion des deux pour cent accordés pour trois mois, la régie pourra exiger le paiement de ce manquant, sauf la compensation à établir lors de la clôture du décompte annuel.

6. Le droit général de consommation fixé par l'article 2 sera acquitté par les débitans sur les manquans reconnus à leurs charges, sous la déduction de trois pour cent.

Les débitans obtiendront décharge de toute quantité d'eaux-de-vie et de liqueurs en bouteilles expédiées par acquit-à-caution à d'autres débitans; ils seront tenus de se conformer aux dispositions de l'article 58 de la loi du 28 avril 1816, en ce qui concerne les transvasions et le cachetage des bouteilles.

7. Les eaux-de-vie versées sur les vins seront affranchies de tous droits, pourvu que la quantité employée n'excède pas la proportion de cinq litres d'alcool pur par hectolitre de vin, et que les vins soumis à cette opération, qui ne pourra se faire qu'en présence des préposés de la régie, ne contiennent pas plus de vingt-un centièmes d'alcool pur.

8. Le droit de circulation payé au départ sur les eaux-de-vie et liqueurs en cours de transport au 1er janvier 1825, et accompagnées d'acquits-à-caution, sera remboursé.

Les droits de circulation et de consommation, dont les débitans justifieront avoir fait l'avance sur les eaux-de-vie et esprits qu'ils représenteront en nature, seront également remboursés.

9. Les droits d'octroi sur les eaux-de-vie et esprits seront également perçus par hectolitre d'alcool pur, et, à cet effet, les tarifs seront revisés à la diligence des préfets, pour être mis en harmonie avec les dispositions de la présente loi.

10. Les dispositions légales auxquelles il n'est pas dérogé par la présente, sont et demeurent maintenues. (1)

---

(1) Voyez l'ordonnance du Roi du 25 juillet 1825 (Bulletin, n° 50), rapportée ci-après.

Voyez, ci-derrière, la *Table pour l'application de l'Échelle centésimale des Degrés d'alcool aux Eaux-de-vie et Esprits.*

Table pour l'Application de l'Échelle centesimale des Degrés d'alcool aux Eaux-de-vie et Esprits.

TEMPÉRATURE DE 15 DEGRÉS CENTIGRADES.

DEGRÉS DE *CARTIER* en DEGRÉS CENTÉSIMAUX.				DEGRÉS CENTÉSIMAUX EN DEGRÉS DE *CARTIER*.									
Degrés de *Cartier*.	Degrés centésimaux.	Degrés de *Cartier*.	Degrés centésimaux.	Degrés centésimaux.	Degrés de *Cartier*.	Degrés centésimaux.	Degrés de *Cartier*.	Degrés centésimaux.	Degrés de *Cartier*.	Degrés centésimaux	Degrés de *Cartier*.	Degrés centésimaux.	Degrés de *Cartier*.
10	0,0	31	80,5	0	10,0	21	13,4	42	17,1	63	23,5	84	32,8
11	5,3	32	82,4	1	10,2	22	13,5	43	17,4	64	23,9	85	33,3
12	11,3	33	84,3	2	10,4	23	13,6	44	17,6	65	24,3	86	33,9
13	18,4	34	86,2	3	10,6	24	13,8	45	17,9	66	24,7	87	34,4
14	25,4	35	88,0	4	10,8	25	14,0	46	18,1	67	25,1	88	35,0
15	31,7	36	89,6	5	10,9	26	14,1	47	18,4	68	25,5	89	35,6
16	37,0	37	91,1	6	11,1	27	14,2	48	18,7	69	25,8	90	36,3
17	41,5	38	92,6	7	11,3	28	14,4	49	19,0	70	26,3	91	36,9
18	45,5	39	94,0	8	11,5	29	14,5	50	19,2	71	26,7	92	37,6
[illegible]	[illegible]	[illegible]	[illegible]		[illegible]	[illegible]	[illegible]	[illegible]	[illegible]	[illegible]	[illegible]	[illegible]	[illegible]

20	52,5	41	96,6	10	11,8	31	14,9	52	19,8	73	27,5	94	39,0
21	55,7	42	97,7	11	12,0	32	15,0	53	20,1	74	28,0	95	39,7
22	58,7	43	98,8	12	12,1	33	15,2	54	20,5	75	28,4	96	40,5
23	61,5	44	99,9	13	12,3	34	15,4	55	20,8	76	28,9	97	41,4
24	64,2			14	12,4	35	15,6	56	21,1	77	29,4	98	42,3
25	66,9			15	12,5	36	15,8	57	21,4	78	29,8	99	43,2
26	69,4			16	12,7	37	16,0	58	21,8	79	30,3	100	44,2
27	71,8			17	12,8	38	16,2	59	22,1	80	30,8		
28	74,0			18	12,9	39	16,4	60	22,5	81	31,3		
29	76,3			19	13,1	40	16,6	61	22,8	82	31,8		
30	78,4			20	13,2	41	16,9	62	23,2	83	32,3		

Certifié conforme :

Le ministre secrétaire d'état des finances,

Signé, JH. DE VILLÈLE.

Loi sur l'Exercice des Fabriques de Liqueurs, du 24 juin 1824. (Bulletin, n° 677.)

Louis, etc.

Art. 1er. Nul ne peut exercer la profession de fabricant de liqueurs, sans en avoir fait préalablement la déclaration au bureau de la régie.

Les liquoristes prendront la licence de débitant ou celle de marchand en gros, suivant qu'ils préféreront se soumettre aux obligations imposées à l'une ou à l'autre de ces professions.

2. Les liquoristes débitans resteront assujettis aux dispositions du chapitre III du Titre Ier de la loi du 28 avril 1816, sous les modifications prononcées par la loi relative à la perception des droits sur l'eau-de-vie.

3. Les dispositions du chapitre IV du Titre Ier de la loi du 28 avril 1816 seront appliquées aux liquoristes marchands en gros, sauf les modifications ci-après.

4. Les liquoristes marchands en gros, domiciliés dans les lieux sujets aux droits d'entrée ou d'octroi, seront toujours considérés comme entrepositaires.

5. Ils ne pourront vendre de liqueurs en détail, ni exercer le commerce en gros des vins, cidres et poirés, que dans des magasins séparés de leurs ateliers de fabrication, et qui n'auront avec ceux-ci et avec les habitations voisines aucune communication que par la voie publique; mais ils pourront faire des envois de liqueurs en toute quantité et à toute destination, au moyen d'expéditions prises au bureau de la régie.

Il leur est interdit de placer dans les ateliers de leurs fabriques, des vins, cidres et poirés, et de s'y livrer à la fabrication des eaux-de-vie; ils pourront seulement rectifier les eaux-de-vie prises en charge à leur compte.

Les magasins destinés à la vente des liqueurs en détail et au commerce en gros des vins, cidres et poirés, seront séparés des ateliers de fabrication dans les six mois de la promulgation de la présente loi.

6. La contenance des vaisseaux servant à la fabrication des liqueurs sera reconnue par l'empotement, et marquée sur chacun d'eux, en présence des employés de la régie : les fabricans fourniront l'eau et les ouvriers nécessaires pour cette opération.

Dans tous les cas, il sera tenu compte des vidanges pour le réglement des droits.

7. Les manquans en eaux-de-vie et esprits seront considérés comme ayant été employés à la fabrication des liqueurs, en la proportion moyenne de quarante litres d'alcool pur pour un hectolitre de liqueur, sous la déduction de huit pour cent, accordée par l'article 5 de la loi relative à la perception des droits sur l'eau-de-vie.

8. Les quantités de liqueurs non représentées, et pour lesquelles il ne sera point produit d'expéditions légales, seront passibles du droit général de consommation, indépendamment des droits d'entrée et d'octroi dans les lieux sujets.

Les excédans en liqueurs, provenant de la différence entre le résultat éventuel de la fabrication et les bases de conversion, seront simplement pris en charge.

9. Les liquoristes marchands en gros ne pourront faire sortir de leurs fabriques des eaux-de-vie ou esprits en nature, qu'en futailles contenant au moins un hectolitre.

10. Les contraventions aux dispositions de la présente loi, autres que celles prévues par les lois antérieures, seront punies d'une amende de cinq cents à deux mille francs.

ORDONNANCE DU ROI, *du* 20 *juillet* 1825 (Bulletin des Lois, n° 50), *ayant pour objet d'appliquer aux Rectificateurs d'Eaux-de-Vie à Paris, les Dispositions de la Loi du* 1er *mai* 1822 *et de l'Ordonnance royale du* 11 *du même mois, et de régler l'Indemnité à laquelle ils ont droit de prétendre.*

CHARLES, par la grâce de Dieu, roi de France et de Navarre,

Vu l'article 10 de la loi du 1er mai 1822, qui prohibe la fabrication et la distillation des eaux-de-vie et esprits dans la ville de Paris;

Vu l'ordonnance royale du 11 du même mois, qui détermine les bases de l'indemnité à accorder aux propriétaires des établissemens de l'espèce;

Vu la loi du 24 juin dernier, qui soumet aux droits d'entrée et d'octroi les eaux-de-vie et esprits en raison de l'alcool pur qu'ils contiennent;

Voulant pourvoir à l'exécution de l'article 10 de la loi du 1er mai 1822;

Sur le rapport de notre ministre secrétaire d'état des finances,

Nous avons ordonné et ordonnons ce qui suit:

ART. 1er. Les établissemens de rectification d'eaux-de-vie et d'esprits dans notre bonne ville de Paris cesseront toute opération dans un mois, à compter du jour de la publication de la présente ordonnance.

2. Il sera fait application aux propriétaires de ces établissemens, des bases déterminées par la loi du 11 mai 1822, pour la fixation des indemnités auxquelles ils pourront avoir droit.

3. Notre ministre secrétaire d'état des finances est chargé de l'exécution de la présente ordonnance.

Donné en notre château de Saint-Cloud, le 20 juillet de l'an de grâce 1825, et de notre règne le premier.

Signé, CHARLES.

Par le Roi :

Le ministre secrétaire d'état des finances,

Signé JH. DE VILLÈLE.

APPENDICE

Sur l'article 50 de la Loi du 28 avril 1816.

§. Ier. L'exercice des professions énumérées dans l'art. 50 de la loi du 28 avril 1816, et, par exemple, la profession de maître d'hôtel, établit la présomption légale de la vente des boissons en détail, indépendamment du fait de débit, et entraîne la nécessité de faire la déclaration et de prendre la licence exigée des débitans de boissons, sans que la régie puisse être astreinte à prouver que le maître d'hôtel a donné à boire ou à manger. *Arrêt de la Cour de Cassation*, rendu par les Chambres réunies sous la présidence de M. le Garde des Sceaux, *le* 9 *décembre* 1826, dans l'*affaire de la Régie des Contributions indirectes contre Martel.*

§. II. Jugé par les mêmes Chambres, sous la même présidence, le même jour 9 décembre 1826, que la même obligation de faire la déclaration et de prendre la licence, est imposée à l'individu qui loge chez lui les voituriers, ainsi que leurs voitures et leurs chevaux ; et cela, encore qu'il ne donne ni à boire ni à manger aux voituriers, ces actes constituant la profession d'aubergiste. *Arrêt* rendu dans l'*affaire de la Régie des Contributions indirectes contre Salin.*

Ces arrêts sont rapportés au deuxième cahier, pages 86 et 87 du *Journal des Audiences* de 1827.

ERRATA.

Page 180, au-dessous du Tarif, *au lieu de* 1818 ; *lisez :* 1816.

FIN.

TABLE DES MATIÈRES.

PREMIÈRE PARTIE.

SECONDE PARTIE.

(1) Voyez le *Nota* qui précède ce Titre.

TABLE DES CHAPITRES

DE LA PREMIÈRE PARTIE

DU NOUVEAU MANUEL COMPLET

DES

MARCHANDS DE VINS ET DE BOISSONS.

BAR-S.-SEINE.—IMP. DE SAILLARD.

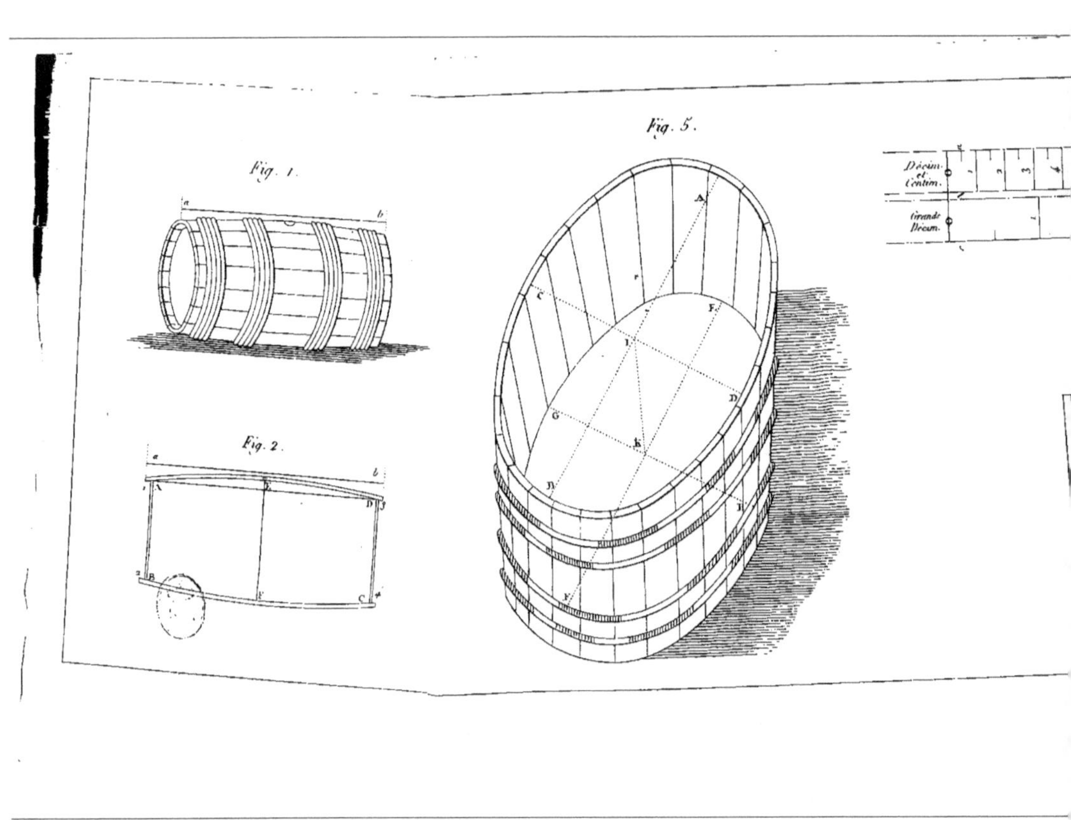

Fig. 1.
Fig. 2.
Fig. 5.
Décim. et Centim.
Grande Décim.

Fig. 6

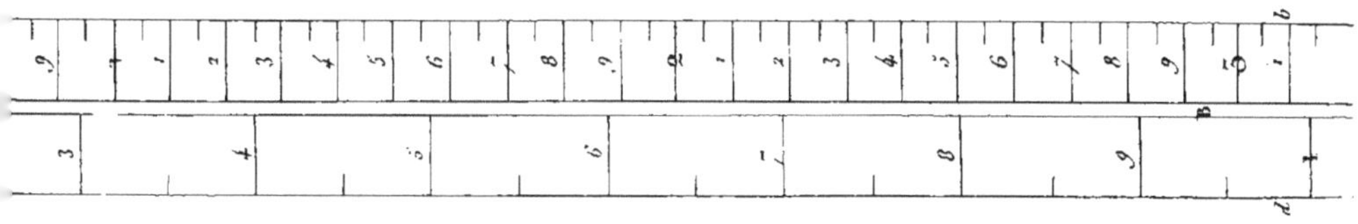

b

9 1 2 3 4 5 6 7 8 9 2 1 2 3 4 5 6 7 8 9 5 1

B

3 4 5 6 7 8 9 1

d

Fig. 4

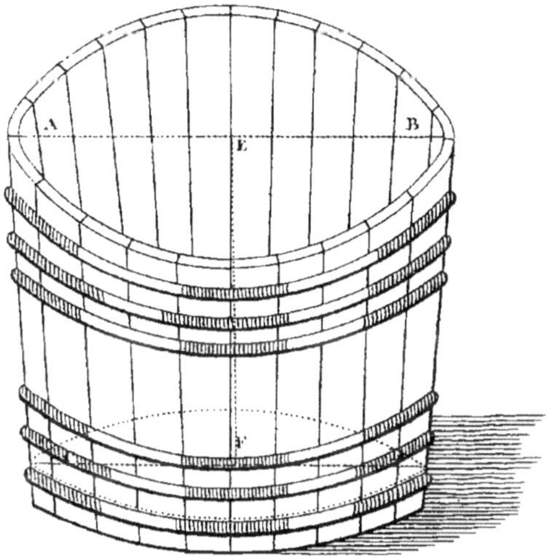

A E B

F

g. 3

E B

F D

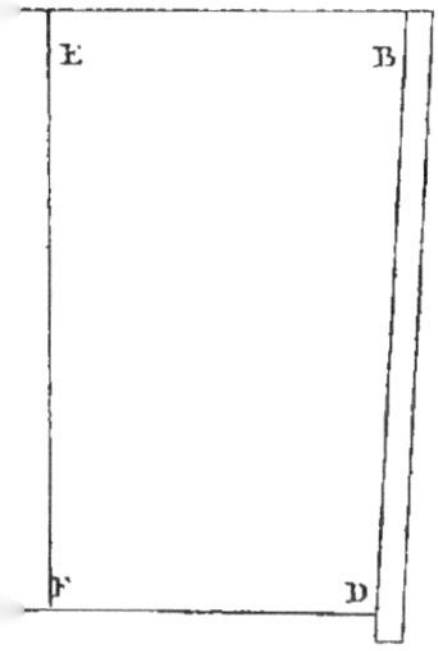

Tarif des Droits d'entrée à percevoir sur les Boissons, en exécution de l

DÉSIGNATION DES BOISSONS.	DANS LES VILL											
	4 à 6,000 âmes.			6 à 10,000 âmes.			10 à 15,000 âmes.			15 à 20,000 âmes		
	Tarif actuel.	Augmentation à compenser par une réduction sur les tarifs d'octroi.	Total à percevoir au profit du trésor.	Tarif actuel.	Augmentation à compenser par une réduction sur les tarifs d'octroi.	Total à percevoir au profit du trésor.	Tarif actuel.	Augmentation à compenser par une réduction sur les tarifs d'octroi.	Total à percevoir au profit du trésor.	Tarif actuel.	Augmentation à compenser par une réduction sur les tarifs d'octroi.	Total à percevoir au profit du trésor.
PAR HECTOLITRE DE	fr. c.	fr. c.	fr. c.	fr. c.	fr. c.	fr. c.	fr. c.	fr. c.	fr. c.	fr. c.	fr. c.	fr.
Vins en cercles. dans les départemens de 1re classe.....	0 60	0 25	0 85	0 80	0 35	1 15	1 00	0 40	1 40	1 40	0 60	2
Vins en cercles. dans les départemens de 2e classe.....	0 70	0 30	1 00	0 95	0 40	1 35	1 20	0 50	1 70	1 60	0 65	2 2
Vins en cercles. dans les départemens de 3e classe.....	0 80	0 35	1 15	1 10	0 45	1 55	1 40	0 60	2 00	1 75	0 70	2 4
Vins en cercles. dans les départemens de 4e classe.....	0 90	0 40	1 30	1 25	0 50	1 75	1 60	0 65	2 25	2 00	0 80	2 8
Vins en bouteilles, et vins de liqueur tant en cercles qu'en bouteilles..............	1 20	0 50	1 70	1 60	0 65	2 25	2 00	0 80	2 80	2 80	1 20	4 0
Cidres ou poirés...........	0 30	0 15	0 45	0 45	0 20	0 65	0 60	0 25	0 85	0 80	0 35	1 1
Eau-de-vie en cercles au-dessous de 20 degrés........	1 50	0 60	2 10	1 80	0 75	2 50	2 40	1 00	3 40	3 50	1 40	4 9
Eau-de-vie en cercles de 20 degrés jusqu'à 28 degrés exclusivement.............	2 25	0 90	3 15	2 70	1 10	3 80	3 60	1 50	5 10	5 25	2 10	7 3
Eau de-vie rectifiée à 28 degrés et au-dessus; eau-de-vie de toute espèce, en bouteilles, et liqueurs composées d'eau-de-vie ou d'esprit, tant en cercles qu'en bouteilles.....	3 00	1 28	4 20	3 60	1 50	5 10	4 80	2 00	6 80	7 00	2 80	9 8

PAR hectolitre de	TARIF ACTUEL.	
Vins en cercles..	8 fr.	00 c.
Vins en bouteilles..	10	00
Cidres ou poirés..	4	00
Eau-de-vie au-dessous de 22 degrés..............................	15	00
Eau-de-vie rectifiée à 22 degrés et au-dessus, esprit, eau-de-vie de toute espèce en bouteilles, et liqueurs composées d'eau-de-vie ou d'esprit, tant en cercles qu'en bouteilles....................................	30	00

Décret ci-dessus.

âmes.	30 à 50,000 âmes.			50,000 âmes et au d.		
TOTAL à percevoir au profit du trésor.	TARIF actuel.	Augmentation à compenser par une réduction sur les tarifs d'octroi.	TOTAL à percevoir au profit du trésor.	TARIF actuel.	Augmentation à compenser par une réduction sur les tarifs d'octroi.	TOTAL à percevoir au profit du trésor.
fr. c.	fr. c.	fr. c.	fr. c.	fr. c.	fr. c.	fr. c.
2 80	2 60	1 10	3 70	3 30	1 30	4 60
3 10	2 90	1 20	4 10	3 60	1 50	5 10
3 40	3 20	1 30	4 50	4 00	1 60	5 60
3 80	3 60	1 50	5 10	4 50	1 80	6 30
5 60	5 20	2 10	7 30	6 60	2 70	9 30
1 55	1 50	0 60	2 10	2 00	0 80	2 80
7 00	6 60	2 70	9 30	8 40	3 40	11 80
10 50	9 90	4 00	13 90	12 60	5 00	17 60
4 00	13 20	5 40	18 60	16 80	6 80	23 60

…RIS.

…ation …ar une ré- …le tarif de	TOTAL A PERCEVOIR au profit du trésor.	
…10 c.	10 fr.	50 c.
…0	15	00
…0	5	00
…0	18	00
…0	36	00

www.ingramcontent.com/pod-product-compliance
Lightning Source LLC
LaVergne TN
LVHW010129230826
846091LV00001BA/193

9782019649180